オカメインコとともに

お迎えから日々の過ごし方、老鳥のケアまで。
オカメインコの一生に寄り添うための手引き

JN113705

細川博昭 著

はじめに

オカメインコは鳥。自在に空を飛びます。

しかし、その心は人間と、とてもよく似ています。両者はともに、近い心をもつ方向に進化してきました。それは、偶然と必然がもたらした進化だったように思います。

出会った相手に「自分と似たところ」を見つけると、その瞬間に親近感がわきます。相手のことを、もっと知りたいと思います。さらに、なにかをきっかけに、「やっぱり似ている」とあらためて感じると、特別な感情——好意や強い愛情も生まれてきます。

人間どうしだけでなく、オカメインコとのあいだにもおなじことがいえます。

暮らし始めてその事実を知り、オカメインコに夢中になる人もたくさんいます。もう、オカメインコなしでは暮らせないと語る人までも——。

そこにはまって抜け出せないことから、「オカメインコ沼」という言葉で語られることもあります。オカメインコが人間を魅了する特別な力を備えた鳥であることは、まちがいなさそうです。

そんなオカメインコがもつさまざまな魅力と、知っておきたい特徴を詳しく解説する本が世の中には必要！　そうした思いから、本書は企画されました。

近い心をもつものの、あらためて言うまでもなく、オカメインコは鳥。オーストラリアに暮らす、世界最小のオウムです。

ともに暮らすにあたっては、オカメインコがもつ鳥としての生理や食性をしっかり把握する必要があります。一方で、人間に近い心をもつがゆえに、人間に近いやり方で接していくほうが上手く関係がつくれる部分もあります。

一羽一羽がそれぞれの意思と個性をもつ存在ですから、初めて出会う人間に対してそうするように、ゆっくり接しながら、時間をかけて相手の個性や考え方を知っていき、そのキャラクターに合わせたつきあい方を模索する必要もあります。

つまり、飼育においては鳥と認め、鳥として扱いつつも、人間に近いかたちでの心のサポートが必要になるということです。不調時には、人間のように心が弱る様子も見られるからです。

知れば知るほどオカメインコは、魅力ある存在に見えてくると思います。人間の存在を必要とする（必要としてくれる）このけなげな鳥を、どうぞ終生、大切にし、愛してあげてください。本書がその一助となることを願っています。

細川　博昭

Contents

Chapter 3 オカメインコの迎え方

Chapter 4 鳥の体、オカメインコの体

Chapter 5
オカメインコ的快適生活

Chapter 6
健やかで長寿をめざす暮らし方

Contents

Chapter 7 オカメインコの食生活

Chapter 8 巣引と繁殖

Chapter 9
オカメインコの心理を理解する

Chapter 10
上手なコミュニケーションのしかた

Contents

Chapter 12 老オカメインコとの暮らし方

オカメインコの素顔

Chapter 1

1-1 オカメインコの魅力

わかりあえる生き物

ともに暮らす動物と深く心を通わせたい。この子の気持ちをもっとよく知りたい。それは、伴侶動物と暮らす人々がもつ大きな願いです。

インコやオウムは、そうした思いを満たしてくれる存在のひとつ。オカメインコはそのなかでも、特に有望株といえるかもしれません。

一般に、「喋る」ことを期待されがちなオウムやインコですが、人の言葉を話す種は少数で、オカメインコもお喋りは得意ではありません。人間の言葉をおぼえて口にする鳥は多くはなく、言葉のレパートリーも少なめです。

しかし、オカメインコと暮らす人々にとって喋るかどうかはほんの些細なこと。人の言葉を発しなくても十分なコミュニケーションが取れ、気持ちの交換ができるからです。

長い時間をともに過ごすことで、オカメインコの多くが人間の言葉の意味を自分なりに理解するようになります。人間の思惑や感情も察するようになります。服装や挙動から、目の前のその人のこれからの行動を予測したりもします。

鳥は表情筋が少なく、顔から感情を読み取ることが難しいと言われますが、そんな固定観念に反してオカメインコの表情や行動は雄弁です。

うれしさや怒り、期待感などは、よく動く冠羽《かんう》や顔つきに加え、体全体からもにじみ出てくるため、彼らとの暮らしに慣れると、感情や考えがかなりつかめるようになります。

つまりオカメインコは、「人間相手のように心を伝えあいたい」という飼い主の願いを叶えてくれる理想的な生き物であるということです。

愛される理由

多くのオカメインコはおだやかです。飼い主の姿を求めて呼び鳴きをするものもいますが、それもつきあい方しだい。

オカメインコの喜怒哀楽の伝え方を見て、とても人間的と感じる人も多くいます。さまざまな行動を通して、知性や感情をもっているのは人間だけではないことを実感させてくれます。

また、オカメインコは個性に富んだ鳥です。一羽一羽が大きくちがっています。そのため、鳥の個性を理解したうえで、その鳥に合ったつきあい方を模索する必要があります。

その過程も、おそらく楽しいものとなるでしょう。

長生きしてほしいと願う飼い主

家の子には長生きをしてほしい！

それも、動物と暮らす多くの人に共通する願いです。オカメインコは、そんな願いも叶えてくれます。

「上手く暮らせば20年以上生きられるので、20歳を目指そう！」

そう叫ばれたのは、１９９０年代のことでした。

しかしオカメインコは、実際には30歳過ぎまで生き続けることも（個体によっては）可能です。さすがに30年も生きると、足も翼も目も弱ってヨボヨボになりますが、その年齢まで健勝でいる鳥も少しずつ見られるようになってきました。

長寿であるためには、長生きできる遺伝的な資質をもった鳥を適切に飼育することが条件ですが、条件が上手く整えば、人生の半分を「この鳥」と決めた一羽とともに生きることが可能です。

イヌやネコよりもずっと長く人生の同伴者となれることも、オカメインコの大きな魅力です。

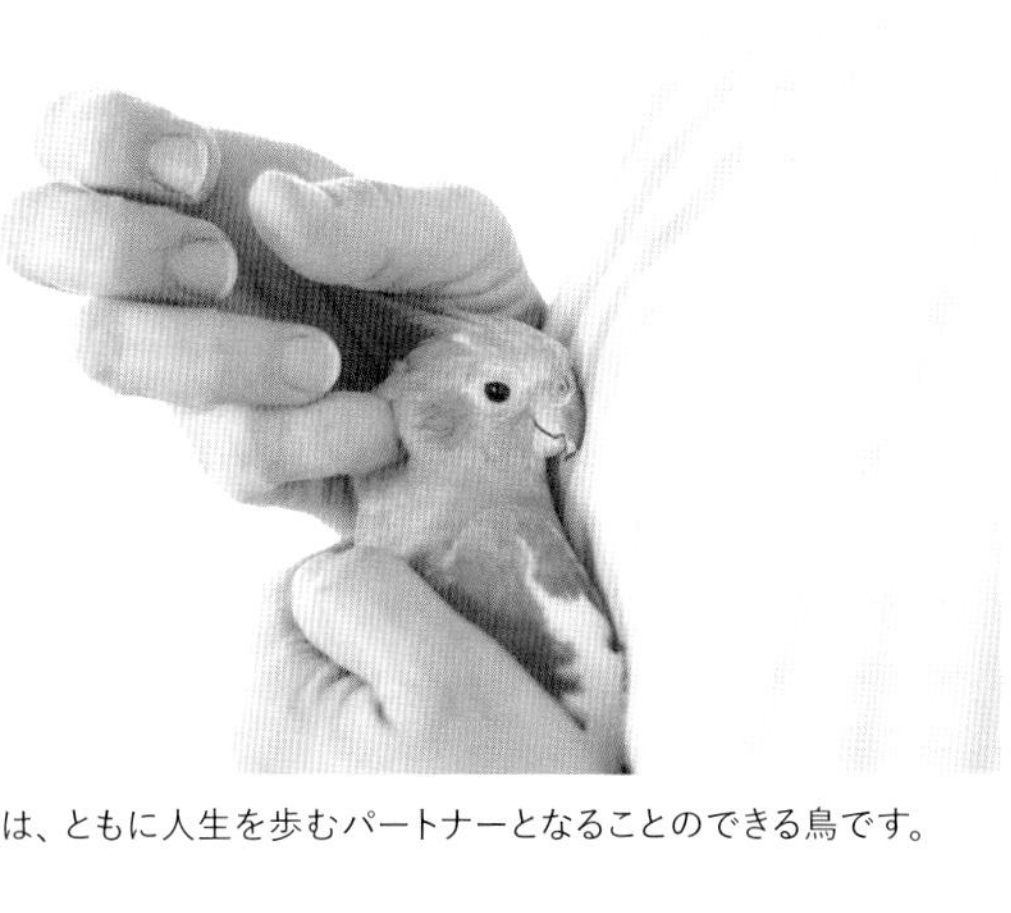

オカメインコは、ともに人生を歩むパートナーとなることのできる鳥です。

1-2 原初のオウムを予想させる鳥?

最小のオウムである意味

オウム科の鳥は21種が確認されています。

分布しているのは、フィリピン南部からニューギニアにかけての東南アジアの島嶼《とうしょ》部とオーストラリア大陸、オセアニアのソロモン諸島など(地図参照)。

インコ科の鳥が南北アメリカからアフリカ、アジアに至る広い地域に分布するのに対し、オウム科はこのような狭い地域に集中しています。種の数も、３００種以上を数えるインコ科の15分の1以下です。

タイハクやキバタンなどのいわゆる白系オウムが多い中、黒いヤシオウムや灰色とピンク色のモモイロインコなどがそこに含まれています。

頭部に冠羽をもつこと、青や緑や紫の鳥がいないことなどがオウムの特徴として挙げられます。

オカメインコはそんなオウム科の中で最小の鳥。インコという名前がついていますが、レッキとした「オウム」です。

生物は一般に、小型のものから大型へと進化していきます。そうした事実からオカメインコは、インコ科と分かれた当時の原初のオウムの姿や性質を、その内に留めているのではないかと考える研究者もいます。

オカメインコの身体プロフィール

オカメインコの体重は80～１１０グラムほど。個体によって、かなりの差があります。同郷のモモイロインコが３５０～４００グラム、キバタンが８００グラム前後ですから、かなり軽めです。体重も、オウム科で最軽量です。

多くのオウムは身がつまった、かなりがっしりとした体幹をしています。

オカメインコの体長は30～35センチメートルほど。オカメインコより

モモイロインコ　ヤシオウム　キバタン　タイハク

オウム科の鳥の分布図

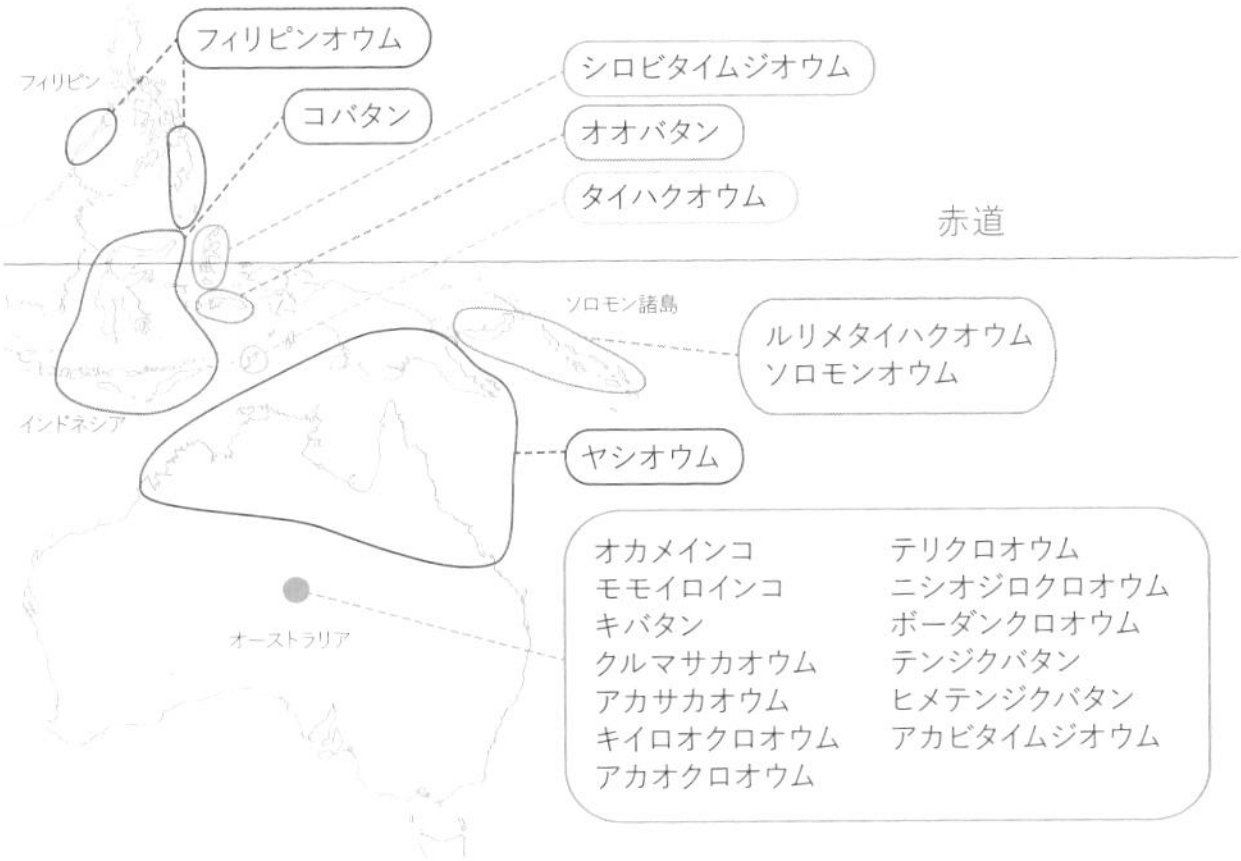

わずかに大きいモモイロインコ（体長35〜38センチメートル）が約4倍の体重をもつことからも、オカメインコがいかに細身かわかります。

オカメインコ原種

【 data 】
名称：オカメインコ（片福面鸚哥、阿亀鸚哥）
学名：*Nymphicus hollandicus*
英名：cockatiel
生息地：オーストラリア内陸部の乾燥地帯
体重：80〜110g
体長：30〜35cm

※実際には体長は、クチバシの先端から尾の先までの長さ

1-3 オカメインコの出身地と野生の暮らし

オーストラリアの鳥

ほかの大陸から長く隔絶状態にあったオーストラリア大陸。期間は、数千万年にわたります。そこがオカメインコの故郷です。

沿岸部こそ緑があり、熱帯雨林が広がる北部には豊かな自然も見られますが、オカメインコやセキセイインコが暮らすのは、オーストラリア内陸部が中心。雨が少なく、乾燥した赤い大地で、完全な砂漠から岩砂漠のような礫《れき》地が続くきびしい土地です。川や池があっても乾季に干上がってしまうことも多いため、オカメインコたちは群れをつくり、水や食べ物を探して大陸を移動しています。ときにそれは、数千キロメートルにもなります。

それでも毎年、雨季になると各地に緑が萌え広がります。オカメインコは、そうした場所を転々と移動し、繁殖場所を見つけていきます。

それを「渡り」と表現する書籍もありますが、決まった土地のあいだを移動しているわけではないため、「放浪」のほうがより近いイメージでしょう。

そのため、オーストラリアを旅したとしても確実にオカメインコが見られるわけではありません。

オーストラリア最速の鳥?

オカメインコは、「オーストラリア最速の鳥」と称されることもありますが、セキセイインコやモモイロインコなど、生息域の重なるほかのインコ・オウム類と比べて、特別「速い」という評価はありません。

それどころか本気、全力のセキセイインコにも追いつけない様子。どうやら「最速」は誇張のようです。

一方で体力と持久力は、同地域のインコやオウムの中で飛び抜けています。食料がどうしても見つからないときなど、ほかの鳥よりも長い距離を移動してなんとか食事にありつくということもします。何十万年、何百万年にも渡って、長距離を飛行する暮らしを続けてきたことは「だて」ではないようです。

野生のオカメインコ　　撮影：岡本勇太

暑い日中は休んでいます

赤道直下は常に高温という印象がありますが、危険なほどに気温が上昇するのは赤道に近い熱帯雨林ではなく、オーストラリア内陸など、砂漠に隣接する土地のほうです。

乾燥しているので日本の夏のような多湿の暑さとはちがいますが、オカメインコやセキセイインコが生きる土地では、昼のもっとも暑い時間帯には35～45度もありえます。

そんな気温の中で激しい運動をすると、体が耐えられる温度以上に体温が上がって死の危険があるため、日中の高温の時間帯は、野生の鳥も動物も、比較的涼しい場所でゆったりと過ごしています。

野生のオカメインコも同様で、もっとも気温が上がる時間帯は、風の通る木陰で羽繕いをしたり、ウトウトして過ごすことで、熱中症の危機を回避します。

興味深いことに、そうした性質は飼育されるようになっても変わらないようです。人間に飼育されているオカメインコも、午後1時から4時くらいの時間は寝ていたり、ぼんやりしている姿がよく見られます。

もっともその時間帯は、飼い主が家にいなかったり、いても仕事に向きがちで、かまってもらいにくい時間でもあります。

本能的な命令によるものなのか、経験がつくる習慣なのか、正確なところはわかりませんが、いずれにしてもその時間はのんびり過ごすと決めているオカメインコは多そうです。

1-4 オカメインコがもつ色素、模様と遺伝

オウムは構造色をもたない

鳥の羽毛色は2つの「しくみ」からつくられています。ひとつはメラニンなどの「色素（生物色素）*」による色、もうひとつは羽毛の表面にあるナノメートル単位の微細な構造（凸凹など）がつくる色です。後者は物理的な構造がつくる色であることから「構造色」と呼ばれます。

緑や青のオウムはいません。それは、オウム科の鳥が羽毛に構造色をもたないためです。一方で、進化の過程で分かれたインコ科は構造色をもちます。構造色が、青や緑や紫色の羽毛をもったインコを地上に生み出しています。

たとえばセキセイインコの原種は緑色の羽毛に黒の縞がありますが、緑色の半分は構造色です。青い色をつくる微細構造の上に黄色の色素が乗ることで、「青＋黄色＝緑色」となるわけです。

オカメインコの羽毛色

オウム類がもつ色素は基本的に2種類で、オカメインコも2種類の色素をもちます。おもに黒～茶の色をつくる「メラニン色素」と、おもに黄色～オレンジ色をつくるカロチノイド系の「リポクローム色素」です。

オカメインコのすべての品種の色は、この2種類の色素からつくられています。そのため、セキセイインコやコザクラインコのような数百もの品種はありません。

とはいえ、それでも組み合わせの数は数十種類に及ぶので、あらゆる品種の網羅的な飼育は、個人にはか

原種系の緑色のセキセイインコ。黄色い色素と青く発色する構造色で全体の羽毛が緑色となります。撮影：岡本勇太

*色素は大きくは天然色素と合成色素に分けられ、天然色素はさらに生物色素と鉱物色素に分けられます。生物色素は生物の体内でつくられる色素です。

なり難しいでしょう。

基本はメラニンとリポクローム

人間の皮膚や髪にも存在するメラニンは、多くの陸上生物にとって基本となる色素。先にも紹介したように、セキセイインコ原種の黒い縞もメラニンの色です。

鳥の羽毛においてメラニンは、その強度を高めて磨耗から守る働きをします。それは、メラニンをもつ黒っぽい羽毛のほうが次の換羽までよい状態を維持できる可能性が高いということです。

なお、メラニンは一種類ではなく、その濃さによって黒~茶色、少ない場合は灰色となる「ユーメラニン」と、赤~黄色を示す「フェオメラニン」の2種類があります。どちらのメラニンもアミノ酸の一種であるチロシンからつくられますが、体内で合成される過程で異なる反応を起こして、どちらかのメラニンになります。

多くの生物はユーメラニンとフェオメラニンのどちらかだけでなく、その両方をもちます。両者の比率や量は親から受け継いだ遺伝子によって変わります。

たとえば、黒や茶色、栗色、赤、金色などが見られる人間の髪の毛の色も、そこに含まれるユーメラニンとフェオメラニンの比率と量のちがいによってつくられています。同様のことが、オカメインコの羽毛色にもいえます。

オカメインコの各品種がそれぞれにもつ、メラニン色素の合成に働く遺伝子が、体内でつくられる2つのメラニンの比率とその「濃さ」（＝量）を指定。その結果、品種ができあがることになります。

オカメインコ原種の体幹部の羽毛はメラニンに由来する灰色の羽毛ですが、オスの顔やメスの両脇の尾羽は黄色が目立ちます。こちらは別の色素であるカロチノイド系のリポクロームの色となります。

灰色と黄色に加えて、翼をたたんだときに両端に見える白と、頬のオレンジ色の4色がオカメインコの基本色となります。

基本色としてもっている色素がわかり、そこに働く遺伝子のことがわかってくると、品種が理解しやすくなります。

メラニンを発色させない遺伝子、

オカメインコ品種の基本形

原種からどのように色が変わって品種が作られるのか、図とともに紹介します。

［ノーマル］の鳥

原種とおなじ配色

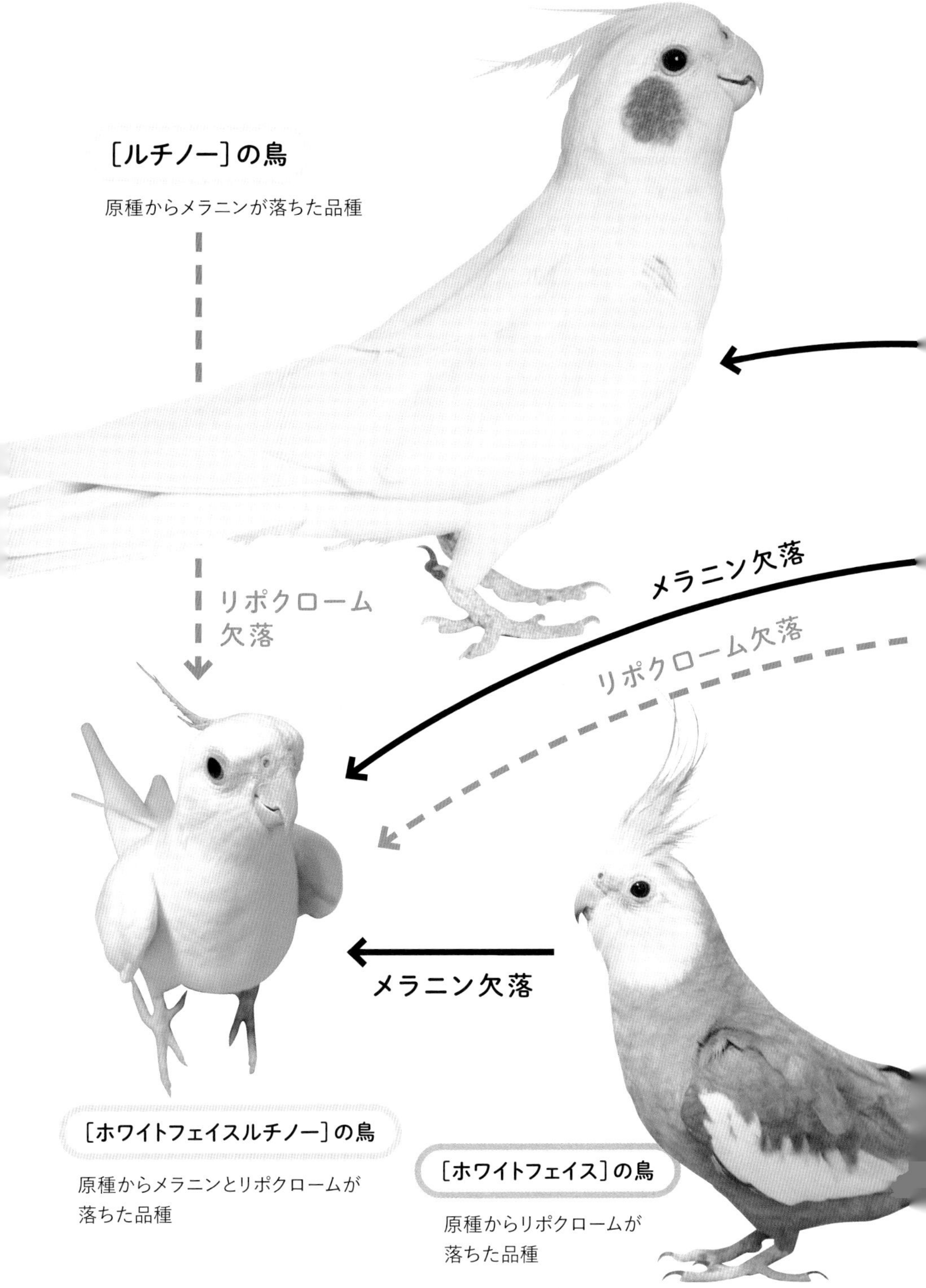
[ルチノー]の鳥
原種からメラニンが落ちた品種
リポクローム
欠落
メラニン欠落
リポクローム欠落
メラニン欠落
[ホワイトフェイスルチノー]の鳥
原種からメラニンとリポクロームが
落ちた品種
[ホワイトフェイス]の鳥
原種からリポクロームが
落ちた品種

ユーメラニンとフェオメラニンを切り替える遺伝子、メラニン量を減らす遺伝子、リポクロームを発色させない遺伝子、量を減らす遺伝子などが働くことで、さまざまな色変わりの品種が誕生するわけです。

品種改良の歴史は、たまたま起こった突然変異をいかに固定して、オリジナルとちがう姿の子孫を継続的に生み出していくか、試行錯誤を繰り返してきた歴史でもありました。

品種の色の基本理解

まず最初に、ノーマル（並オカメ）、ルチノー（白オカメ*）、ホワイトフェース（WF）、WFルチノーの基本4品種のことを解説します。

ノーマルとも呼ばれるオカメインコの原種は、体の大部分が灰色をしていますが、ノーマルのすべての鳥が灰色の羽毛の中もふくめて、白を除く全身の羽毛中にもあまねくもっている色素がリポクロームです。

オカメインコの原種の羽毛からメラニン色素がなくなると（＝メラニンをつくる遺伝子が働かなくなると）、黄色いルチノーになります。

ノーマルのオスが老鳥になると、黒かった尾羽に黄色い部分がでてきます。これも、もともと黄色い色素をもっていたところにメラニンの色素が重なっていた証拠です。老化によって部分的にメラニンの発現が阻害されると、その下にあった黄色が見えるようになるわけです。

一方、ノーマルの鳥の羽毛からリポクローム色素がなくなると、ホワイトフェイス（WF）になります。

黄色→白の変化は、オスの顔でより鮮明であることから「顔」が強調されて、ホワイトフェイス（WF）という名称が使われていますが、実際には灰色の部分を含む全身の羽毛からリポクロームが消えています。したがって、WFの鳥が老化してメラニンが上手くつくれなくなると尾羽に白い部分が見えるようになります。

ノーマルの鳥の羽中からメラニンとリポクローム、両方の色素がなくなると、赤目の真っ白なオカメインコ、ホワイトフェイス（WF）ルチノーになります。ルチノーからリポクローム色素が抜けても、ホワイトフェイスからメラニン色素が抜けて同様です。

突然変異のアルビノと混同される

*鳥屋において、原種系に「並」という名称を与える傾向が古くからありました。
ルチノーが日本に渡来し、広まった際に、「白オカメ」という名が定着しました。

ことも多いのですが、正確には別物です。WFルチノーは品種としてカウントされています。

パールとパイド

一枚一枚の羽毛において、その中央部を中心にメラニンが欠落することで貝殻状に色が入るのがパール。ただしこれは性染色体上にある劣性遺伝の遺伝子の作用によるものであるため、ヒナのときにはきれいなパール模様が出ていても、成長したオスでは模様が消えてしまいます。

体のさまざまな部位の羽毛からランダムにメラニン色素が欠落するのがパイドです。

　パイドは、メラニンが欠落した部分が少ない「ライトパイド」（色抜け20パーセント未満）から、「ミディアムパイド」（50パーセント前後が色抜け）、「ヘビーパイド」（80パーセント以上が色抜け）のようにざっくりと分類されるほか、パイドの遺伝子をもっているもののメラニンの発現がゼロの鳥もいます。

　羽毛のメラニンの発現が完全になくなったパイドの鳥は「クリアパイド」と呼ばれ、

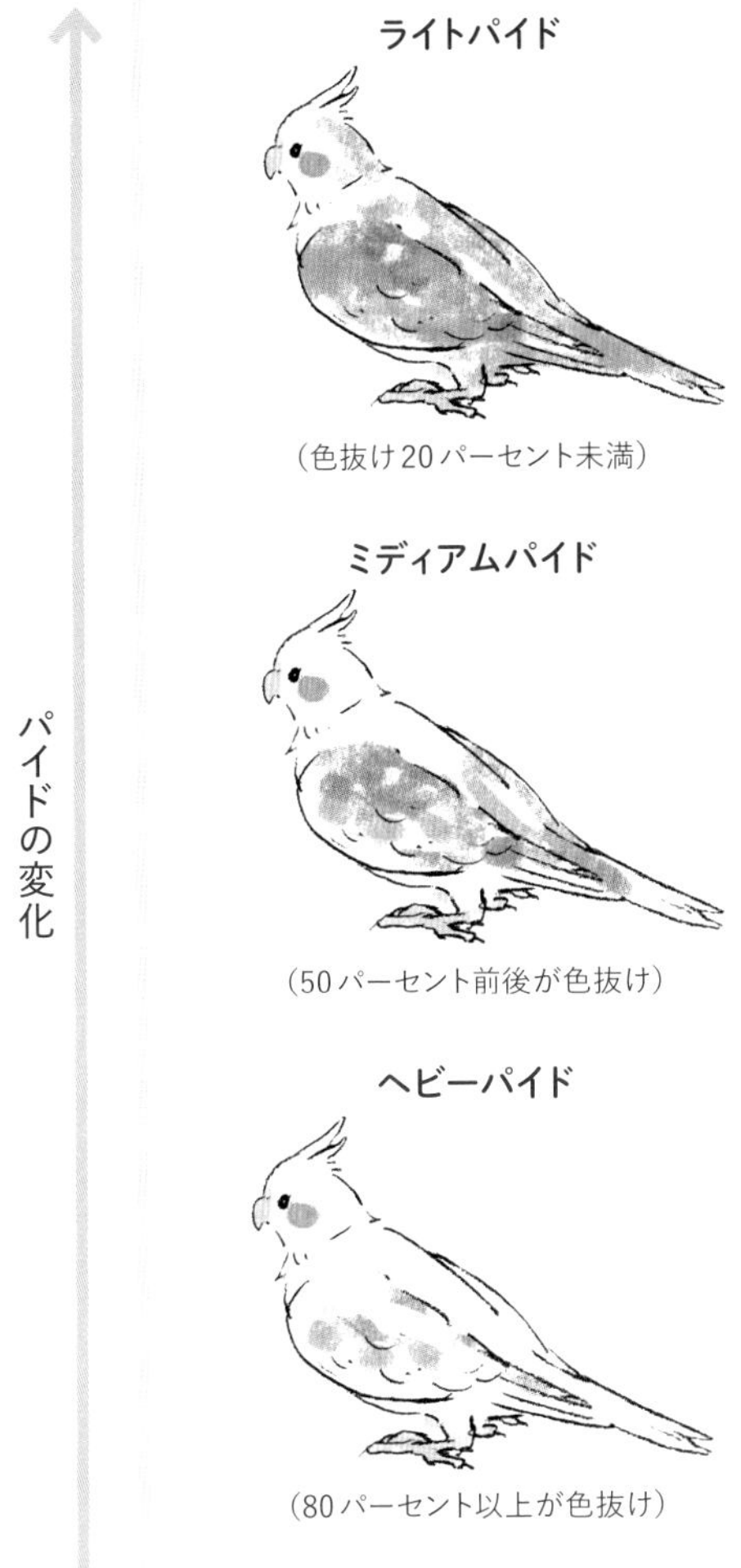

色抜けの量のちがいから、ライトパイド、ミディアムパイド、ヘビーパイドと呼ばれます。

ルチノーとほとんど見分けがつかなくなります。

　クリアパイドで、さらにWFの遺伝子をもっている鳥は、「WFクリアパイド」と呼ばれます。こちらも真っ白なWFルチノーにそっくりですが、クリアパイドの鳥はともに赤目にはなりません。黒～焦げ茶色、ブルーグレイの虹彩をもつようになります。

　オスの場合、ほとんどの品種は黄色または白の羽毛をもちますが、顔に強くパイドが出ている場合、顔にも部分的にメラニンの色がでます。

　パイドの遺伝子はクチバシや爪にも作用するため、クチバシの一部だけ黒かったり、爪の何本かだけが黒くなるケースもあります。

　パールとパイドの組み合わせにより、より複雑な柄の羽毛をもつようになる鳥もいます。

　なお、両親ともパイドの遺伝子をもっていた場合、そのヒナは両親よりもメラニンの発現する場所が減る傾向にあり、無理なくそれを繰り返して繁殖させることで、クリアパイドに近い羽色の鳥を生み出すことができるようです。

クリアパイド

ルチノー

クリアパイドとルチノーの見分け方

まず目を見ます。赤目の場合は、ルチノー、WFルチノーで、黒目～灰色の目の場合はクリアパイドと考えることができます。なお、ルチノーの場合も、年齢が進むにつれて濃い葡萄色～焦げ茶色になって、ルビーのような赤目ではなくなります。メスであることがはっきりしている場合、目の虹彩の次に尾羽の両端の羽毛を見てください。ルチノー、WFルチノーのメスにはシマシマが見えますが、クリアパイドではそれが見えにくくなります。

1-5 オカメインコの品種について

シナモンオカメ

ノーマル系のメラニンの構成バランスが変わって灰色→栗色になった品種がシナモンです。イザベルとも呼ばれます。この遺伝子は性染色体上にあり、劣性遺伝します。

シナモンではクチバシの色はあまり濃くなりません。足の皮膚もあまりメラニンが発色しないためピンク色をしています。爪は黒くはならず栗色です。ヒナのころの目は濃い赤ワイン色。それが大人になると黒目に変わります。

パールの遺伝子をもつと、シナモンパール。パイドも併せ持つとシナモンパールパイドになります。

シナモン
メス

シナモン
オス

ファローとシルバー

シナモンオカメ系で、メラニンの色を弱める遺伝子をもったものがファローです。ルチノーのように赤目で、足の皮膚の色もルチノーに準じます。

同様に、ノーマル系のオカメインコの中でメラニンの色を弱める遺伝子をもったものがシルバーとなります。シルバーには二系統があります。

ほぼ全身が銀灰色の羽毛に包まれるなか、頭頂部にメラニンが濃い部位が残るのは、優性遺伝のシルバーの遺伝子をもつタイプ。このタイプは黒目です。一般にドミナントシルバーと呼ばれます。顔から冠羽はノーマルとほぼ同様の黄色で、オレンジ色のチークです。

ファロー

ドミナントシルバー

シルバーなのに赤目で、頭頂部もふくめて銀灰色なのが劣性遺伝のタイプ。レッセシブシルバーと呼ばれます。

エメラルド（オリーブ）

灰色が淡くなった全身の羽毛に少し濃いリポクローム色素が重なって、緑がかった色に見える品種。エメラルド、またはオリーブと呼ばれます。

リポクローム色素の変化、特に顔の羽毛

オカメインコの黄色のもとになっているリポクローム色素も、メラニン色素同様、もっている遺伝子によって濃淡にちがいがでて、そのちがいによっても品種がかわってきます。

レッセシブシルバー

エメラルド

この色素の色がはっきり出るのはおもにオスの顔であることから、顔の比較で品種を示すことが多くなります。

まずリポクローム色素が発現しないケース。先にも解説しましたが、一般にホワイトフェイス（ＷＦ）と呼ばれます。本来なら黄色いはずの顔が白くなることからの呼び名ですが、実際には顔だけが白くなっているわけではなく、翼や胴体の灰色の羽毛にもリポクローム色素が見られません。

頬の丸いチークのオレンジ色が周囲の黄色に近づいたのがイエローフェイス（ＹＦ）で、顔全体の黄色が淡くなり、さらにチークのオレンジ色が淡くなったものをパステルフェイス（ＰＦ）と呼びます。

ノーマルだけでなくルチノーにもパステルフェイスはいて、そうした鳥はパステルフェイスルチノーと呼ばれます。

リポクロームのちがいによる顔の羽毛色の変化

ノーマル。原種のままの品種。黄色い顔とオレンジ色のチークパッチ。

ホワイトフェイス（WF）。リポクローム色素が発現しないため、顔全体が白くなります。

チークのオレンジ色が周囲の黄色に近づいたのがイエローフェイス（YF）。写真はYFに含まれる、優性遺伝のドミナントイエローチーク（DYC）のルチノー。

顔全体の黄色が淡くなり、さらにチークのオレンジ色も淡くなったものがパステルフェイス（PF）です。

顔から見るオカメインコの品種

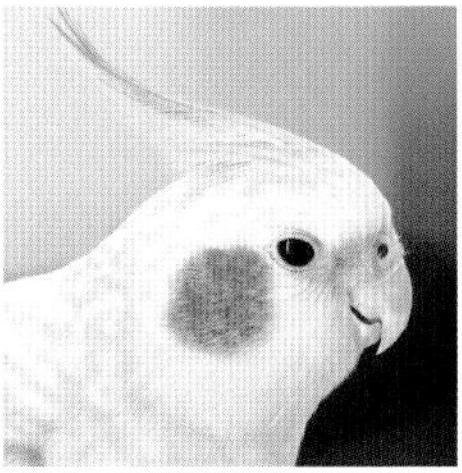
シナモンパール

パステルフェイスシナモン

ホワイトフェイスパイド

ホワイトフェイスシナモン

ノーマルパイド

パステルフェイス
ドミナントシルバー

イエローフェイス
シナモンパール

パステルフェイスドミナントシルバー
シングルファクターパイド

ホワイトフェイス
エメラルドパイド

エメラルド

ホワイトフェイス
シナモンパール

シナモンパールパイド

オカメインコのカラーバリエーション

さまざまなカラーのオカメインコをご紹介します。

シナモンパール

パステルフェイス
ファロー

イエローチーク
パールパイド

パステルフェイス
シナモンパール

パステルフェイス
シナモンパールパイド

ホワイトフェイス
レッセシブパールパイド

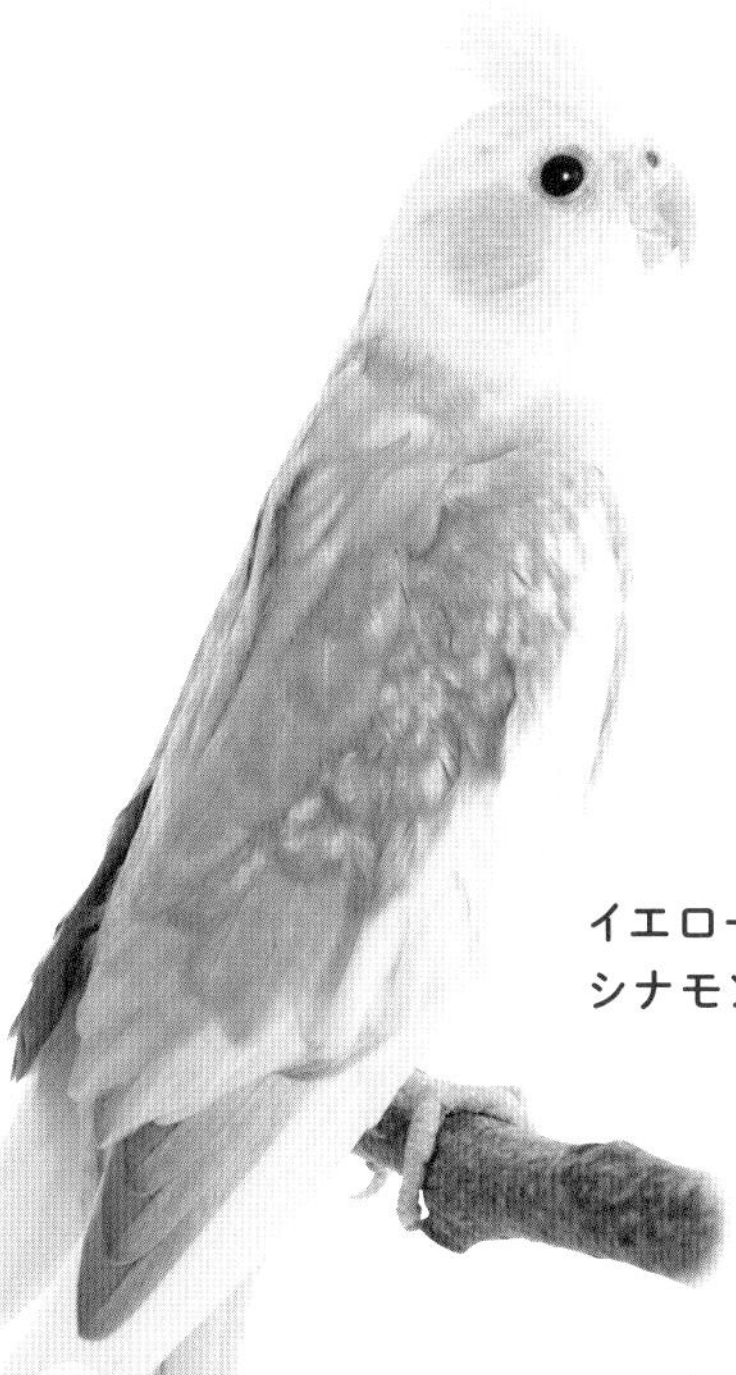

イエローフェイス
シナモンパールパイド

ホワイトフェイスパイド

オカメインコのおもな品種

◎ノーマル Normal
（ノーマルグレー／並オカメ）

原種系。体色は濃いめの灰色。オスの顔は鮮明な黄色。メスの顔は淡い黄色にメラニンの色が重なる。足の表面は黒。爪も黒。目は黒～濃い焦げ茶色。メスの初列風切には黄色のスポットがある。

● **シナモン**（イザベル）
Cinnamon（Isabelle）　1960年代作出（性染色体劣性遺伝）
ノーマルの羽毛の色素バランスが変化し、シナモン色に。足の表面色はルチノー寄り。クチバシと爪は栗色。目は黒～焦げ茶色。メスの初列風切には黄色のスポットがある。

● **ファロー** Fallow　1960年代作出（常染色体劣性遺伝）
シナモン系でメラニン色が薄いタイプ。赤目で、足の表面と爪はピンク色。

● **シルバー** Silver　1980年代作出
ノーマル系でメラニン色が薄くなったもの。黒目で頭頂部の色が濃い優性遺伝のドミナントシルバーと、赤目で羽毛全体が銀灰色の劣性遺伝のレッセシブシルバーがいる。

● **エメラルド**（オリーブ）
Emerald（Olive）　1980年代作出（常染色体劣性遺伝）
灰色が淡くなった全身の羽毛に少し濃いリポクローム色素が重なり、緑がかって見える。

◎ルチノー（白オカメ）Lutino　1958年作出（性染色体劣性遺伝）

原種のメラニン色素が欠落した品種。ヒナの目は赤～ルビー色だが、成長すると焦げ茶～葡萄色に。足の表面と爪はピンク色。メスの初列風切には淡くスポットが見える。

● **クリアパイド** Clear pied
ノーマル系パイドで、羽毛のどこにもメラニンを発色しなくなったタイプ。外見はルチノーに近いが目は赤ではなく、ルチノーの特徴であるハゲをもたない。

◎ホワイトフェイス White face（WF）　1969年作出（常染色体劣性遺伝）

原種のリポクロームが欠落した品種。オスの顔から完全に黄色が消えてしまうことからホワイトフェイスと呼ばれる。足の表明は黒。爪も黒。目は黒～焦げ茶色。

● **イエローフェイス** Yellow face（YF）
頬の丸いオレンジ色が淡くなった（濃い黄色になった）品種。

● **パステルフェイス** Pastel face（PF）（常染色体劣性遺伝）
顔全体の黄色が淡くなり、さらにチークのオレンジ色が淡くなったもの。ルチノーのパステルフェイスは、パステルフェイスルチノーと呼ばれる。

◎ホワイトフェイスルチノー White face lutino

原種からメラニンとリポクロームの両色素が欠落した品種。目は赤。全身が真っ白だが、アルビノとは別。足の表面と爪はピンク色。

● **ホワイトフェイスクリアパイド** White face Clear pied
ホワイトフェイス＋クリアパイドの品種。ホワイトフェイスルチノーとおなじく真っ白だが、目は黒～焦げ茶色。

● **パール** Pearl 1967年作出（性染色体劣性遺伝）
羽毛に貝殻状の模様。パールの遺伝子は性染色体上の劣性遺伝のため、ヒナのパール模様は成長したオスでは消えてしまう。パールとパイド＋αの組み合わせにより、より複雑な柄になる鳥も。→シナモンパールパイドなど。

● **パイド** Pied 1949年作出（常染色体劣性遺伝）
さまざまな部位の羽毛から、ランダムにメラニン色素が欠落した品種。色素欠落の割合によってさらに細かい分類もされる。発現がゼロのものをクリアパイドと呼ぶ。パイドの遺伝子はクチバシや爪にも作用。クチバシに模様ができたり、趾ごとに爪の色が異なる鳥もいる。

※パールおよびパイドは基本的に、ほかの品種との組み合わせとなります。
※劣性遺伝の発現条件は両親ともにその遺伝子をもっていること。鳥の染色体はオスがZZ、メスがZW。性染色体劣性遺伝は、両親ともにZ染色体上に劣性の遺伝子をもつことで発現します。
※現在、優性遺伝を顕性遺伝、劣性遺伝を潜性遺伝とする書き換えが進められています。

1-6 オスとメスのちがい、見分け方

口笛をまねるのはだいたいオス

セキセイインコのオスほど言語に対して多才ではありませんが、オカメインコの中にも人間の言葉をおぼえて話す鳥がいます。

しかし、オカメインコが人間の言葉よりもさらに得意とするのが、口笛の「まね」です。「チョコボのテーマ」や「ミッキーマウスマーチ」＊など、飼い主の口笛をまねておぼえます。オカメインコが声にしやすいのは圧倒的に口笛のほうなので、言葉よりずっと早くおぼえます。

ただし、それをするのは99パーセント、オスです。口笛を教えたいとオスのヒナを求める人もいますが、残念ながら幼いヒナの時代に羽毛で雌雄を判別することはほぼできません。アクティブな様子を見て、「オスかもしれない」と予想するのみです。

オカメインコのヒナはみな、その品種の成鳥メスの羽毛に似ます。ですので、ヒナの時代に外見でオスかメスか知ることはかなり困難です。ただし、特定の遺伝子をもった親どうしから生まれたヒナは、品種から性別がわかることもあります。

性格のちがい

オカメインコのオスは同種のメスに比べて活動的な傾向があります。好奇心もオスのほうが強めです。メスは一般に、オスよりもおっとりしています。

ショップやブリーダーのもとにいるヒナの行動にも、そうした性格は反映されています。そこを訪れ、顔を見せた人間に興味津々で、プラケースの壁を蹴るようにして「出して、出して」と主張するのは、かなりの確率でオス。けれど、それも絶対ではありません。

メスのヒナは落ち着いておっとりしているように見えますが、そのよ

＊20世紀末から、この2曲がオカメインコの口笛曲の筆頭です。おぼえやすい曲であるようです。

うに見えても、やはり絶対はありません。おとなしいオスもいれば、活動的で男子小学生なみに落ち着きのないメスもいるからです。

しかし、雌雄のどちらを迎えたとしても、それぞれ味わいがあって楽しいもの。迎えたヒナの性別が予想とはちがっていたとしても、精いっぱい愛してあげてください。

ヒナ換羽後の変化

オス・メスがはっきりするのは、大人への換羽が始まったころです。オスは風切羽や尾羽に残っていたメスの特徴が消えます。

ノーマルやホワイトフェイス（WF）では、顔の変化が顕著です。ノーマルの場合、オスは灰色味を

ノーマルのメス

ノーマルのオス

わかりやすい例です。

帯びていた顔の羽毛が黄色くなります。ホワイトフェイス（WF）では、その名のように、顔が白くなります。メスは換羽しても、ヒナのころとほとんど顔の色が変わりません。

この時期、早い鳥は人の言葉や口笛を発し始めます。そこからオスを確信する方もいますが、わずかではあるものの口笛を吹くメスもいるので、それだけで断定はできません。判断は、羽毛の色がより確実です。

尾羽と風切羽

ノーマル、ルチノー、ホワイトフェイス（WF）、ホワイトフェイスルチノーの基本4種のメスは、ヒナ換羽後も尾羽と風切羽にシマシマや水玉模様のメスの羽毛の基本パター

ンが残ります。
お尻の後方、尾羽の上の上尾筒《じょうびとう》、下の下尾筒《かびとう》と呼ばれる部位の羽毛もシマシマやマーブル模様の羽毛が残ったままです。

メスのお尻のシマシマの羽毛。メスの場合、美しいマーブル模様が生涯残ります。

特にマーブルは、ほかのインコやオウムではあまり見られない模様でもあり、オカメインコ・メスのこの羽毛が特別に好きという声もよく聞かれます。

ルチノーやWFルチノーの成鳥メスの下尾筒にもシマシマ模様が残ります。濃淡が薄いため気づきにくいこともありますが、じっくり見ればわかりますので、換羽で抜けた羽毛などを手に取って眺めてみてください。

ルチノーやWFルチノーのメスの尾羽も、いちばん外側の羽毛には、よく見れば気づくレベルのシマシマが残っています。

性格と呼び声

人間に対する依存心はメスのほうが大きいかもしれません。

仲間と集まって過ごすよりも、大好きな人間と一対一で過ごすことを好む鳥が多くいます。

オスは人間といることも好きですが、仲間との遊びも大好きです。同種と遊んでいるあいだは、あまり人間には関心を向けていない様子。

分離の不安はオス、メスともに感じることがありますが、その方向性もちがっているようです。なにも食べずに人間が帰宅するのを待つのはオスのほうで、人間の姿が見えなくなったときに大声で呼び鳴きするのはメスのほうが多い印象です。

1-7

オカメインコの1年

ヒナの場合

オカメインコのヒナは、セキセイインコや文鳥と比較してもゆっくり成長していきます。

小鳥の多くは3~5カ月ほどで大人の羽毛に換羽し、早い鳥では生後半年ほどで性成熟しますが、オカメインコの換羽はスローペース。ヒナとしての羽毛がきれいに生え揃った生後2カ月くらいからゆっくり換羽を始め、遅い鳥では終わるまで、そこから半年もの時間がかかります。

個体差もありますが、飛行に大きく影響しない翼の初列風切の真ん中あたりから左右がほぼ同時に抜け始め、それが生え揃うくらいの時期に、次の初列風切、尾羽の両端と、だいたい左右対称に抜けていきます。

オカメインコの場合、飼育されている鳥でも、羽毛が一気に大量に抜けて飛翔に支障が出ることはありません。それも、野生時代から継続しています。

オカメインコは巣立った直後から親とともに飛び始めます。しばらくすると、群れに混じってかなりの長距離を飛ぶ必要も出てきます。そうした暮らしに支障がでない換羽サイクルが遺伝子に刻まれています。一気に風切羽が抜けるようでは、厳しい環境で暮らしていけません。

ヒナ換羽が終わると、そこから1歳くらいまでに性成熟します。翌年には親になることも可能ですが、飼

育されている鳥では、とにかく急いでつがいの相手を見つけようとするものはあまり多くはなく、カップリングはある意味、自然にまかせているように見えます。

そこには、好きになった相手が自然に自分のことも好きになってくれたらカップルに、という受け身の意識も見えます。

1歳までのオカメインコは、そんなふうにゆっくり成長しながら、暮らす環境に馴染んでいきます。

成鳥の場合

飼育されているオカメインコの場合、繁殖をしなければ、1年の変化は実はあまりありません。そのため換羽が、年を区切る大きなイベントとなります。

オカメインコの場合、換羽は基本、年に2回。大人の鳥も、体にあまり負担がかからないように、少しずつ、ゆっくり換羽をしていきます。

繁殖していない鳥の換羽時期は、だいたい12月～1月前後と6～8月くらい。ちょうど暑い時期と寒い時期に重なります。春、または秋にヒナを育てた場合、それが一段落したところで換羽がきます。

野生では、雨季になって植物が繁茂し、ヒナに与える食べ物も十分にありそうだと判断すると、オカメインコのオス・メスは巣にする樹のウロなどを探し、発情。急いで抱卵に入ります。いつまでも食べるものがあるとは限らないので、とにかく子育てを急ぎます。

子育てが一段落すると換羽期に。

ヒナは1カ月ほどで巣立ちますが、半年前後は親のもとで暮らし、食べ物を見つける訓練などを受けます。

人間と暮らすと、この半年間の親元での暮らしが、「生涯」まで延長されます。それがオカメインコと暮らすことだと考えてください。

やがて食べ物が少なくなる時期がくると、野生のオカメインコは家族や近隣の鳥たちと、十数羽～30羽ほどの小さな群れをつくって放浪を始めます。

食糧事情などにより、複数の群れが集まって巨大化し、数千羽の集団になることもあります。次の繁殖期まで生き延びられるよう、必死で餌と水を探して、大陸を横断するように群れは飛んでいきます。

1-8 オカメインコの一生

厳しい野生環境では短命に

オカメインコの限界寿命は40歳ほどかもしれません。長寿の家系で、上手く世話がされた鳥では、35～37歳まで生きた例があるからです。

しかし、オカメインコの原種が、そんな年齢まで生きることは、まずありません。彼らが暮らすオーストラリアの大地はもともとかなり厳しい環境であるうえ、最近は地球温暖化の影響から気候の変動幅が以前よりさらに大きくなり、山火事も多発。多くは、若くして亡くなります。

雨季になっても雨が少ない年もあります。まとまった雨のあとに育つはずの植物が育たなかった場合、その年の繁殖は不可能に。それどころか、成鳥たちが翌年まで生き抜くことが難しくなることさえあります。

最悪の条件が重なった場合、オーストラリア全体での生息数が、前年の数割になってしまうこともあります。それでも、その土地で生きていくしかありません。

そうした環境では、体が弱った鳥は生き抜くことができません。それが野生には老鳥がいない理由です。

30年を超える寿命

オカメインコは元来、丈夫な鳥といわれます。老鳥になるまで病気らしい病気をしたことがないという鳥も多く、健康な鳥なら2歳から20歳くらいまで、おなじような生活を続

撮影：岡本勇太

けることが可能です。

ただし1歳未満の時期は、些細なことで体調を崩してしまうこともあります。食欲不振から、予想外の病気を引き寄せてしまうこともあります。それでも、この時期を無事に乗り越えることができたなら、大きな心配をすることなく生き続けることが可能です。

長い青年期

小型のインコ類や、文鳥ほかのフィンチ類と比較してもオカメインコはゆっくり成長していきます。成鳥の羽毛へと変わるヒナ換羽を終わらせるのに、6~8カ月ほどかかることもそれを象徴します。

飼育されているオカメインコは、健康なら2歳も、5歳も、10歳も、15歳もあまりかわりません。おなじように食べ、おなじように遊び、おなじように飼い主に呼びかけます。

青年期が長いオカメインコとの暮らしは、時間の経過を忘れてしまうほど。自身に子供ができ、成長して大学生になるくらいまで、ほぼおなじ暮らしが可能です。

暮らしに大きな変化がないということは、オカメインコ自身の気持ちにも変化がないということ。彼らが歳を実感することはありません。

ヒナが見たいなど、飼い主が繁殖を望むこともあるかもしれません。ただし、継続する繁殖は老化を早めてしまうことにもつながります。

その鳥とどう暮らしていきたいのか、鳥も人も幸せに生きるためにはなにをしなくてはいけないのか、なにをあきらめるのかなど、将来計画を立てて暮らしてください。

オカメインコの老化は、ある日、突然訪れます。それ以前も少しずつ徴候は出ていたはずですが、いつもの生活に慣れ過ぎて気づかないこともあります。

食べる量が減った、飛ぶ速度が遅くなった、目に白内障がでてきたなど老化が見えたら、それにあわせた暮らしに少しずつ切り替えてください。オカメインコの場合、老化についても、ほかの種よりもゆっくり進みますが、長く続いた青年期と比べると、老鳥になってからの期間は短く感じられるはずです。

Column

日本人とオカメインコ

オカメの名前

オカメインコを漢字で書くと、片福面鸚哥または阿亀鸚哥。

灰色の原種系や、ルチノーと呼ばれる黄色い品種の頬にはオレンジ色のチークがあります。実際には、耳の穴を覆う「耳羽《じう》」という羽毛が、顔のほかの部位とはちがう、きわだつ色になっているだけなのですが、これが「おかめ」と呼ばれる女性の「面」を想像させるということで、この名がつきました。

江戸時代において、少し濃いめの頬紅をさした「おかめ」には、どこか憎めない、愛らしい女性という印象がありました。オカメインコは、そのイメージを受け継いでいます。

渡来は明治時代。名前がつけられたときにはまだ、その心の内面はよく理解されていませんでしたが、愛らしく繊細な心をもった鳥であることがはっきりとわかった今、ぴったりなネーミングだったとあらためて実感します。

和鳥や文鳥、ジュウシマツ、セキセイインコなどを中心とした飼い鳥人気の陰で、色彩的に地味という印象から、初渡来からの数十年間、オカメインコは飼い鳥の中で低いポジションに甘んじていました。

状況が変わったのは1970年代。黄色いルチノーという品種が日本に浸透しはじめてからです。「シロオカメ」という名での宣伝も功を奏し、少しずつ人気が上がっていきました。それに伴い、原種系は「並オカメ」と呼ばれることも増えました。小鳥屋などで、原種系や、よく見る数の多い品種のことを「並」と呼ぶ慣習があったためです。

90年代は台湾で生産されたオカメインコのヒナが盛んに輸入されました。うちの最初のオカメインコも、台湾生まれのシロオカメでした。雷鳴の鳴り響く9月のある日、隣駅のペットショップからタクシーに乗せられ、やってきました。

鳥がいることで変化する暮らし

Chapter 2

2-1 インコが来て変わる生活

鳥に寄り添う生活に変化

生き物と暮らし始めると、生活が大きく変わります。これまでとおなじ生活はできません。相手の生理や、もともともっている生活のリズムを理解して、可能なところを合わせていく必要があるからです。

イヌやネコもそう。オカメインコも、もちろんそうです。

人間も親元で暮らしていると、「他者と生活を合わせる」ということは、あまり強く意識しません。しかし、寮に入ったり、結婚したりすると、相手に合わせることも必要になって、戸惑ったり、疲れたりすることがでてきます。相手側も、戸惑ったり苦痛を感じることがあります。

人間以外の動物と暮らす際もおなじです。相手の生活リズムから外れた暮らしをすると、不満が募ったり、体調を壊してしまうことがあります。上手く暮らしていくためには、相手の体と心の理解が不可欠です。

動物にも心があります。その心は人間とはちがいますが、似ているところも多分にあります。

オカメインコは人間とおなじように、連続するストレスなどによって心に修復不能な傷ができてしまうような繊細さをもちます。それも知っておいてほしいことです。

オカメインコは鳥。人間には未知な部分も多い相手です。そのため、迎える前も迎えたあとも、オカメインコとはどんな生き物なのか、その

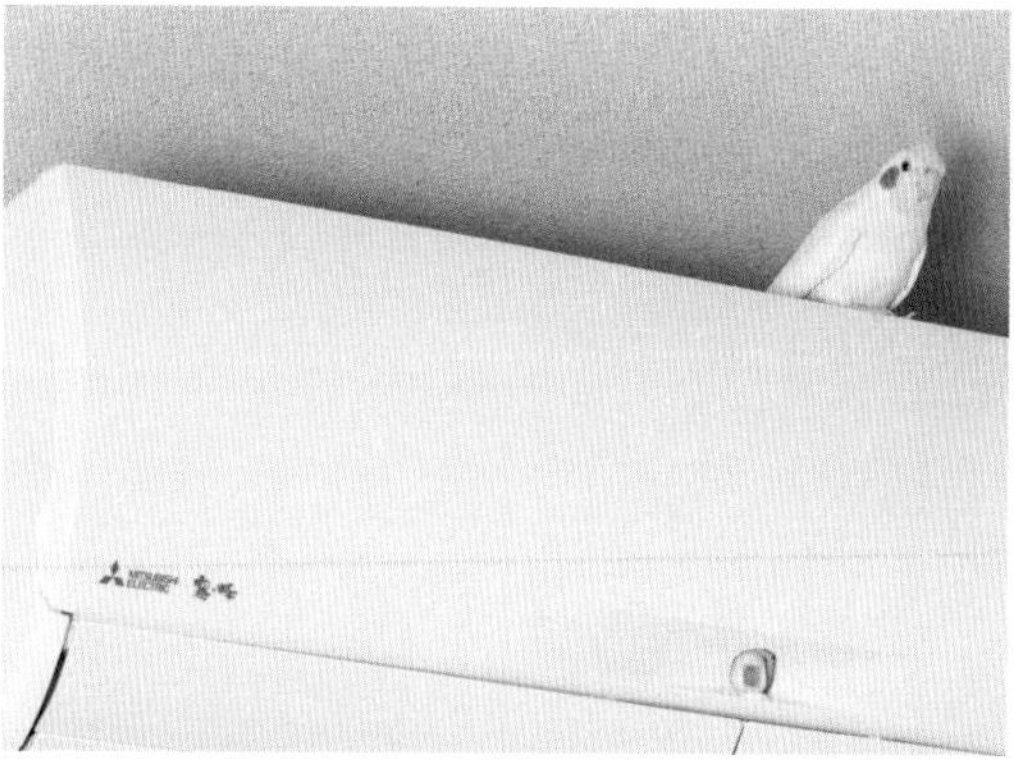

彼らもまた繊細な心をもった存在であるという認識をもって暮らしてください。

鳥との生活や書籍などを通して、生理や習性を理解する努力をしてください。人間にも似た心をもった魅力的な生き物であることを、まずは知ってください。

そうした努力やアプローチを通して、上手く暮らしていくための足掛かりと、健康に過ごしてもらうヒントが見つけられると思います。

オカメインコは馴染みやすい

人間のもとでオカメインコは、野生とはまったくちがう暮らしを始めることになります。そこでは、我慢や妥協も必要になってきます。

彼らとの暮らしをスタートさせたときにまず必要なのが、人間と鳥が安心し、信頼しあいながら暮らしていくための「すり合わせ」です。

オカメインコは人間とその生活環境をよく観察し、飼い主がどんな人物なのかも知って、家の生活リズムを習得していきます。飼い主もその鳥の性格を把握することで、おたがいに相手に合わせるべき点を学びます。重ねられたその過程の中で、信頼関係も生まれてきます。

一般にヒナで連れてきたほうが育てやすいのは、経験が少なく脳も心も柔軟な時期なら、人間との暮らしがスムーズに始められるからです。

ですので、心がやわらかいうちに、その家での、朝、昼、晩、夜のタイムスケジュールを教えてあげてください。自分がいつ起きていつ眠ればいいのかということや、いつ遊んでもらえるか、なども。

オカメインコは順応性の高い鳥なので、人間が起きる時間が遅めでもそれに馴染みます。たとえば習慣的に午前10時まで寝ている家なら、おなじように眠っています。

遊んでほしいときも、まだ人間が忙しそうにしている場合は、今すぐには遊んでもらえないことも理解して、待つことができます。そうした点で、つきあいやすい鳥であるともいえます。

2-2 オカメインコが暮らしやすい温度に

温度にも注意を

「ずっと鳥を飼っているが、昔は冷房も暖房もいらなかった」

こうした主張は、今の時代には通じません。こうした考えは、鳥たちの命を簡単に奪ってしまいます。

彼らの脳裏にある20～50年前の昭和から平成の時代は、今よりも夏場の気温が低く、昼も夜もエアコンなしで暮らせる日が多くありました。

しかし今、都会は特に温暖化とヒートアイランド現象が重なって、そのころより確実に暑くなっています。人間でも死者が出るほどに熱中症の危険が高まっています。オカメインコほかの鳥も、もちろんそうです。

昔は冷房なんていらなかった（だから今も必要ない）という主張は、もう通じません。30度をはるかに超える部屋に放置された鳥は、熱中症の危険が高まります。そのまま放置すると待っているのは死です。

そうならないためにも、鳥と暮らしている方は、夏場は出かけているときにも冷房を使ってください。電気代はかかりますが、それはオカメインコと暮らすための必要経費です。

鳥の体温は40度前後と人間よりも高めです。そのため高い気温も平気と思われがちですが、生命を維持できる上限に近い体温で鳥は生きています。実は、暑さが苦手なのです。

オカメインコの生息地では40度以上にまで気温が上がることがありますが、夏の日本の空気とはちがって乾燥しています。体温を下げてくれ

今の日本の暑さは鳥の命に関わると思ってください。

る風もあります。

彼らの故郷は砂漠の周囲にあります。それでも、空気の流れがない日本の部屋とは本質的にちがう環境だと理解してください。

寒さも命に関わる

一方の寒さですが、体の弱い鳥は寒さで簡単に命を落とします。

鳥も生き物ですから、暮らしの中で体調を崩してしまうこともあります。なんらかの理由で、体力や免疫力が落ちることもあります。そんなとき、鳥は寒いと感じています。

室温が低くなったら、生後1年未満の若い鳥は保温が必要ですし、温度変化についていけなくなった老鳥も温める必要があります。日ごろは元気な青年期の鳥でも、体調が悪化した際は温めることが不可欠です。

寒さは鳥の体力を奪います。免疫力もさらに下げます。食べる気力も奪います。食べられずに血糖値が下がると、ますます寒いと感じます。

寒さは、さまざまな病気の引き金にもなります。具合の悪いときに寒いままだと、ますます具合が悪くなるという「負のスパイラル」に陥りかねません。

重ねて記しますが、「昔は暖房なしでもみんな元気だった」というのは、虚弱な鳥はヒナ～若鳥の段階でほとんど死んでしまったために、生き残った鳥はみな元気そうに見えていた、ということを示しています。本当の意味で、「みんなが元気だった」わけではありません。

不調の様子が見えたら、まず温めることが大事です！

人間もそうですが、鳥の不調は温めることが基本。不調に陥った多くの鳥は、温めることで回復していきます。そうした知識がなかったために、まだ生きられた命が失われたのが昭和から平成初頭の時代でした。

熱中症の場合を除いて、オカメインコが不調になったときは、まず温めてください。それが飼い主にできる最良の鳥の家庭看護です。

2-3 夜の注意点

鳥目ではありません

薄暗い環境でも、オカメインコは目が慣れればものが見えます。ただし、人間とおなじようにはっきりとは見えず、色もわかりません。

またオカメインコは、臆病者を意味する英語「チキン（chicken）」以上と揶揄されるほど臆病です。

ことわざに「幽霊の正体見たり枯れ尾花」というものがありますが、薄暗い中でなにか白いものが揺れているのを見たオカメインコは、恐怖のあまり叫び、大暴れすることがあります。真夜中の地震や急な物音に驚いてパニックを起こし、出血を伴うケガをすることもあります。

なにかがあって飛び起きたとき、完全な暗闇の中だと、オカメインコの不安や恐怖はなかなかおさまりません。そのため、ふだんから真っ暗にせず、常夜灯（照明の小さな電球）はずっと点灯したままにする飼育者も多くいます。専用の夜間灯をつけていますという人もいます。

オカメインコの安全安心のために、完全に暗くすることは避けることが推奨されています。

夜はできるだけ静かに

幼鳥～若鳥の時期、深夜にオカメインコが驚いたりパニックになったりする事故が続くと、それがクセになって何年間もわずかな物音でパニックを起こすようになることがあります。そんな鳥にしないためにも、幼い時期はできるだけ静かな夜を過ごさせてください。

2-4 家を空けにくくなります

旅行はしにくく

一日数回の挿し餌が必要なヒナのときは、飼育者本人か信頼できる家族などが家にいて、ご飯を与えなくてはなりませんが、数カ月が経ち、自身でエサが食べられるようになると、少し長い時間家を空けることもできるようになります。一泊二日ほどで旅行に行くことも可能です。

バードシッターなど、留守のあいだの世話をしてくれる人がいると、より安心です。

しかし、一人暮らしのケースにおいては、「留守中のことが心配で、あまり出かけられなくなった」、「だれかに預けることも不安なので旅行は計画しない」、「鳥と暮らし始めてから20年間、一度も海外旅行に行っていない」などの声も聞きます。

水・エサと温度管理と、ちゃんと眠れるように夜は照明を落とすなどの夜間の管理がしっかりできるなら、一晩くらいなら家を空けても問題はないのですが、オカメインコの場合、地震でパニックを起すこともあることから、心配性の人は特に出かけにくくなるようです。オカメに対する分離不安を自覚する飼い主もいます。

分離不安

見えるところに知っている人がいないと、まったく食事を取らない鳥もいます。原因の多くは心理的な問題で、分離不安*などが影響します。

二羽以上で飼育して、鳥の安心感を増やすことでそうした不安を減らせる可能性があります。

オカメインコはだれかがいると、少し安心します。

*愛着をもっている相手から離れることに強い不安感をいだく症状。分離不安障害とも。

2-5 健康診断も必要に

飼い方が変わってきました

昭和から平成の始めごろまでは、「鳥はすぐ死ぬ」ということが常識となっていて、そのため鳥は病気になっても病院には連れて行かず、家で看病をするのがふつうでした。しかし、現代はちがいます。

30年前には少なかった鳥の専門病院が増えています。地方ではまだ少ないものの、今後、少しずつ増えていくことが期待されています。

「必要なときには病院へ！」

そんな時代になりました。

そのためにも、なにかあったときに連れて行ける鳥の専門病院を見つけておいてください。

その際は、イヌやネコとともに鳥も診ますという病院ではなく、鳥の医療に詳しい鳥を専門とする病院を探すことが大事です。

獣医学部は哺乳類が中心で、鳥についての専門教育はほとんど行っていません。鳥をしっかり診るには、鳥の専門医のもとでの研修が不可欠です。そうした環境で修行をした先生を見つけてください。

以前は治せなかった病気も治る時代になっています。特定の病気に有効な薬もあります。鳥の寿命も延びています。

病気にしない暮らし

未病という言葉があります。

書いて字のごとく、まだ病気ではないが放置すると病気になる可能性がある軽い症状をいいます。

人間が定期的な健康診断を勧められるのは、そうした未病の状態を改善するためであり、自覚のない病気を発見するためでもあります。

体調に問題がない状態で受けた健康診断で発見された病変は、その多くが軽症で、比較的簡単に治すことができたり、重症化しない暮らしかたを指導されるものも多いはずです。

隠れていた病気が発見できて、結果的に治療期間と出費が抑えられることも少なくありません。

鳥の健康診断もおなじです。なにか問題が発見されても、早めの治療で早期の快癒が期待できます。治療費も減らせます。

それよりなにより、愛鳥の寿命を縮める心配が減って、平安な未来像が描きやすくなります。

病院に行って薬をもらうだけで、苦痛もなく、短期間で治る病気があります。また、病院に行かなければ治せない病気もたくさんあります。

ヒナで家に来た場合、オカメインコとは30年近い時間をともに過ごす可能性があります。その長い期間を健康で豊かに過ごしてもらうためにも、定期的に健康診断はしておいたほうがよいでしょう。

また、人と暮らす動物には、「精神的・肉体的に十分健康で、幸福であり、環境とも調和していること」が求められています。動物福祉、アニマルウェルフェアという考え方です。これからの鳥類飼育にも、このような考えが不可欠となります。

こうしたことを頭の片隅に置いて、健康診断もオカメインコとの暮らしの「年間ルーチン」のひとつにしていきたいものです。

健康管理は体重管理から

オカメインコをはじめとする鳥に対し、家庭でできるもっとも有効な健康管理は体重測定です。体調不良や食事量の変化は、すぐさま体重に反映されるからです。迎えた日から体重測定を日課にすることで、健康の維持、管理がしやすくなります。「鳥の健康管理は体重測定から」大事なこととして、おぼえておきましょう。

そのためにも、キッチンスケールをひとつ、鳥の体重測定用に用意することをお勧めします（69ページ参照）。

2-6

オカメインコの飼育費用

財力は不可欠

友人、知人からその家で生まれたヒナを無料でわけてもらって飼育がスタートすることもあるでしょう。

その場合、鳥を購入する費用は0円ですが、当然ながらほかに食・住＋αの費用が発生します。それはけっして少ないお金ではありません。

「お金がない人間は生き物を飼ってはいけないの？」という主張を聞くことがありますが、その鳥の健全な暮らしを考えるなら、飼うことは難しいと言わざるをえません。

基本的な支出

下段に掲載したのが、鳥の飼育に必要な、おもな費用の項目です。

鳥によって購入費が変わってきます。鳥ごとに必要なケージのサイズも変わってきます。それ以外は共通することも多いので、ほかの種を購入する際にも参考になるでしょう。

オカメインコのヒナの値段

ノーマルやルチノーが1～2万、稀少品種が3～10万というのが20世紀末のオカメインコのヒナの価格でした。当時はまだ、台湾などからの輸入も行われていたため、大規模ホームセンターなどでは、値段が6千円～8千円ということもありました。

オカメインコの現在の価格は、概ね2万5千円～5万円ほど。稀少品種はもう少し高いものの、かつてほどの価格の開きはありません。

［ 飼育にかかるおもな費用 ］

- 鳥の購入費用
- 食費
- 住居費（ケ　ジの費用など）
- 冷暖房費
- 医療費（交通費を含む）
- その他（おもちゃ、保険、ほか）

昔に比べて平均価格が上がっているのは、生産が減っていることと、鳥の健康に対する関心が高まって入荷時に健康診断や必要な治療をするショップが増え、その費用が上乗せされていることが影響しています。

一方で、検査等をすることなく、検査をしている店と同等の価格で販売している店もありますので、購入前に十分に調査してください。

食費と居住費

食事はペレットを与えるかシードを与えるかで年間の費用がかわってきます。一般にはペレットのほうが高めですが、国産、無農薬のシードにこだわると、ペレットよりも高くなることがあります。

なお、シードだけではタンパク質やビタミン・ミネラルが不足するため、サプリ的に添加する粉末のアミノ酸やビタミン剤、カルシウムを補うカットルボーンやボレー粉を別途購入する必要があります。加えて、青菜の購入費も加算されます。食費は年間数万円かかると考えてください。健康的な食生活を考えると、3万円を切ることは難しいでしょう。

ほとんどの飼育ケージは1万円以下で購入できますが、ステンレス製など錆びにくく丈夫なものにこだわると数倍の購入費がかかります。

ケージも消耗品であるため、数年〜十数年で買い換えが必要になります。将来的には、その費用も発生します。また、定期的に掃除をしてよい衛生状態を保つため、おなじもの、または近いケージを2つ購入し、交互に使うケースもあります。その場合、2倍の費用がかかることになりますが、そのぶん、使用する期間も伸ばすことができます。

健康診断と通院費

新たに鳥を迎えたら、まず必要なのが健康診断です。基本であるそ嚢

状況にあわせて最適で快適な交通手段を選択してください。なお、オカメインコの中にも自動車や電車で車酔いをするものがいることは知っておいたほうがいいでしょう。

や糞便に加え、ウイルス検査なども受けると、初診料をふくめて1万円を超える可能性があります。最初の診断でなにかあれば、さらに治療費が必要になります。同時に、病院までの交通費も計算に入れてください。

人間と同様、定期的な健康診断も必要です。無駄な費用と考える人もいますが、病気の早期発見は鳥の体の負担と、飼い主の出費を減らすことにつながります。

体に大きな問題が見つかって集中治療が必要になったり、手術が必要な場合は、入院も考えなくてはなりません。病院によって設定料金がちがうため一律には解説できませんが長期の入院では、請求金額が10万円を超えるケースもあります。

温度管理の費用

幼い時期と老鳥期、病気になった際も温度管理は重要です。

急な寒さに体が対応できずに体調を崩す鳥もいます。鳥の不調時に飼い主ができることはまず温めること。

ペットヒーターなど、ケージにつける保温具は必須です。しっかりした温度管理のために、サーモスタットなども合わせて用意しておきましょう。なお、保温具と保温のしかたについては6章にて解説します。

近年の日本は夏の高温期が長引く傾向があり、家屋内での熱中症も起こっています。オカメインコも熱中症になりますし、死亡につながるケースもあります。ヒナも成鳥も老鳥も、夏場の温度管理は大切です。

オカメインコをはじめとした鳥を迎えるということは、エアコンの費用も増えることを意味します。どのくらい電気量が増えるかは、その家と暮らす地域によって異なります。

先に通院のことを解説しましたが、真冬と、電車などの冷房が強くなる真夏の時期に通院する際は、鳥の体を冷やさない工夫も必要になります。そのときに重宝するのが、鉄を酸化させて熱を発する使い捨てカイロ。真夏は手に入りにくくなるので、秋～春に多めに買って常備しておくといいでしょう。

おもちゃ代

オカメインコもすることがないと退屈します。退屈もストレスになります。その解消に、おもちゃを与えて遊ばせることもあります。

市販のおもちゃだけでなく、いろいろなものをおもちゃに見立てて遊びますので、ここにどのくらい費用をかけるかは、ともに暮らす人間にゆだねられています。ケージ内だけでなく、ケージの外にＤＩＹでアスレチックジムのようなものをつくる飼い主もいます。

キッチンスケール

そのほかの費用として頭に置いておきたいのが、鳥の体重を量るためのキッチンスケールの購入費です。鳥の健康維持の基本が体重測定であるため必須です。

家を空ける際の費用

旅行に行くことになった場合など、友人やバードシッターさんに世話を依頼したり、個人やペットホテルに預かってもらうこともあるでしょう。特に海外に出かける場合は、少し長期で預かってもらう必要もでてきます。当然そこにも費用が発生します。

保険に入る？

鳥が加入できる保険も増えてきました。損保系の会社が多いですが、生命保険会社の中にも新たに始めたところがあります。保険の内容としては、年間３～４万円の負担で、かかった治療費の５割や７割の保証がされるケースなどがあります。

長期入院などで大きな負担があった場合、５割や７割が戻ってくるととても助かります。ただ、10年単位など長期のスパンでみた場合、その間に大きな病気をほとんどしなかったケースでは、ただ保険料を払い続けるだけになるかもしれません。

人間の保険と同様、加入するかどうかは、飼い主の考え方しだいということになります。

オカメインコの飼育にかかる費用の例

初期費用　4.5～9.5万円

● 鳥の購入費用　**25,000円～50,000円**

ルチノー、ノーマル、シナモンなどを購入した場合の金額。クリアパイドやエメラルドなど、稀少な品種では5～8万円の価格設定がされている場合があります。

● ケージおよび追加のエサ容器（小）　**10,000円～30,000円**

最小は、HOEI35クラスのケージを用意した場合。465など大きなケージを用意すると、その2倍ほどになる可能性があります。ステンレス製など、より丈夫なケージを用意した場合、さらに費用がかかります。

● 初期の健康診断費用　**10,000円～15,000円**

糞便、そ嚢、体全体の触診、視診に加えて、PBFD、BFD、鳥クラミジア症（オウム病）などの遺伝子検査が行われた場合で、初診料を含みます。こうした費用とは別に、病院までの交通費がかかります。

一年間の費用　6～10万円

● 食費　**20,000円～40,000円**

シードのみ、シード+ペレット、ペレットのみのケース。青菜、ビタミン剤などを含む。シードについては、国産無農薬にこだわると、さらに費用が大きくなります。複数羽を飼育している場合、1羽あたりの費用はもう少し下がります。

● 冷暖房費　**+30,000円～50,000円**

関東で、ケージにヒーターをつけ、部屋自体にも冷暖房をつけて温度をコントロールした場合の例。複数羽の場合もほぼ変わりません。人間だけで暮らした場合に上乗せされる分のみ提示しています。

● 健康診断費（交通費を含む）　**10,000円**

定期検診（2回）＋交通費、または定期検診+不調による通院1回の場合。

その他の費用　2.5～23万円

● おもちゃ　**0円～100,000円以上**

個人の考えによって変わってきます。

● 保険　**20,000円～30,000円**

加入した場合。医療費の5割または7割が保険にて充填されます。

● 医療費（薬代、交通費を含む）　**5,000円～100,000円以上**

大病の場合、年間で10～30万円、もしくはそれ以上になる可能性もあります。

2-7 大切なことを家族にも知ってもらう

事故をつくらない暮らし

食べてはいけないものを鳥が口にした。窓から逃げた。足元にいたことに気づかずに踏んでしまった。そんな事故が、たびたび起こっています。

特に、窓が開いていることに気づかず放鳥して外に飛んで行ってしまったり、家族が誤って部屋の扉を開け、閉めていなかった玄関から飛び出してしまった、という話は跡を絶ちません。

毎日複数羽の鳥が逃げています。そして、その多くは、飼い主のもとに帰ることも、だれかに保護されることもなく亡くなっています。

こうした事例の多くは、飼い主やその家族が注意していれば防ぐことができた事故です。

有毒物を食べてしまった場合、短時間で亡くなる例も多いのですが、素早く病院に搬送し、そこで適切な処置が行われれば助かるケースもでてきます。しかし、それ以前に、鳥が行ける場所に鳥がかじる可能性がある有毒物が置かれていなければ事故は起こりませんでした。

注意力が鳥の健康を守ります

鳥と暮らすと決めた際には、鳥が暮らせるように環境を整えることに加えて、飼育者自身の心と「家族の心」を変えていく必要があります。

意識を変化させることは必要不可欠と考えてください。なぜなら、注意力が不足すると、それが鳥の死亡事故につながっていくからです。

鳥と暮らすことは、心をもった自分以外の生き物と暮らすことと先に解説しました。相手の心を尊重することとともに大事なのが、「注意力のアップ」です。そこには、家族もふくめた全員が「油断をしない」、ということも含まれます。

馴れている鳥はそのまま外に出ても肩から逃げないと思っていたなど、

まさに油断から失われる命もあります。

もしかしたら30年続いたかもしれない愛鳥との暮らしを、みずからの手で縮めないでください。長生きさせたいと思うなら、なおさらです。

また、ともに暮らしている鳥がどんな性格をしていて、日ごろどんな行動をしているのかも、しっかり把握してください。そして、「いつもとどこかがちがう」と感じたときは、なにがどうちがうのか確かめてください。

たとえば、急に気が荒くなったり、いつもより懐いている様子を見せているとき、体調が悪くて苛立っていたり、逆に自身の体調に不安を感じているかもしれません。

フンがいつもとちがうときも要注意です。

なにかがおかしいと感じたときは、病院に連れて行って診察を受けることも大切です。

こうした点でも注意力が不可欠だと記憶に留めてほしいと思います。

家族にも注意の意識を

家族と暮らしている場合は、自分以外の家族が不注意にならないように、鳥との生活でなにが大事で、どういったルールで暮らす必要があるのかを、しっかり話し合ってください。

重ねて記しますが、事故のない暮らしのためには家族の協力が不可欠です。

愛鳥と安全に、幸福に暮らしていくには、自分だけがわかっているのではなく、してはいけないことや危険なことを家族全員に周知徹底させることが重要です。それによって、命に関わる事故を大きく減らすことができます。

オカメインコの迎え方

Chapter 3

3-1 迎える前に知っておきたいこと

オカメインコの特徴

オカメインコには大まかに、次のような特徴があります。

【特徴】

・ヒナから育てなくても人に馴れます
・多くのインコと同様、かじります
・1歳未満の幼鳥には、虚弱で病気がちなものもいます
・ほかの鳥種と比べておっとりした鳥が多くいます
・オスはメスに比べて活動的です
・広い個性の幅をもちます
・同種、他種と派手なケンカはあまりしません
・総じて臆病です
・聞き慣れない物音や地震などの振動でパニックを起すことがあります（通称、オカメパニック）
・複数の鳥を飼育をすると、小さな群れの様子が見られます
・言葉を話す鳥は少数です。しかし、口笛をまねる鳥はいます
・小さくてもオウムです。叫ぶ声はそれなりに大きいです
初めてオカメインコを迎える際には参考にしてください。

多くのインコと同様、かじります

インコはある意味、「かじること」が宿命づけられています。野生時代は、そうやって営巣場所を整えていたからです。オカメインコも、ほかのインコと同様に、こうした資質をもちます。

紙はかじります。本の表紙なども、目にするとクチバシが伸びるので、かじられないように注意をする必要があります。

本でまず関心が向くのが表紙。ただし、付箋が貼られていた本では、表紙よりも付箋が狙われます。国産の付箋はほぼ大丈夫ですが、色の濃

い海外産の付箋には色落ちするものもあり、舌がその付箋の色に染まってしまうことがあります。鳥の健康のためにも、激しく色落ちするようなものはあまりかじらせないようにしましょう。

ティッシュペーパーはかじるというより丸めます。キッチンペーパーは裂いて遊んだり、丸めたりします。目を離すとやわらかいケーブル類もかじります。パソコンのマウスケーブル、LANケーブルやケージに取りつけたヒーターのケーブルまでかじることがあるので要注意です。電源につながったケーブルをかじってショートさせた場合、鳥は感電の、家には火災の危険があります。

部屋の壁紙や木枠もかじります。こうした場所も気をつけてください。

かじられたLANケーブル。

若い時期は注意を

幼い時期は特に脆弱な個体もいて、最初の1年間は何度も病院通いになることがあります。それでも、無事に1歳を過ぎると、多くは体力もついて健康になってきます。

1章で解説したようにオカメインコにもさまざまな品種がいますが、品種によるちがいは、ほぼありません。それより大きいのが個体差です。おなじ親から生まれた兄弟でも、まったく異なる性格・体質をもつことが少なくありません。

ただし、臆病な鳥であることは共通します。「怖い」と感じるような暮らしはさせず、おだやかに日々を過ごさせてあげてください。深夜の地震などで暴れてしまうパニック（オカメパニック）については、146ページで詳しく解説します。

人間の言葉のまねはあまり得意ではありません。しかし、話しかけられることは大好きです。口笛を聞くことも好きで、何度も聞いた曲をおぼえてまねをする鳥もいます。ただし、聞いた曲をそのまま再現せず、どんどんアレンジを変えていく様子も見られます。

3-2

ヒナを迎える時期とタイミング

挿《さ》し餌《え》がしたいですか？

小鳥を手乗りにしたいなら、まだ羽毛が生え揃っていないヒナのころから挿し餌で育てることが基本といわれてきました。

しかしオカメインコは、ショップやブリーダーのもとで挿し餌が終わるまで育ててもらい、それから迎えても大丈夫。人の手で育てられた鳥なら、生後3～4カ月目でも問題なく懐きます。成鳥でも、時間をかければ馴れてくれる可能性があります。

ですので、ちゃんとご飯を食べてくれるだろうか、自分に挿し餌ができるだろうかなど、いくつもの不安をいだきながらヒナを迎えなくても大丈夫です。一人でエサが食べられるくらいまで育ててもらうのも選択肢のひとつとなります。

もちろん気持ちにも時間にも余裕があり、相談できる相手もいて、生後数週からじっくりふれあいたい、自身でヒナに挿し餌がしたいという希望があるなら、まだ幼い時期から育てるのもいいでしょう。

卵から孵って4～5週目のヒナはまだあどけなく、ものごころもついていないことから、ものおじしない瞳で人間を見つめてきます。無垢なその姿が見られる、きわめて短い時間を楽しみたい人もいるでしょう。飼い主にとってそれは一生残る大切な記憶になるはずです。

どのくらいの時期の鳥を迎えるかは飼育する人の考え方しだい。自身の飼育の技量や知識、熱意や使える時間などと照らし合わせて、しっかり検討してください。

いずれにしても、ヒナの時期には予想外の不調に見舞われることもあるため、日々の変化や不調に気をつけつつ飼育をしてください。また、なにかあったときに連れて行ける鳥の専門病院を事前に見つけておくことも大事です。鳥初心者である場合は、なおさらです。

春から初夏と秋がシーズン

オカメインコは、食べ物、温度など、繁殖に適した条件が揃えば、いつでも子育てが可能です。実際に、温度がコントロールされ、十分な食べ物がある人間との暮らしにおいては、1年を通して繁殖します。

よい出会いがありますように！

ショップなどで意外な時期にヒナを見ることがあるのも、こうした性質があるためです。メスの発情が大きな飼育上の問題になるのも、こうした生態ゆえです。

ただし、「育てる」という観点で見たなら、迎えやすい時期とそうでない時期がでてきます。

体を冷やして体調を崩すヒナもいるため、春から秋が育てやすい時期とされます。

特に、冷房も暖房もあまり使われない夏に向かう時期と、酷暑が過ぎた秋の始まりは、ヒナにも飼育者にもよい季節となるでしょう。

縁もある

出会いも、とても大切です。「この子！」と強くインスピレーションを感じる相手と思いがけないタイミングで出会ってしまうこともないとはいえません。

ヒナに限らず、大人の鳥に対しても、そういうことはあります。

家から逃げ出した「籠脱け鳥」を拾ったものの飼い主が見つからず、最終的にそのまま飼育するケースもあります。

新たな飼い主を探す施設でつい目が合ってしまい、そのまま連れて帰ることを決めた、ということもあるでしょう。

鳥との暮らしにおいては、人も鳥もどちらも幸せであることがとても大事になってくるので、「縁」も大切にしてほしいと思います。

3-3 健康なヒナの選び方

まず健康であること

オカメインコとの暮らしを望む人の胸にあるのは、いっしょに楽しい時間を過ごしたいという思いでしょう。願いを満たすためにも、まずは「健康であること」を条件に、よい鳥を探してみてください。

初めて迎える場合はもちろんですが、同種もしくは異種の先住鳥がいる場合も同様です。病気に感染している子を迎えてしまった場合、家にいる鳥にも病気のリスクが及ぶことになるからです。また、病気治療のための費用も必要になります。

できれば目を養ってから

オカメインコがどんな鳥なのか、まずは情報を集めてください。オカメインコのいるペットショップなどをまわって、行動や成鳥の声の大きさなどを実際に自身で確かめることも大切です。

いろいろお店をめぐると、鳥を世話する様子も見えて、信頼できるお店かどうかもわかってきます。どこで購入するにせよ、信頼できる相手を見つけることは大切です。SNSなどを使って、そのお店を利用した人から鳥の健康状態やお店の対応を聞いておくのも有効です。

オカメインコに対しても、元気な鳥とそうでない鳥のちがいがわかるようになると、選ぶ際に判断がしやすくなるはずです。

家に迎えたいと思える鳥と出会ったら、その鳥の体と行動をよく観察してください。同時に店員からじっくり話を聞いて、健康状態や性格を把握することも大事です。

ショップでは、最近は入荷時に健康診断を受けさせるケースも多いため、その結果と、この時期のヒナの平均に対して体重が軽いか重いかも確認してください。80〜110グラムが目安となります。

食べさせているものの確認

挿し餌中のヒナについては、1日何回食事を与えているのか、1回の挿し餌でどのくらい食べさせているのか聞いてください。同時に、給餌の方法や与えているフードの商品名なども確認してください。使っているのがスプーンなのかフードポンプなのか、知ることも大事です。

挿し餌中の鳥を迎える場合、家でもフードポンプであげてくださいといわれることもあります。が、初心者がフードポンプを使った給餌をするのは至難です。

初めての挿し餌で、さらに初めてフードポンプを使う場合、シリンジ（注射器）の先端に取りつけたシリコンチューブをそ嚢まで上手く入れることができずに、死亡事故につながるトラブルも起こりかねません。そのヒナがとても気に入ってしまった場合でも、一人餌になるまで待つか、ほかの子を検討するのが無難です。

すでに一人餌になっている場合、なにを食べているのか、どのくらい食べているのか、いつ一人餌になったのか、挿し餌中と今とで体重変化があったかどうかを聞いてください。

オカメインコの場合、挿し餌が終わると少し体重が落ちます。減少が5パーセント前後ならふつうの範疇ですが、体重が1割も落ちて、さらに落ち続けている場合、体重が減るなんらかの理由があります。

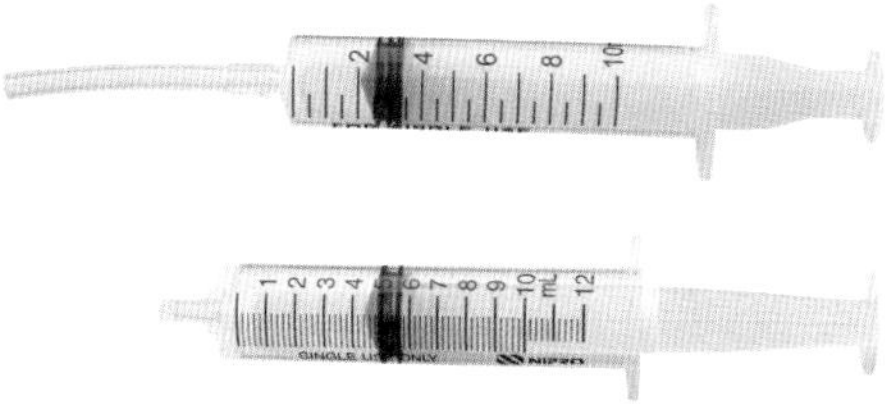

シリンジ（注射器）にシリコンチューブをつなげたもの。クチバシを開けて、そ嚢に直接フードを流し込みます。訓練された人間でないと危険があると獣医師は指摘します。

大事な観察点

ヒナを選ぶための観察点をまとめると、次のようになります。

【見た目が健康そうであること】

◎目やまぶたに炎症がないか

◎くしゃみをしていないか、鼻水は出ていないか

◎おしりのまわりの羽毛はきれいか
◎足の指が曲がっていないか、欠けていないか。ふつうに歩けるか

【十分な体重があること】

平均よりも軽かったり（ヒナの場合も80〜110グラムが目安です）、体格がよくても痩せて胸骨が尖っている場合などは、必要な量のエサを食べていないか、食べても吸収できていない可能性があります。

迎えたらまず健康診断

どんなに健康そうに見えたヒナでも、体内に菌やウイルスをもっている可能性があります。将来の健康的な生活のためにも、鳥を迎えたら鳥の専門病院で早期に健康診断を受けることを勧めます。可能な場合、入手先から病院へ直行するのが、ヒナの負担も少なくベターです。

糞便とそ嚢の検査は基本で、真菌や細菌の感染、寄生虫の有無、潜血の有無、消化の状態、腸内細菌のバランスなどを診てもらいます。

死に至る可能性のある鳥クラミジア症（オウム病）やPBFD（オウム類の嘴・羽毛病）などを遺伝子検査（PCR検査）にかけてもらい、すべて陰性という結果がでれば、すでに家に鳥がいる場合も安心して遊ばせることができます。今後、鳥を増やすことを考えている場合も、安全のために必須と考えてください。

鼻腔に炎症がある場合など、くしゃみや鼻水がでます。鼻の上部の羽毛の汚れはその可能性を示唆します。目の結膜炎もヒナに多い病気です。お尻の部分の羽毛の汚れている場合は下痢などの可能性があります。足指（趾）の曲がりは先天的なものであるため治りません。胸をさわると痩せているかどうかわかります。

Column

ルチノーの頭頂部には無毛部（ハゲ）があります

初めて黄色いルチノーのオカメインコのヒナを見た人は、頭頂の無毛部を見て、「病気？　欠陥？」と目を丸くするかもしれません。頭頂部がまるっと禿げている鳥は、ヒナでもそうそういないからです。

羽毛がまだ生え揃っていない時期でも、鳥のヒナの頭部には、のちにその中に羽毛がつくられるツンツンの「羽芽《うが》」が生えていて、なにもない地肌が見えることはまずありません。ところがルチノーの場合、本来あるはずの羽毛がありません。ツンツンもなく、ツルツルです。

オカメインコに詳しくない店員が接客した際に、「大丈夫。大人になると生えてきます」などと言うことがありますが、それは嘘です。

生えません。周囲の羽毛がふさふさになり、冠羽がしっかり伸びてくると、前方からは頭頂部が見えなくなります。しかし、たとえ見えなくても、その部位の無毛は変わりません。

無毛部がかなり大きい鳥もいれば、あまり目立たない鳥もいますが、いずれもハゲています。それは、ルチノーという品種が作出された際、「頭頂に羽毛がない」という遺伝子もセットでできあがったためです。

パイドの遺伝子をもちながら、全身からメラニンが消えてしまったクリアパイドの鳥は、一見ルチノーそっくりでも遺伝子がちがうため、頭頂部もふさふさです。冠羽の下にもしっかり羽毛があります。

それでもルチノーの無毛の頭頂が嫌われることはありません。なでながらその部分を鼻先やくちびるで触れると、人間よりも高い体温を直に感じることができます。そこに「愛らしさ」を感じる人も多数います。筆者もまた、そうした人間のひとりでした。

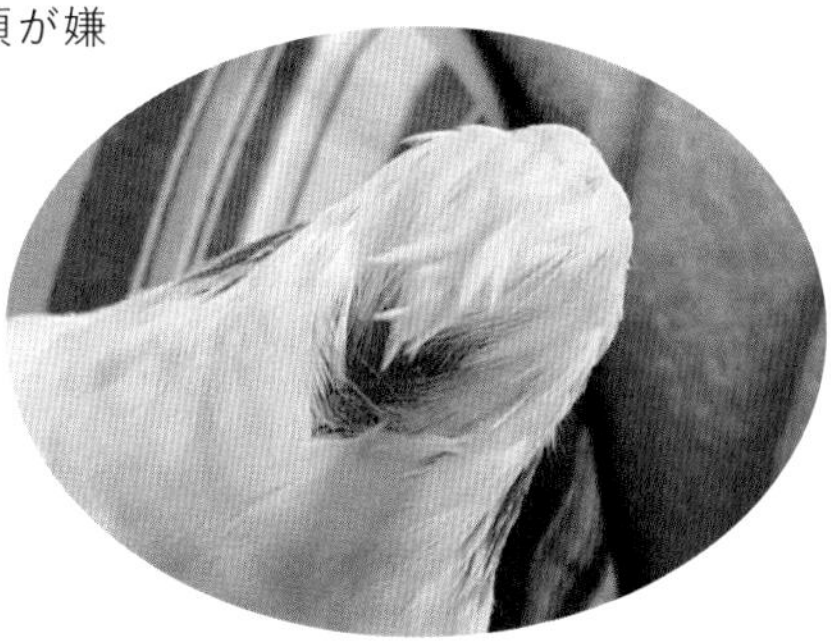

さわると、温かさが伝わってきます。

3-4 ヒナの入手場所

どこから？

かつて飼い鳥は鳥屋／小鳥屋で買うことが主流でしたが、現在は小鳥も扱うペットショップから迎えることが多くなっています。昭和の時代に定番だった小鳥屋は店主の高齢化などにより激減し、今後さらに数が減っていくと予想されています。

一方で、インターネットが発達した現代は、SNSやホームページを通してブリーダーともつながりやすくなりました。ネット経由で鳥の画像を見せてもらい、そこで候補を決めてから直接足を運んで、目的の鳥を譲ってもらうというやり方も可能になっています。

鳥の入荷状況や販売可能な品種などがネットを介してショップから提供されるようになってきたことで、ほしい鳥が迎えやすくなりました。

まとめると、鳥の入手先は、大きくは次の3つとなります。

【オカメインコの入手先】

◎ショップ（小鳥も販売するペットショップ、小鳥屋、小動物も扱うホームセンターなど）
◎ブリーダー（大規模、個人的）
◎友人・知人

見に行きやすいことなどから、ショップが利用されることが多い状況が今も続いています。

オカメインコの生産地

年間、何十羽も入荷するペットショップは、希望する品種を手に入れられる可能性が高くなります。さまざまな品種の繁殖を行っているブリーダーも同様です。

なお、販売価格については、稀少品種はルチノーやノーマルよりも高く値が設定されています。

20世紀末までは台湾などから輸入されるヒナも多くいて、国産の半額以下で売られることもありましたが、鳥インフルエンザが大きな社会問題になって以降、オカメインコをふくめて、鳥の輸入は激減しました。

現在ショップで売られている鳥は、ほとんどが国産です。愛知、静岡、埼玉がおもな生産地となっています。

ショップのリスク

多くの鳥が販売されているショップでは、ほかの鳥からウイルス性の疾患など、病気を移される可能性もないとはいえません。そうしたリスクもあるとわかったうえで、利用することになります。

たくさんの鳥、ヒナが置かれている店、特に複数のヒナがおなじケースに入れられている店では、病気の感染リスクが高まる可能性があると考えてください。

そうした点の配慮から、感染症対策に力を入れる大手のペットショップなどでは、入荷時から一羽ずつ個々のプラケースで生活させるケースも増えています。

繁殖に使う親鳥の検査がしっかり行われ、安全なヒナだけを販売するブリーダーがいる一方、検査が不十分なブリーダーもいます。さまざまなブリーダーから出荷されたオカメインコは、いったん問屋に集められたのち各地のショップに買われていくことになります。こうした流通の過程においても、病気に感染する可能性はゼロではないことを知っておいてください。

とはいえ警戒しすぎると入手できる店がなくなってしまいますので、まずはできるだけ安全と思える店を見つけ、購入後はすみやかに健康診断に連れていくようにしましょう。

3-5 ヒナのために用意するもの

住まいと暖房器具

健康で安全に暮らしてもらうために、できれば事前に用意しておきたいのが、ヒナの最初の家となるプラケースやガラスケース、そして温度管理ができるヒーター類です。

ほかの鳥のヒナと同様、オカメインコもヒナのうちは体温調節が苦手です。ヒナが体を冷やすことには死の危険もあるため、そうならないように最初は保温がしやすいプラケースやガラスケースでの生活が推奨されます。

ヒナを迎える際に用意するものは、食事の道具と体重計を加え、次の4点となります。

【用意するもの】

◎プラケースまたはガラスケース
◎保温具とサーモスタット
◎食事道具（挿し餌中の場合）
◎体重管理用キッチンスケール

なお、挿し餌が終わっているヒナには3番目の食事道具は不要です。最終的な住み処はケージになりますが、急ぐ必要はありません。

まずは、安定した温度が維持ができるプラケースなどで生活させながら、家と飼い主に慣れてもらう必要があります。長くて数週間続くその期間に、これから暮らしていくケージをじっくり考えて用意しても間に合います。

家庭における鳥の健康管理の基本は体重測定です。毎日、朝夕量って、

プラケース

迎えたヒナは、まずは風が当たらず保温に適した容器で暮らしてもらいます。隙間の多いケージでは、この時期のヒナに必要な保温ができません。

日々の変化や1日の中での変化を知ることで健康管理ができます。デジタルのキッチンスケールが鳥の体重計として最適です。

ヒナは体温調節が苦手

幼いヒナの体温調節機能は不完全です。羽毛が生え揃っていない裸の時期はもちろん、きれいに生え揃った生後4〜6週でさえも、大人の鳥のように十分な体温調節ができません。

そのため、体を冷やさない容器が必要で、母鳥が伝える体温とおなじくらいの温度にできる保温具も不可欠となります。

迎えられた新たな環境では、知らない音が聞こえ、これまでに見たことがないものも目にします。当然、鳥は緊張します。生後間もないヒナではなおさらです。

すぐに慣れて新環境に興味津々なヒナもいますが、多くはなじむのに時間がかかります。

これまで暮らしていた環境に近い住み処を用意することで、そんなヒナにも早期のなじみを促すことができます。

ショップやブリーダー宅でプラケースで過ごしていた鳥は、これまで住んでいたプラケースとおなじような容器で家に迎え、しばらくそのまま暮らしてもらうと、保温ができると同時に安心感も与えられ、環境になじみやすくなります。

キッチンスケール

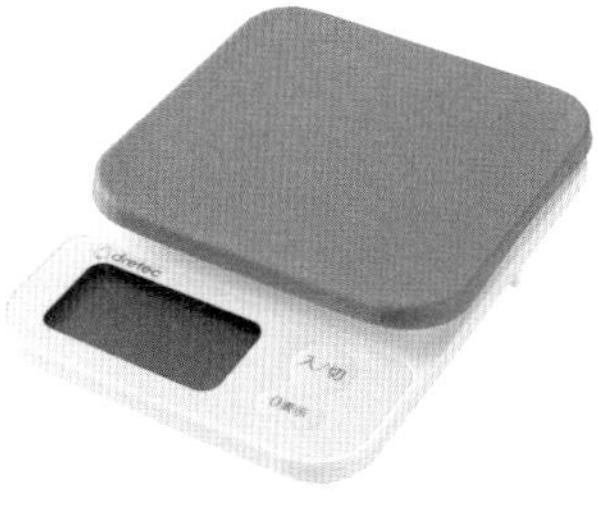

オカメインコ用の体重計となります。迎えた日から体重を記録して、健康管理をしてください。

温度計

ヒナが過ごす場所に近い位置の温度が測れるようにするのがベターですが、かじってしまうなど問題がある場合は、クチバシが届かない場所に温度計を取りつけます。

成鳥ケージへの引っ越しはいつ？

早い鳥では1週間ほど、遅い鳥でも1カ月ほどでケージへの引っ越しを考えます。一気にふつうサイズの成鳥用ケージに引っ越すか、少し小さめのケージでとまり木生活になじませたのち、あらためて大きなケージに引っ越すかは、飼い主の考え方しだいです。

ただオカメインコは、ヒナでもパニックで暴れてケガをすることがあるため、狭いケージへの中間移動はあまりお勧めしません。

新たな家に慣れることを二回繰り返すことになる二段階の引っ越しが、ヒナの心と体に余計な負担をかけてしまうこともあります。

成鳥用のケージに引っ越す際に気をつけたいのが保温です。

ヒナの新たな家となるケージに取りつけるヒーターは、大きめのケージの場合は特に、20Wではなく40〜60Wなど、少し出力が高めのものを選んでください。

生後数カ月のヒナは一見、成鳥と変わらないように見えても、まだ寒さに対する耐性が低いため、1年目は特に、しっかりとした秋・冬の温度管理が必要です。

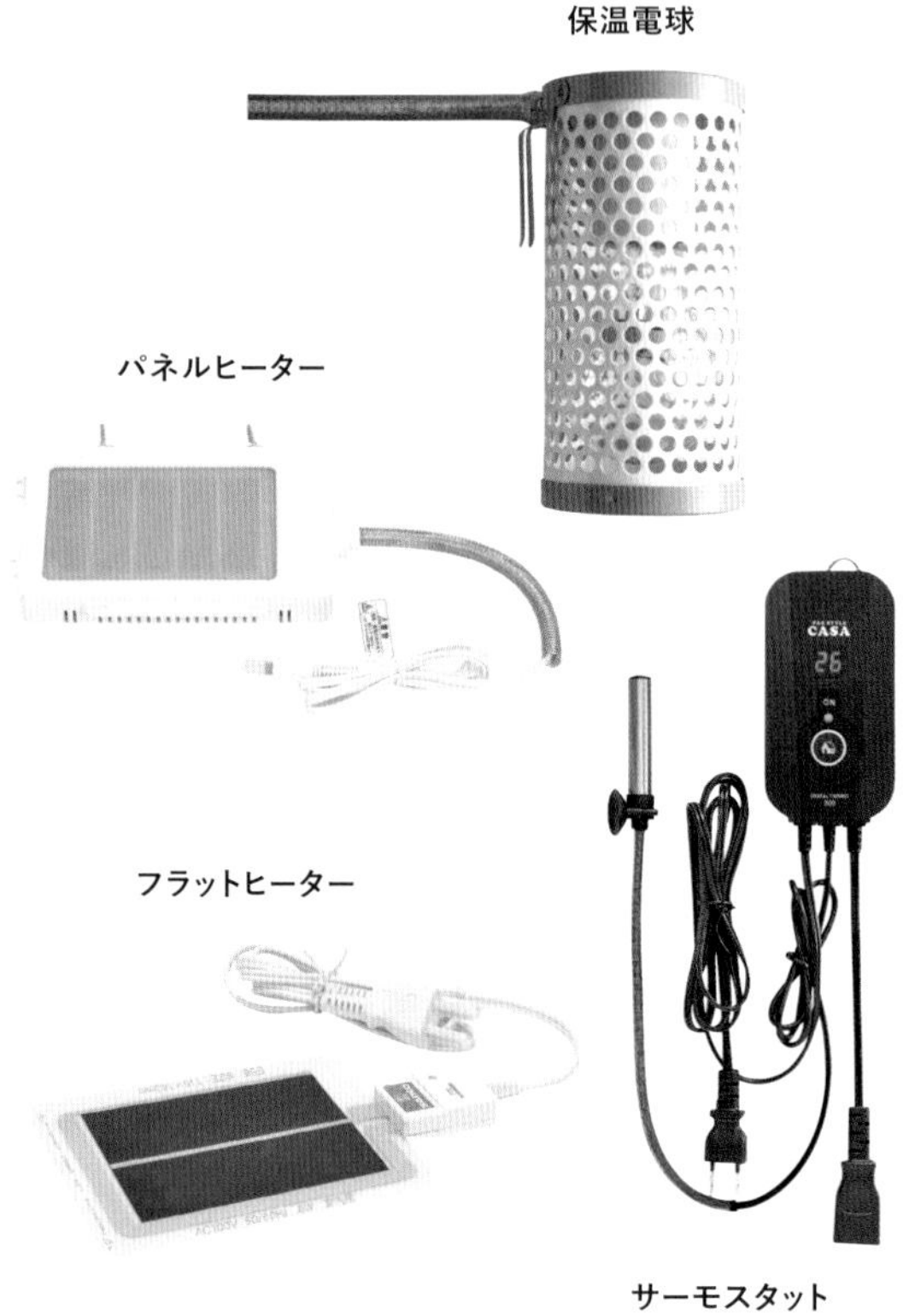

ヒーターなどの暖房器具は必須です。ヒナの時代を過ぎても、冬場のケージの暖房や、病気の際に使用します。温度管理ができるサーモスタットも同時に使うと、より安心です。

3-6 部屋の安全性の高め方

落ちたら危険な場所にカバー

風切羽が完全に伸びると、挿し餌期間中でもオカメインコは飛び始めます。ただし、どのくらい上手く飛べるかは個体ごとにまちまちです。

初めて飛んだ瞬間から完璧に飛翔をコントロールして思った場所に着地までできる鳥がいる一方、上手く飛べるようになるまで時間がかかる鳥もいます。どちらかといえば後者が多いでしょうか。

そうした鳥では初めての飛翔の際に、冷蔵庫や食器棚、本棚の後ろ、洗濯機の後ろや横、ベッドの横など、助けにくい場所や、姿を見つけにくい場所に落ちることがあります。少し飛行に慣れた鳥でも、焦って判断を誤ることがあります。

そうした隙間に落ちないように、あらかじめカバーや詰め物をするなど、万が一のための対策をしておいてください。また、放鳥中は絶対に目を離さないでください。

危険なものを知っておく

新品のオーブンレンジを空焚きすると、鳥に有害なガスがでます。テフロンのフライパンやホットプレートを熱した際に出るガスも鳥を死に至らしめます。ヘアスプレーも有害です。

インコはさまざまなものをかじったり舐めたりしますが、亜鉛やスズがメッキされた製品や、鉛が含まれた製品も危険物。観葉植物の茎や葉も基本的に有害と考えてください。アボカドやチョコレートなど毒性の強い食べ物もあります。

危険物は鳥がいる場所では使わない、ヒナがいる場所には置かないなど、安全のための知識を飼い主がしっかりもっておくことが重要です。危険物については、本書でも後章（136ページ参照）で詳しく解説しています。

3-7 食べさせるもの、挿し餌のしかた

食べさせるもの

挿し餌の期間中に十分な量を食べたかどうかで体の大きさが変わり、青年期の長さと寿命が変わってきます。この期間は、鳥の一生を決める重要な時期です。

そのため、まだ挿し餌中のヒナを迎えた場合は、必要な量をしっかり食べさせて、りっぱな体をつくるようつとめてください。

かつて、挿し餌といえば、炒ったムキアワを卵黄でコートした粟玉が主流でした。もちろん粟玉だけではビタミンやカルシウムなどの栄養が不足するため、すり鉢で細かく砕いたボレー粉と擂りおろした小松菜などの青菜を加えて、ヒナ用フードがつくられました。

20世紀の末までは多くの飼育現場で、こうした粟玉＋αの食事が与えられていましたが、栄養バランスが調整された完全食のヒナ用パウダーフードが供給されるようになってからは、パウダーフードにほぼ切り替わっています。

パウダーフードが発売された直後は、濃いめのフードをつくって与えると、食べ物がそ嚢に溜まったまま胃に降りていかない「食滞《しょくたい》」もよく

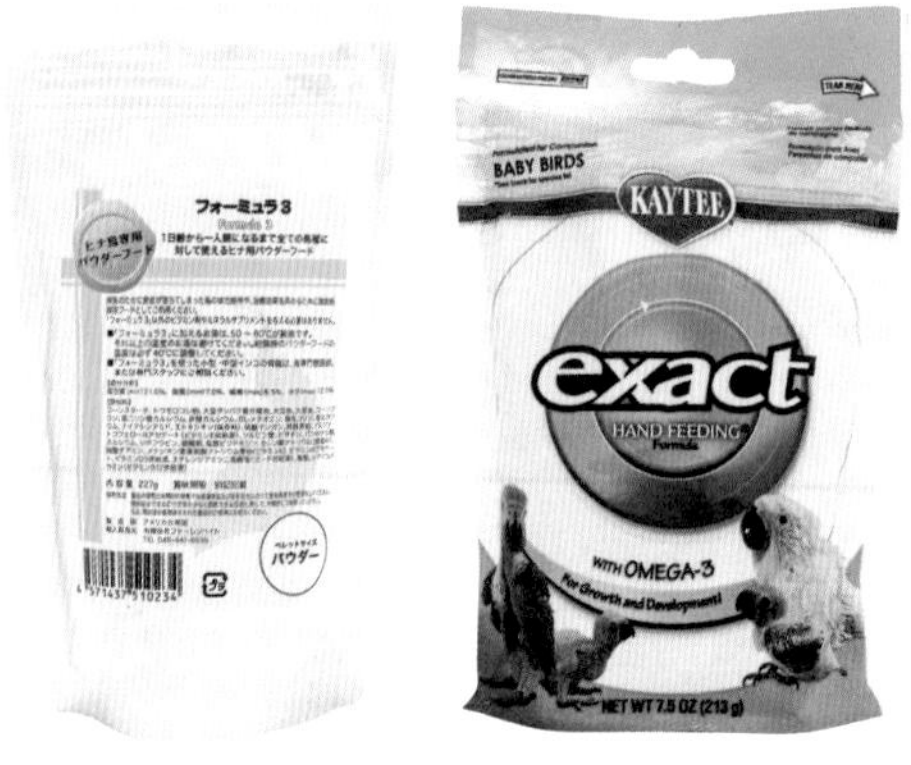

フォーミュラ3（ラウディブッシュ社）とイグザクト（ケイティ社）。パウダーフードのパッケージに書かれているつくり方、与え方を守ってヒナに食べさせてください。

起こっていましたが、製品の改良によって食滞は起こりにくくなり、現在はほぼ聞かれなくなりました。

なお、その時代を体験した人の中には、こだわりとして、現在もずっと「パウダーフード＋粟玉」を選択し続ける方もいるようです。

かつての鳥の飼育書では、食滞を起こしたヒナに対しては、「白湯を飲ませて、そ嚢をゆっくりもみほぐす」などの対処法が掲載されていましたが、今後はそうした記述もなくなっていくと予想されます。

獣医師はスプーンでの給餌を推奨

鳥の流通の現場では、手許にいるヒナに対してシリンジにシリコンチューブをつなげたフードポンプで挿し餌をすることが増えています。

フードポンプでヒナのそ嚢に直接食べ物を流し込む給餌は効率的で、短期間に多数のヒナのめんどうが見られることから、ショップやブリーダーのもとでもフードポンプを使うことが増えてきているようです。

ヒナの食欲まかせとなるスプーンでは、食の細いヒナはあまり食べてくれず、なかなか目標体重に届きません。しかし、フードポンプを使うと、食の細い鳥にも毎日一定量の食べ物を与えることができます。

そのため、購入したヒナに対してフードポンプでの給餌を勧めるショップもあります。しかし、慣れないヒナに、慣れない飼育者がフードポンプで給餌をするのは危険が伴います。わずかな失敗でも死亡事故につながることがあります。

フードポンプを使った給餌の事故で鳥の病院に運び込まれるヒナは、毎年それなりの数にのぼります。家に迎えたヒナに対してフードポンプで給餌をして、上手くいっていると思っていても、喉やそ嚢に傷をつけてしまい、のちにそれが原因の病気で通院する事例もあります。

ヒナ用スプーン

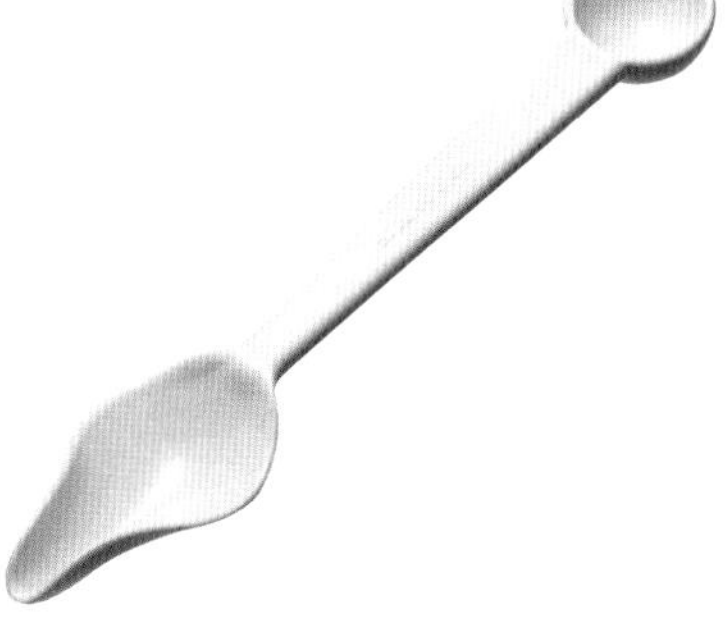

ヒナが中のパウダーフードを飲み込みやすいように先端を少し細めています。

十分な訓練を受けていたり、慣れていて安全にフードポンプで給餌ができる場合は別ですが、ヒナの体の状態と将来のことを考えると、安易にフードポンプを選ばないほうが無難です。

挿し餌のしかた

パウダーフードをつくる際は、50〜60度のお湯を加えるなど、パッケージに書かれたつくり方の指示を守ってお湯に溶き、必要な硬さのフードにしてください。

与えるときは、少し大きな容器に43〜47度ほどのお湯を入れ、そこに挿し餌の容器を浸し（湯煎をして）、挿し餌の温度が40〜41度を維持するようにします。人間の体温くらいまで冷めてしまうと、食べなくなるヒナが多くいます。また、つくりたての場合など、温度が高すぎて舌や喉を火傷させるケースがあります。

火傷自体は軽くても、患部に細菌や真菌が入りこんで炎症を起すこともあります。冷めたものより少し熱めのほうがよく食べてくれるため、湯煎の温度を心持ち高めにすることも多いのですが、挿し餌は適正温度を守ってください。

ヒナに与えるものはパウダーフードのみか、パウダーフード＋粟玉というかたちになります。栄養面の充実さからパウダーフードのみを推奨する声もありますが、どちらを選択するかは飼育者の判断に任されます。

与える量は、次の挿し餌のときにほぼそ嚢の中が空になるくらいが目安です。オカメインコのヒナのそ嚢は拡張性が高く、最大で10〜12グラムほどは入りますが、限界まで食べると必然的に次の挿し餌までの間隔が開いて、結果的にその日に食べる量が減ってしまうなど、本末転倒になってしまうこともあります。

35〜38°Cに設定できるペット用フラットヒーターが挿し餌の際に役立ちます。

挿し餌の期間

通常、生後1~2カ月ほどが挿し餌の期間とされます。しかし、オカメインコについては、予想外に挿し餌が長引く鳥も少なくありません。

迎えてわずか4~5日で挿し餌を食べなくなり、スムーズに大人のエサに移行した例がある一方、挿し餌を切るのに半年近くかかったケースもあります。それでも、後者も異常というわけではなく、オカメインコではありうることです。

突然、挿し餌を拒否してシードなどを食べだすケースでは、その鳥が食べるのに任せても体重の変動は少ない傾向があります。

が、一般に、挿し餌から大人用のエサに切り替わる際には、ペレットにしてもシードにしても、あまり早くは食べられないため、頑張って食べてはいても少し体重が下がります。

そのため、慎重に対応していかなくてはならないのが、シードやペレットへの切り替えのタイミングとそのやり方です。

一般的には、ヒナが暮らしているプラケースなどの床にペレットやシード、粟穂などを入れてクチバシをつける機会をつくり、自主的に食べ始めてくれるように促すことがよく行われています。

挿し餌と挿し餌のあいだの時間にそうしたエサを食べてくれて、体重が下がらないようなら、挿し餌の回数を減らしていきます。ただし、朝夕など、日に数回体重を量り、朝の体重が激減しないようにしてください。思ったように切り替えが進まないことも多いため、飼い主の忍耐が試される期間にもなります。

なお、将来ペレットを主食にしたいと考えているなら混合シードや粟穂は与えず、最初からペレットのみを与えてください。先にシードの味をおぼえた鳥にペレットを食べさせるのは、かなりの困難を伴います。

3-8 ヒナのおもなトラブルと対処法

食べてくれない

ヒナを家に連れてきたときに多いのが、「食べてくれない」、「食欲が落ちて体重が減った」というトラブルです。

迎えた当日から翌日は、オカメインコのヒナの多くが食欲を落とします。でも、それも普通ですから、「うちの子、家に連れてきたらご飯を食べなくなった」と焦らないでください。

オカメインコは繊細で、環境が変わると緊張から食べなくなることがよくあります。成鳥はもちろん、ヒナもそうです。

食べてくれないとき、飼い主に求められるのは、なるべく体重を減らさないように、その心と体に寄り添うこと。

ヒナが触れられて安心するタイプなら、そっとなでながら、「大丈夫。ここがあなたの家」と声をかけてあげてください。

ただし、ずっと触れ続けるのはNG。ヒナが疲れてしまうので、ほどほどの時間にとどめてください。

また、ヒナがいる場所を頻繁に覗き込んだりせず、挿し餌以外の時間は静かに休ませることも大事です。顔を見せると、好奇心旺盛なヒナは出して遊んでもらおうとします。それも体重減少の一因となります。

静かに過ごさせつつ、ショップやブリーダーのもとで食べていたものを、おなじやり方で与えながら食欲が戻るのを待ちます。

なお、ヒナは寒いと体調を崩し、食欲を落とします。羽毛が生え揃っていない時期は30度前後に、その温度でも寒そうなら32～33度を目指して保温してください。

また、挿し餌期間は、過ごす部屋自体もヒナにとって寒くない温度にしてください。生まれて最初の冬を越すまでは、少し過保護なくらいがちょうどよいかんじです。

もうひとつの「食べてくれない」

迎えて少し時間が経っても十分に食べてくれない場合は、体調不良か飼育や挿し餌になんらかの問題がある可能性が考えられます。

幼いヒナは食べて眠ることが仕事です。食べさせている時間以外はゆったり過ごさせ、夜は十分に眠らせてください。

また、神経質なヒナは挿し餌の温度が少し下がっただけで食べなくなります。まわりが騒がしすぎると気が散って、食べたい気持ちがどこかに行ってしまうこともあります。

体内に病因となる細菌などをもっていた場合、食欲が落ちたことで発症したり悪化することがあります。そうした事態を防ぐためにも、なるべく早いタイミングで健康診断を受けることが大事です。

ただ、健康診断で問題がないといわれたヒナでも、食べない時期が長引くと、身のまわりの細菌などが体内に侵入して食欲不振を引き起こすこともあります。

挿し餌が切れない

迎えて数カ月が経っても挿し餌をほしがるケースがありますが、少し期間が長くなっても健康であれば問題はないと獣医師は判断します。

おもなトラブル

簡単にまとめると、オカメインコのヒナを育てている際にぶつかるトラブルとしては、次のようなことがあげられます。対応、対策をあわせて紹介します。

なおヒナは、成鳥以上に様子見をする時間的な猶予がありません。病気と思った場合は、すみやかに獣医師の診察を受けてください。

【ヒナのおもなトラブル】

1. 食べてくれない
2. ふくらんでいる。ずっと寝ている
3. 目が結膜炎
4. 咳、くしゃみをしている
5. 下クチバシが上クチバシより前に出ている
6. 飛ぼうとして窓や壁にぶつかった。床に落下した
7. パニックを起こしてケガをした

オカメインコのヒナを迎えたときに起こるおもなトラブルと対応

① 挿し餌を食べてくれない

迎えた初日は、多くのヒナが食欲を落とします。迎える前に近い環境をつくり、緊張がとけるのを待ちます。

迎えて数日経っても食欲が上がらないときや、逆に食べる量が減った場合、次のような理由が考えられます。

挿し餌の温度が低い

→ しっかり湯煎をして、ヒナが食べたい温度を維持してください。

体が冷えて消化能力が落ちた

→ 保温は大丈夫ですか？　ヒナが暮らす場所が寒くないようにしっかり温めてください。挿し餌中も、ヒーターなどを使って床から温めながら挿し餌をしてください。部屋もヒナにとって寒くない温度を維持してください。（74ページのイラストも参照）

食べること以外に気が向く

→ ヒナの注意が食べること以外に向かないように、環境を整えてください。

前に与えた挿し餌が熱すぎた？

→ 50°C近い挿し餌を与えて舌や喉を火傷すると、火傷部分が腫れて挿し餌が食べられなくなることがあります。そこから細菌や真菌が入って口内炎になることもあります。病院での診察と治療が必要です。

（家に連れてくる以前に）
チューブをそ嚢に通した際に喉に傷がついたことによる炎症

→ こちらも病院での診察と治療が必要です。

② ふくらんでいる。ずっと寝ている

寒くて体調を崩している可能性があります。30℃の設定でも寒そうなら、ヒーターを組み合わせて、暮らしている場所の温度を32～33℃まで上げてください。逆に体調を崩したため寒く感じることもあります。

ふくらんで、食欲もなく、眠っていることが増えている場合、体調の異常と、不調による体重減少が予想されますので、病院に連れていって獣医師の指導を仰いでください。

③ 目が結膜炎

白目が赤い。まぶたが腫れている。目やにが出る。などが結膜炎の症状です。抗生剤の点眼が必要です。獣医師の診察を受け、点眼薬を出してもらってください。飲み薬もあわせて処方されることがあります。必要な場合は、保定と点眼の指導もしてもらってください。

④ 咳をしている

連続するくしゃみのような、ケッケッケッと強めの息をするのが鳥の咳です。細菌やクラミジアなどによって肺や気管支に炎症がある可能性があります。鳥専門の獣医師の診察と検査が必要です。

⑤ 下クチバシが上クチバシより前に出ている

下クチバシが上クチバシより前に出ている（顎をしゃくっているように見える）のは典型的な肺炎や気嚢炎の症状で、息をすることが苦しい場面で見ます。挿し餌の失敗により、肺に水分や異物が入って誤嚥性肺炎を起こしていたり、細菌や真菌が入り込んだことで起こります。早急な専門家の診察と治療が必要です。

⑥ 飛ぼうとして窓や壁にぶつかった。床に落下した

上手く飛べないヒナも多く見られます。思った場所に行けずに落ちたり、着地に失敗したり、カーテンを閉め忘れた窓ガラスに激突する事故もあります。打撲や骨折、靭帯を痛めた様子が見られたときは、すみやかに病院に搬送してください。

⑦ パニックになってケガをした

パニック後、翼や足、足指がぷらぷらしているなど、骨折の様子が見られた場合は急いで病院へ。飼い主では対処できません。折れてはいないがどこか痛めた様子がある場合も、獣医師の診断が必要になります。

オカメパニックの詳細は6章の「オカメパニック」（146ページ）を参照ください。

3-9

上手く暮らしていくために大事なこと

心をもった生き物として扱う

ヒナから成鳥に変わる時期は、人間とオカメインコが、おたがいのことを深く知って理解しあう大切な時期でもあります。

心をもった生き物どうし、相手がどんな存在なのかを知って、関係性を築いていかなくてはなりません。

人間からすれば相手は人間とは異なる生き物、翼をもった鳥です。しかし、傷ついて心の病気になることもある繊細な生き物でもあります。

まだ幼いヒナは、人間の子供と同様、庇護の対象です。ですが同時に、心をもつ生き物という点で、私たちと対等な存在でもあります。

オカメインコの心も人間と同様、暮らしの中で成長していきます。そうした事実も理解しておくことが大切です。

ルールを教える

家に迎えたインコとあなたは「共同生活者」でもあります。朝、しっかり起こして水やエサを替えたり、夜も決まった時間に眠らせるなど、義務も生じます。それに伴って、人間の生活も変化していきます。

オカメインコも成長しながら、その家での暮らしがどんなものなのか理解していきます。いつが放鳥のタイミングなのか、呼びかけても思ったように反応してくれないのは人間がなにをしているときかなど、大事なことを学習していきます。

自我がはっきりしていくにつれて、その主張も強まってきますが、常に自分の思い通りになるわけではないことも、生後半年くらいまでのあいだにしっかり教えていく必要があります。

大声での呼び鳴きなど、鳥の問題行動と呼ばれるものの多くは人間の接し方や行動に由来します。そんな鳥にならないよう、家で暮らすうえでのルールや「我慢」を教えることは、その鳥のためでもあります。

油断をしない

たがいに初めての暮らしの場合、インコも人間も、相手の行動が予測できません。インコが窓や鏡に向かって飛んで行って激突する、という事故が起こることもあります。予想外のものをかじったり、飲み込んだりすることも。

　放鳥中は絶対に目を離さず、どんな行動をするのかしっかり見て、危険な行為や、してはいけないことは即座に禁じてください。

　もちろん、安全管理も重要です。ベランダで日光浴をさせていたとき、少し目を離した隙にケージにネコやカラスが忍び寄り、あわや襲われる寸前に……といった事故も実際に起こっています。

　飼い主が油断をすると、大事なオカメインコの健康も命も損なう可能性があることを、しっかり記憶に留めて暮らしていってください。

まさかのための用意も

体調を崩すなどした鳥を病院に連れて行く際には、体を冷やさないようにする必要があります。

　冬場や春先はもちろん、真夏でも冷房が効いた寒い電車に乗ることがあるはずです。そんな移動の際に保温具として有効なのが、ドラッグストアなどで売られている使い捨てカイロです。寒くないように温めながら搬送するのに有効です。

　カイロには貼るタイプと貼らないタイプがありますが、それぞれ異なる最高温度が設定されているため、両方買っておいて気温などにあわせて使い分けるのがいいでしょう。

3-10 成鳥を迎えたとき

成鳥も環境変化に弱い

さまざまな理由から、オカメインコの成鳥を家に迎えることもあるかもしれません。成鳥を迎えるのは、すでに家にオカメインコがいる、またはかつてインコを飼っていたという人が多く、ケージのセッティングも基本的な暮らし方も身についているケースが多く見られます。

そんなベテラン飼育者も大きく悩ますのが、ヒナと同様の「食べてくれない」という問題です。

連れてこられた新しい環境で、すべてのオカメインコは強く警戒します。動じない性格の鳥は比較的早くなじむものの、長く神経を張り続けるものも多数。大人になって心の柔軟性が減るためか、成鳥はヒナよりも緊張が長引く傾向があります。そしてヒナと同様、緊張し、警戒しているオカメインコの脳には胃腸からの空腹信号が届きにくくなります。

ヒナよりも体力があることは安心材料で、落ち着けばやがて食べてくれるとわかっていても、食べてくれるまで飼い主は、不安の中で挙動を見守ることになります。人に馴れていない荒鳥では、食べない期間はさらに長引く傾向があります。

変化の鍵は本鳥の心の中にあるため、ほかにも家に鳥がいる場合は、見える場所に連れてきて食事する姿を見せたり、安心しきって暮らす姿を見せたり、さまざまなエサを目の前に並べるなどして、緊張がとけるのを待ちます。焦らないことが大切です。

大人のオカメインコを迎えてぶつかるもっとも大きなトラブルは、ヒナのケースと同様、「食べてくれない」です。ヒナほど心が柔軟でないことなどから、体力がある分、食べてくれない期間が長引く傾向があり、食べないことで体調を崩し、病院での強制給餌が必要になることもあります。

鳥の体、オカメインコの体

Chapter 4

4-1

鳥の進化とオカメインコの体

姿を変えた恐竜

鳥が、絶滅をまぬがれた恐竜そのものであることは、今や定説となりました。樹上で暮らすようになった小型の肉食恐竜が直接の祖先です。

　鳥の特徴である羽毛も、肺に付属する空気の袋「気嚢《きのう》」を使った呼吸も、恐竜から受け継いだものです。

　翼の羽毛を使った、メスの気を引くための求愛のパフォーマンスも、恐竜時代にすでに行われていた可能性があります。翼と羽毛を使って抱卵し、孵化後もヒナを守り続けた親恐竜もいました。

　6550万年前に巨大な隕石が地球に衝突する以前に、すでに何種もの鳥が誕生していたこともわかっています。

手に入れたもの

恐竜が鳥になるために、失ったものと手に入れたものがあります。

　鳥のアイデンティティそのものでもある、空を飛ぶことのできる翼。前肢を翼にしたことで、鳥は「空」を手に入れました。

　引き換えに失ったのが、ものをつかむことのできる「手」です。

　しかし、インコやオウムの祖先は翼を手放すことなく、ふたたび「ものをつかむ力」を手に入れました。まずは、趾《あしゆび》の握力を高め、片足でもしっかり枝をグリップして体を支えられる力を手に入れます。

　趾が前が3本、後ろが1本の「三《さん》前趾足《ぜんしそく》」から、前2本、後ろ2本の対向指（鳥では対趾足《たいしそく》と呼ばれます）になったのも、そうした進化の延長です。鳥に一般的な「3・1」よりも「2・2」のほうがバランスが取りやすく、強い握力が出せることが確認されています。

　その結果、空いた片方の足で「もの」をつかんで目の前や口元に運ぶことが可能になりました。つかんだものを至近距離で観察したり、クチバシでかじってみることができるようになったのです。人間の両手作業とおなじことが、片足とクチバシを使ってできるようになりました。

飛ぶための体

空を飛ぶために、鳥は体を軽くする必要がありました。胸骨や骨盤など、個々に動かす必要のない骨をまとめて（癒合して）ひとつに。さらに、大きな骨は中を中空にします。含気骨《がんきこつ》と呼ばれます。骨の中に複数の「筋《すじ》交《か》い」をつくることで、軽量ながら、中味の詰まった骨に匹敵する強度が維持されました。

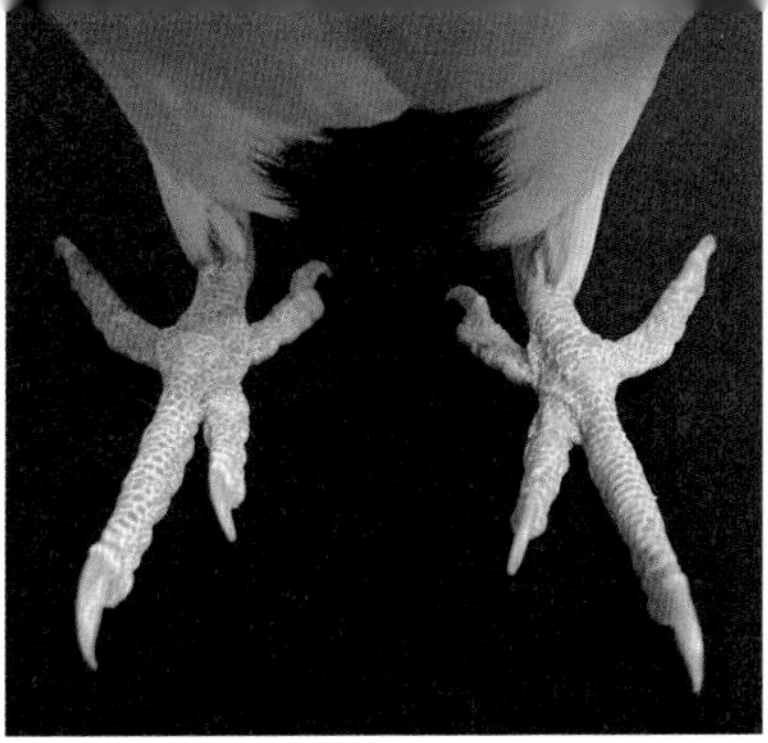

オカメインコの趾。ものをつかみやすく、高い握力が出せる構成です。人間の指でいうと、後ろを向いた内側の指が親指（第1指）、外側の長い指が薬指（第4指）。前の内側の指が人指し指（第2指）、長い指が中指（第3指）です。

　ちなみに鳥類の骨の総重量は体重のおよそ5パーセント。100グラムのオカメインコでは、約5グラムということになります。骨が体重の1~2割もある哺乳類と比べると、いかに軽量かわかります。

　鳥たちが失ったものはほかにもあります。もっとも大きなものが、食べ物を噛み砕く歯と、噛むための筋肉。歯と筋肉は実はかなり重く、それらを残したままだと頭が重くなってしまいます。

　そのため鳥は歯を捨てて、爪やウロコとおなじ素材のクチバシに。顎を動かす筋肉も最小限にしました。

　顔の筋肉は咀嚼《そしゃく》に加えて、顔に表情を生み出していた筋肉でもありました。それが大幅に減ったがゆえに、「鳥は表情が少ない」といわれるようになったわけです。

　ちなみに鳥の羽毛はウロコが変化したもので、ベースとなるタンパク質のケラチンはおなじです。「この部位はウロコから羽毛へ」など、指示を出す遺伝子のスイッチがいくつか切り替わることで、ウロコ↔羽毛の変化が起こることがわかっています。

　羽毛は、ウロコよりも哺乳類の毛よりも総じて軽くなります。オカメインコなど小鳥類の羽毛の総重量は体重の約1割です。

オカメインコの骨格

下図がオカメインコの骨格です。

頭骨の中味は、ほぼ脳と眼球。鳥の体の中でもっともよく動く首の骨、頸骨は9個。哺乳類が7つと決まっているのに対して、鳥類は種によって異なります。ちなみにセキセイインコは12個です。

最大の骨は胸骨で、その大部分が下に向かって飛び出した竜骨突起です。この部分に翼を動かす筋肉がつきます。面積が大きいほど強い力で羽ばたけるようになります。飼い鳥では、胸骨まわりの筋肉を見て痩せているかどうかの判断をします。

オカメインコの全身骨格

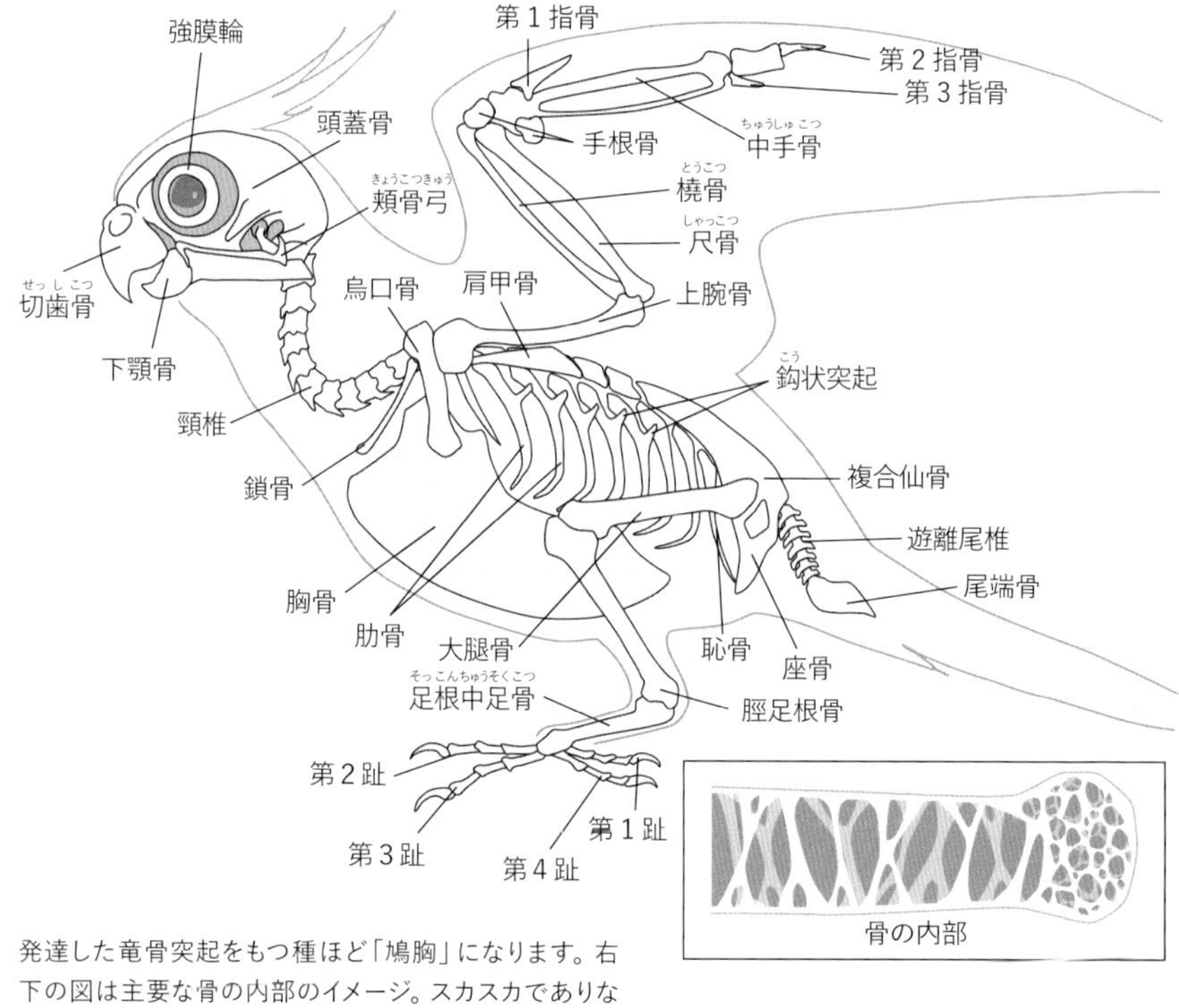

発達した竜骨突起をもつ種ほど「鳩胸」になります。右下の図は主要な骨の内部のイメージ。スカスカでありながら、中には複数の細い骨の繊維が交わるように（筋交い状に）存在します。これにより高い強度が生まれます。「トラス構造」と呼ばれます。

4-2 オカメインコと系統樹

つながった系統樹

かつて鳥と恐竜は接点のない別々の生き物として、それぞれの種の関係性や進化の歴史が考察され、図鑑や系統樹がつくられていました。

それが大きく変わったのは、21世紀になってからです。恐竜から鳥に至る進化の流れが解き明かされたことで、恐竜の種の関係性と分岐を示す系統樹と、鳥の種の関係性と分岐を示す系統樹がつながりました。

現在、手に取ることのできる恐竜の図鑑と鳥の図鑑の系統樹は、大河のように途切れることなく一本につながっています。それに伴って、恐竜学者と鳥類学者の交流も加速し始めました。

以前は生態や骨格構造などをもとに鳥の分類が行われていましたが、最近はそれぞれのＤＮＡを調べることで、より正しい関係性がわかるようになりました。スズメ目《もく》、インコ目《もく》とハヤブサ目《もく》の近さが判明したのも最新の科学調査のおかげです。

次ページに掲載したのが現在の鳥の分類と系統樹です。並んでいる目《もく》は近い関係を示しています。分岐の時期などは確定が難しく、明らかになっていないところも多いのですが、見つかった化石とより細やかな遺伝子調査によって、今後少しずつ判明していくと考えられています。

日本の図鑑に掲載されている系統樹は、国際鳥類学会議（ＩＯＣ）の分類をもとに日本鳥学会が『日本鳥類目録』の名で公開したものがベースになっています。そのため、各目の名称も２０１２年刊行の『日本鳥類目録』改訂第７版に沿っています。

オカメインコを含むオウム科の鳥は、オーストラリアと、その東にかつて存在し、ニュージーランドなどのわずかな土地を残して大部分が海中に沈んでしまったジーランディアという大陸で進化、拡散したと考えられています。

恐竜と鳥類の系統樹

系統樹は、生物の分類およびその関係性を「目《もく》」を軸に可視化したもの。鳥の系統樹は、祖先の恐竜から途切れることなく続いています。

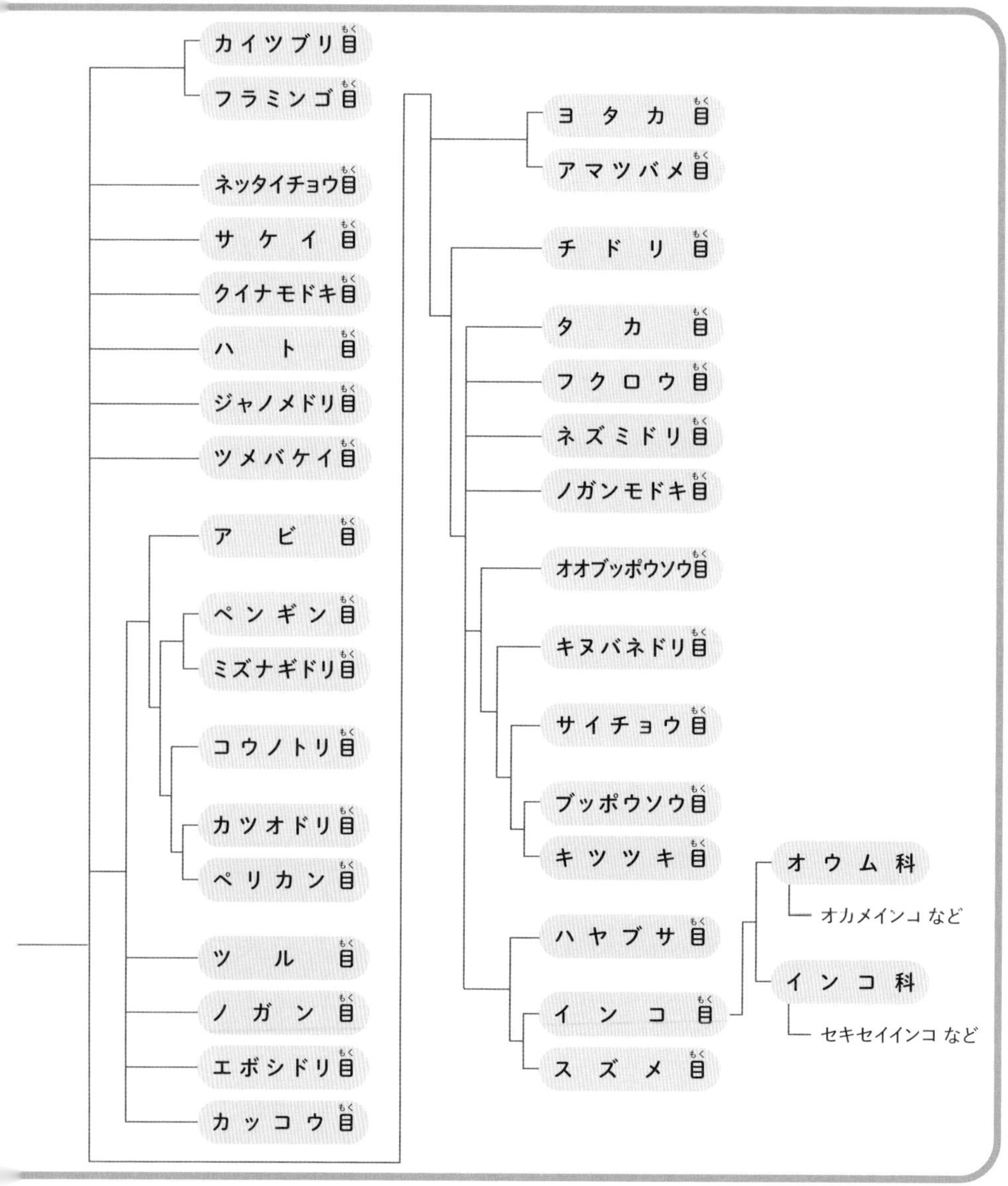

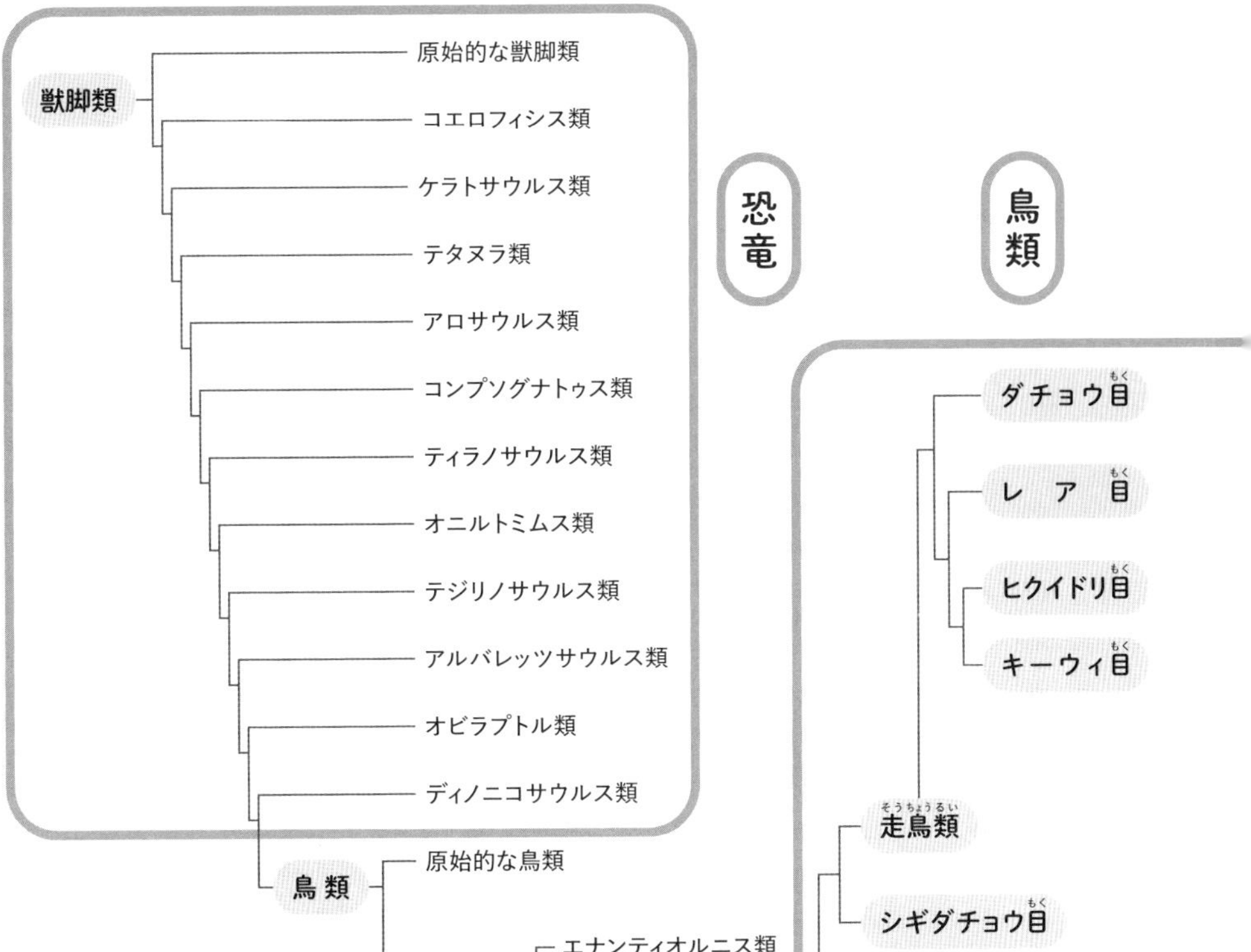

獣脚類は、そのほとんどが大型・小型の肉食恐竜でした。羽毛をもった小型の獣脚類の恐竜が鳥へと進化し、現在の鳥類になりました。

恐竜と現生鳥類のあいだの分類は、現在も議論が続いています。

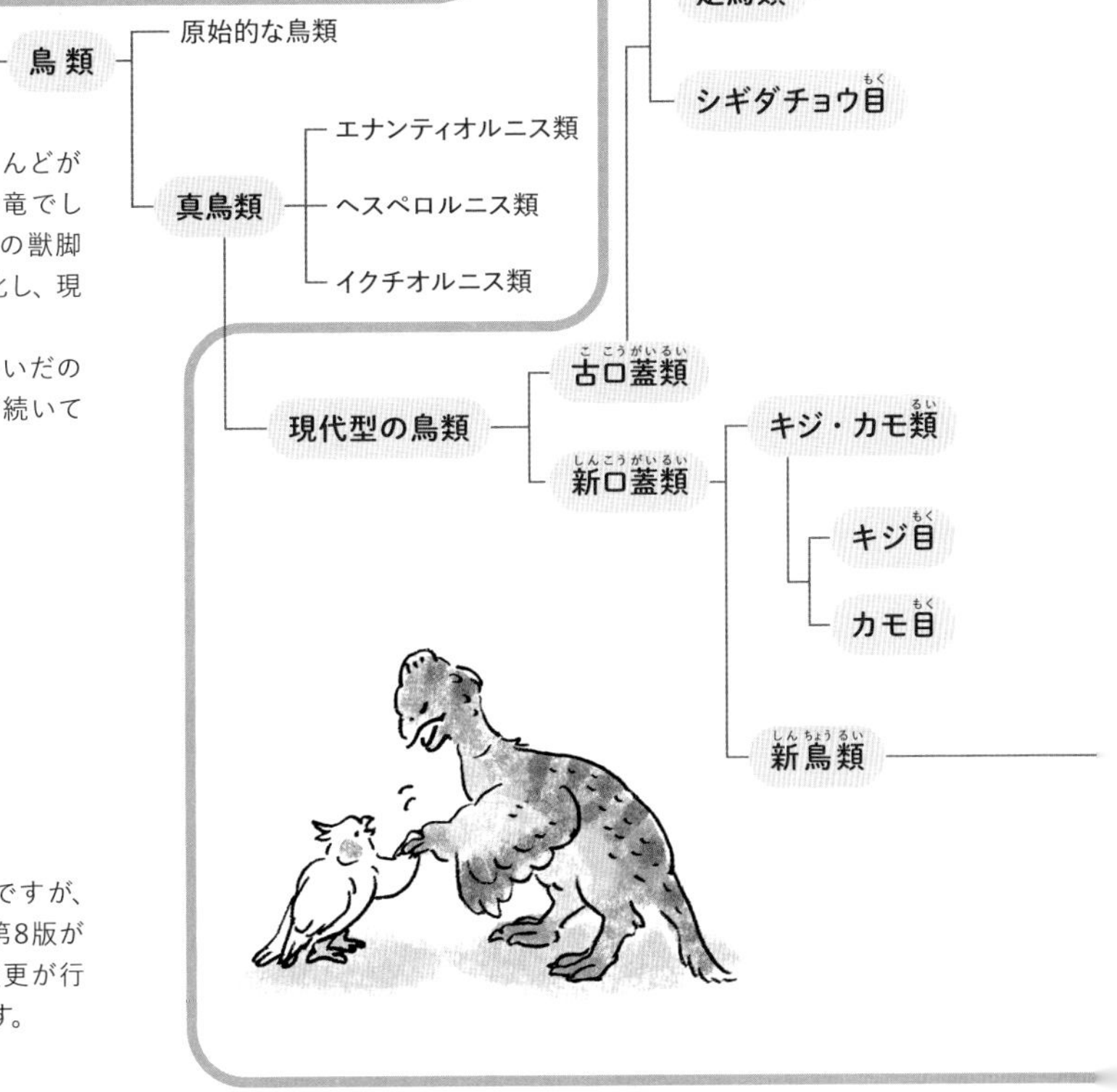

右図は最新の系統樹ですが、『日本鳥類目録』改訂第8版が公開されると複数の変更が行われる可能性があります。

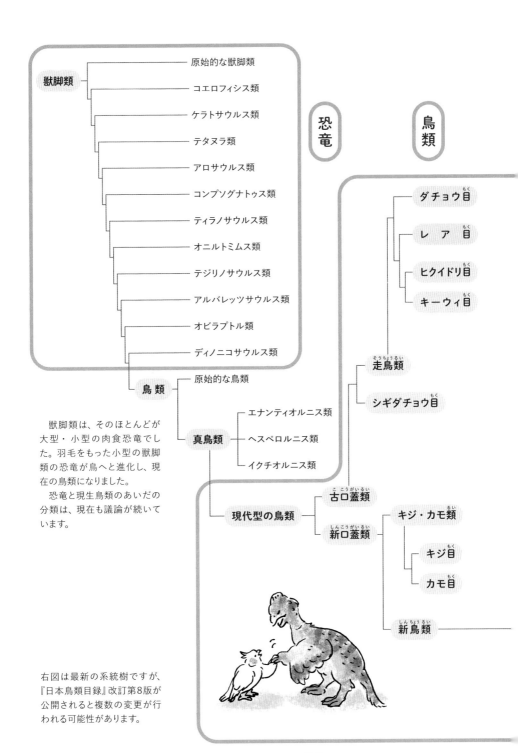

4-3 オカメインコの翼

翼のつくり

ページ左に翼の部分の骨格を掲載しました。

もともとが前足（前肢）である翼は、人間の腕や手のひら、指の骨とおなじ骨からできています。

肩から伸びる上腕骨、肘にあたる関節があって、橈骨《とうこつ》、尺骨《しゃっこつ》の前腕部が続きます。その先の手根骨は手首、中手骨《ちゅうしゅこつ》は人間でいう手のひらの骨、掌骨です。

指は、親指（第1指）、人指し指（第2指）、中指（第3指）に相当する骨が残っています。翼の先端に向かって伸びる骨も2本で構成されていて、ここから初列の風切羽が伸びています。

体表をおおう通常の羽毛が皮膚から生えているのに対し、風切羽と尾羽は骨から直に生えています。飛翔や制動、方向転換などをする際に強い力のかかる部位の羽毛には、しっかりとした土台が必要で、皮膚では支えきれないためです。

前腕部とその先の骨がそれぞれ2本で形成されているため、ねじった

翼の骨の構成と名称

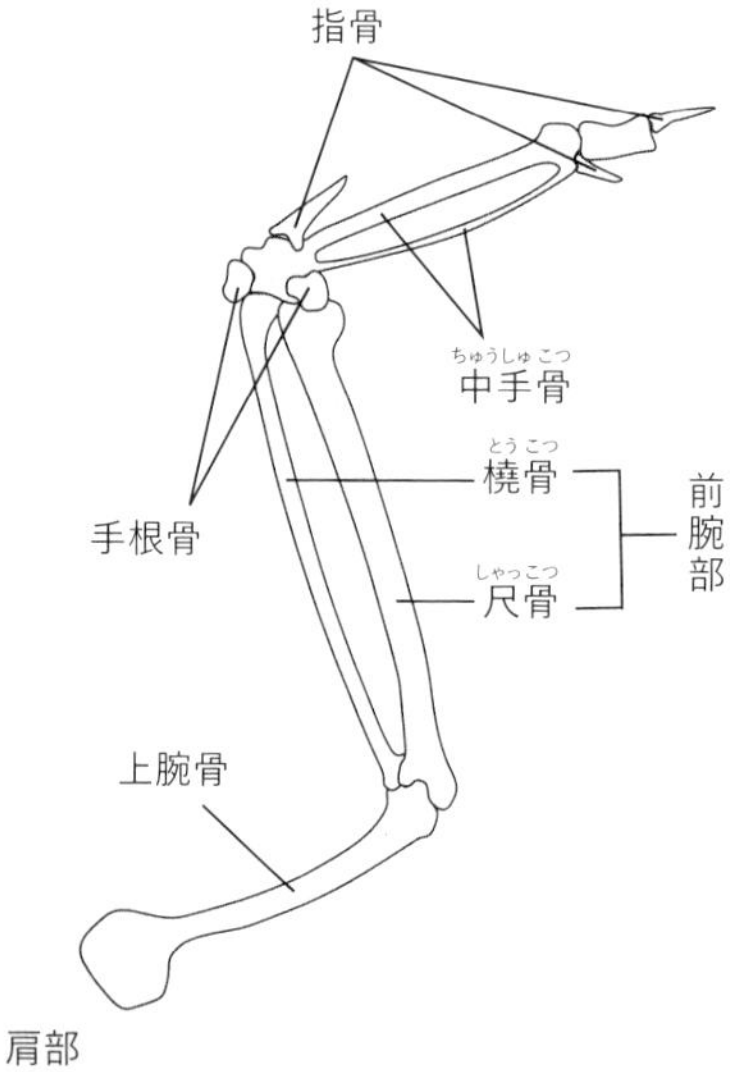

上腕から指先まで、基本的に人間の手とおなじ骨で構成されています。

り、しならせたりすることが可能です。人間が肘から先を回転させられるのとおなじ原理です。こうした部位を上手く操ることで、微妙な飛行のコントロールが行われています。

前方に進む推進力を生み出しているのが初列風切。次列と三列は重力を振り切って中空に浮く力「揚力」を生んでいます。

鳥の翼の羽毛の名称と、骨から直に風切羽が生えている様子は左図のとおりです。

翼の羽毛の構成と名称：翼上面

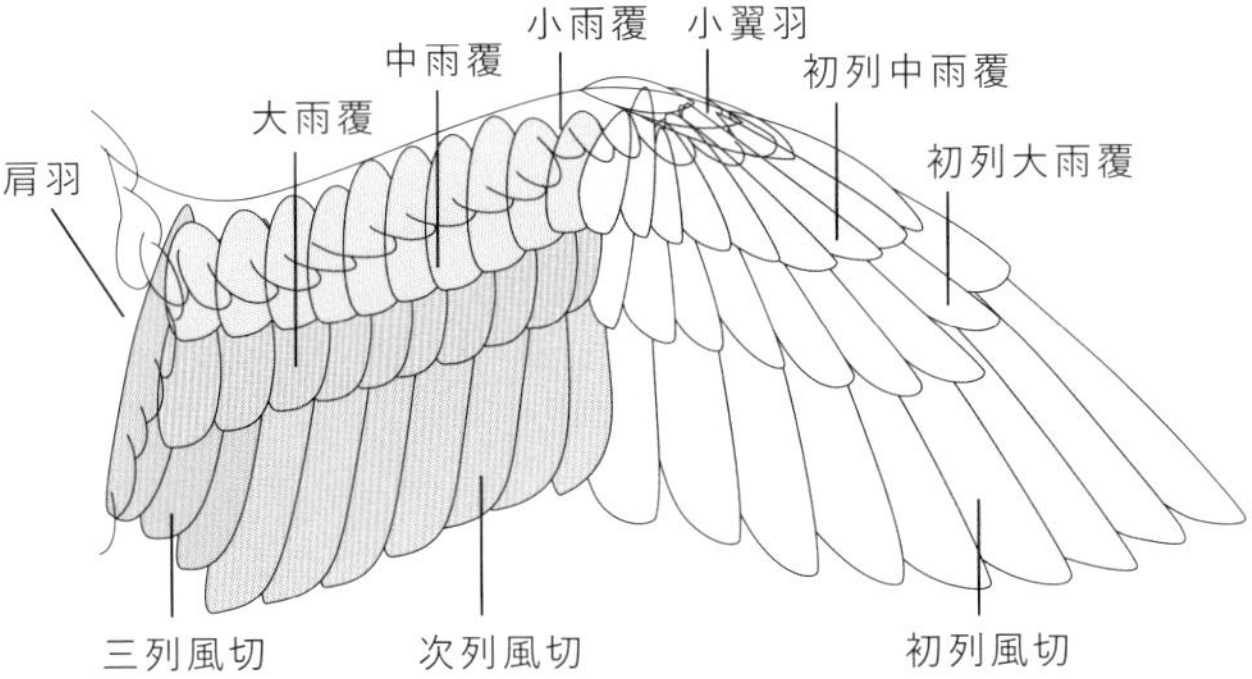

翼の骨と風切羽の生える位置

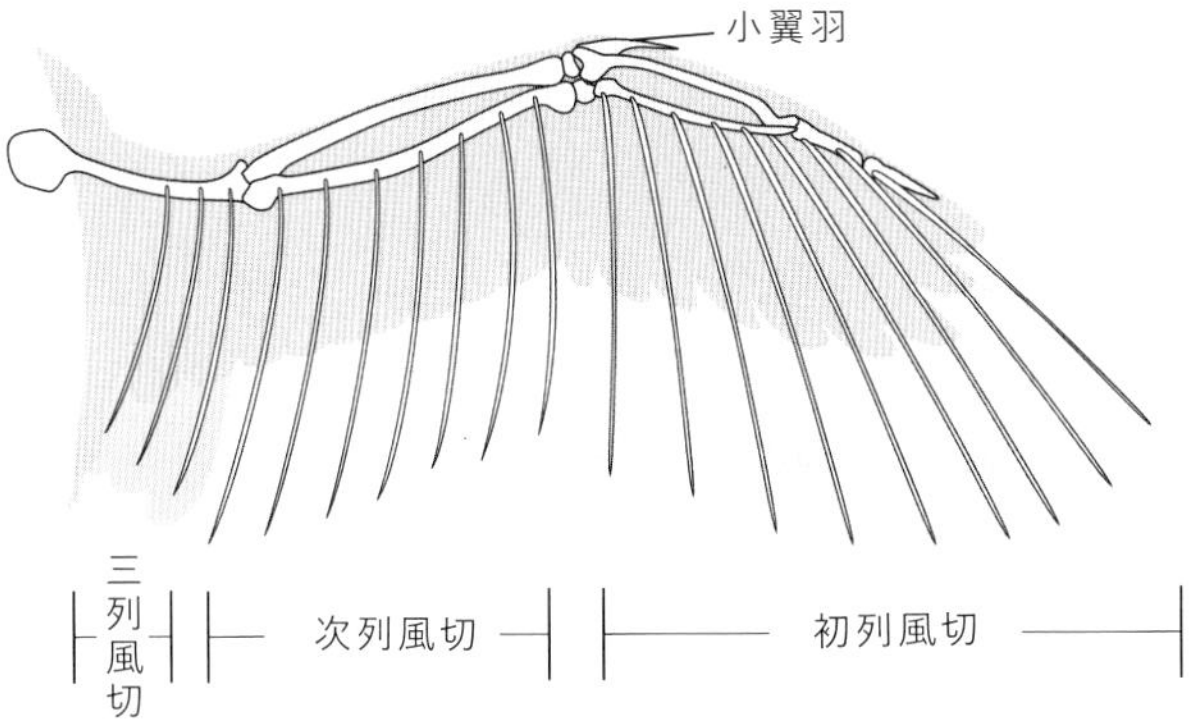

初列風切は手首の先、てのひらや指に相当する骨から生えています。
次列風切は前腕部、三列風切は上腕骨から生えています。

初列風切（上）と次列風切（下）

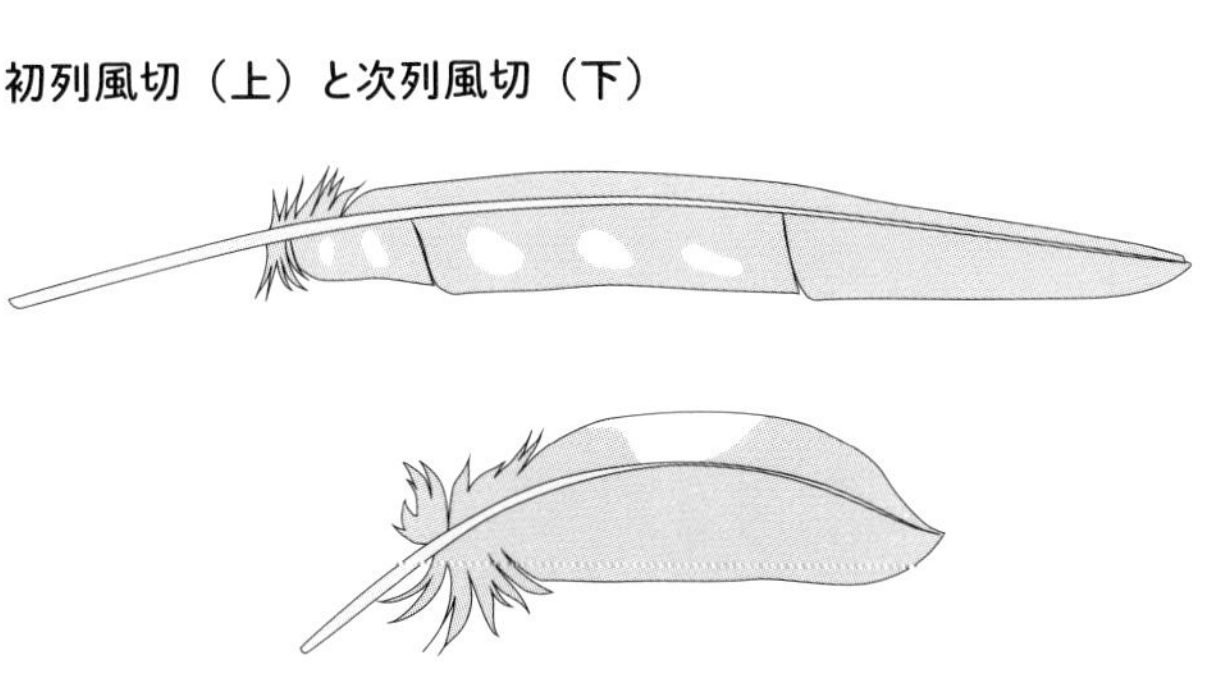

※オカメインコ・メスの風切羽をもとにイメージイラスト化

4-4 オカメインコの肺と呼吸

気嚢《きのう》は鳥の呼吸の要

鳥は、人間をはじめとする哺乳類とは、まったくちがうやり方で呼吸をしています。かつて地球が低酸素だった時代を生き延びるために、それぞれの祖先が異なる呼吸の方法を採用したためです。

哺乳類が横隔膜を使って肺を膨ませたりしぼませたりする「吸って吐いて」の呼吸をしているのに対し、鳥の肺はふくらまない筒状の臓器になっています。鳥の肺の前後には気嚢と呼ばれる薄い空気の袋が複数つながっていて、気嚢が収縮することで肺に空気を送り込んでいます。

肺の機能を、「空気を送り込む部門」と「酸素を取り込む部門」の2つに分けたのが鳥の肺といってもいいかもしれません。

鳥の肺の空気の流れは一方通行で、片側にしか流れません。呼吸をしているあいだ、息を吐いているときもふくめて、鳥の肺にはずっと空気が流れ続けます。哺乳類の呼吸器と比べても、とても効率のよいしくみとなっています。

気嚢をつかった呼吸のしくみ

鳥の肺とそこにつながる気嚢の配置は次ページのイラストのとおりです。鳥によって体内の配置は変わってきますが、概ね、このような構造になっています。

呼吸のシステムとしては、哺乳類よりも鳥類のほうが高性能です。鳥は横隔膜をもたないので、「しゃっくり」をしません。

すべての気嚢は、「血管などをもたない薄い膜」という共通点をもちますが、機能の点から、肺の後方にある「後気嚢」と、前方にある「前気嚢」に分けられます。

口や鼻から吸いこんだ空気は、肺を通り抜けて後気嚢に送られます。息を吸っている状態で、すべての気嚢はふくらみます。同時に、肺にも新鮮な空気が送られています。

　鳥が息を吐いているとき、気嚢はしぼんでいる状況です。このとき、後気嚢の中の空気が肺の中に送られています。吐いていても、酸素の取り込みは継続しています。

　次に息を吸ったとき、肺の中の空気は、肺の中に入ってきた新たな空気に押し出されるようにして、前気嚢に送られます。

気嚢の配置図

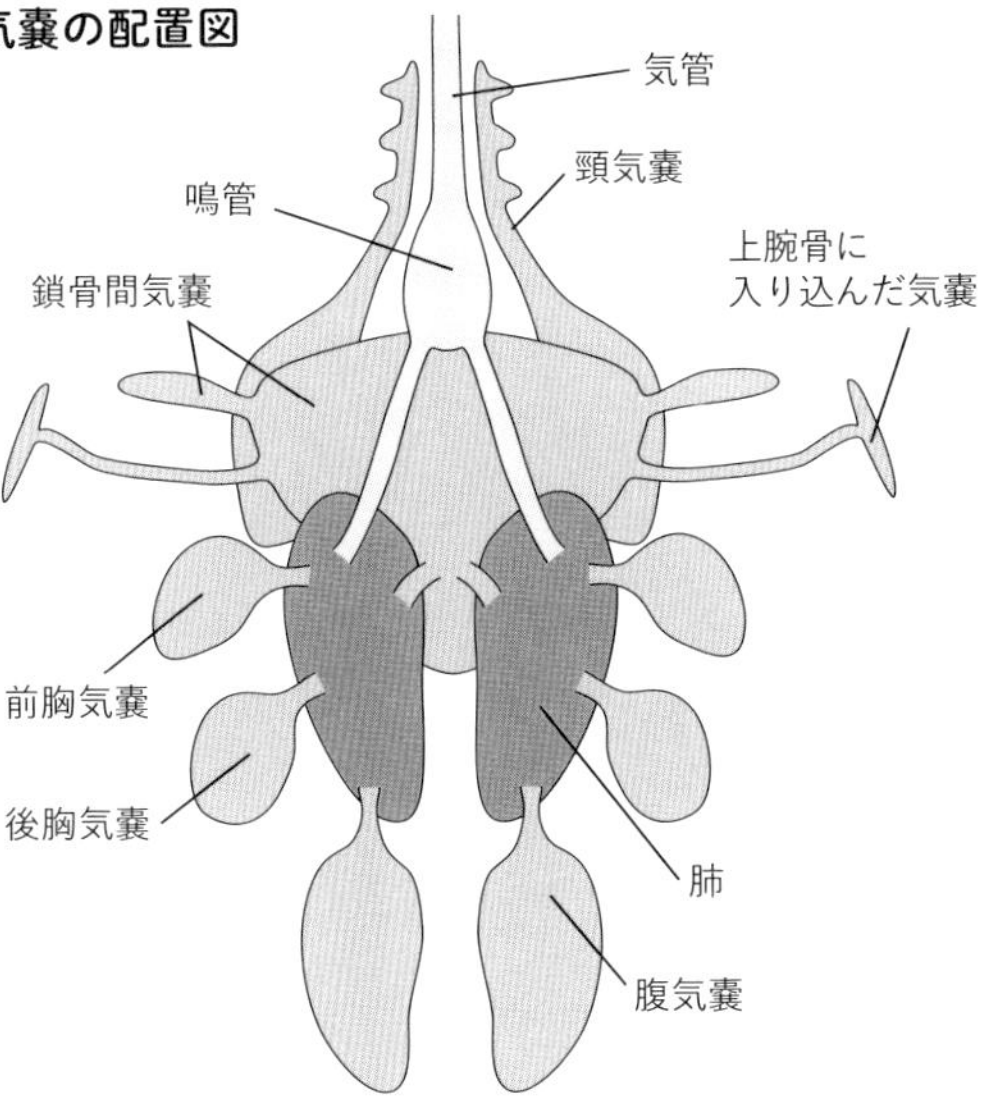

気嚢は鳥の体内の広い領域に広がっています。祖先の恐竜も気嚢をもっていたことがわかっています。

もう一度、吐いたときに、前気嚢に入っていた空気と肺を通り抜けてきた空気が口や鼻から排出されるしくみです（次ページの図参照）。

　激しい運動の際など、胸骨部とともに、胸骨と骨盤のあいだのやわらかい腹部が激しく上下する様子を見ます。その奥に後気嚢があります。

肺の中で血液と空気がぶつかる

　肺の中の空気の流れと血液の流れは逆方向。そのため、効率的に酸素と二酸化炭素の交換ができます。このようなしくみは、「対向流システム」と呼ばれます。

　空気の薄い場所でも呼吸回数を増やし、肺を通過する空気の量を増やすことで、鳥は血中の酸素濃度を維

呼吸のしくみ（略図）

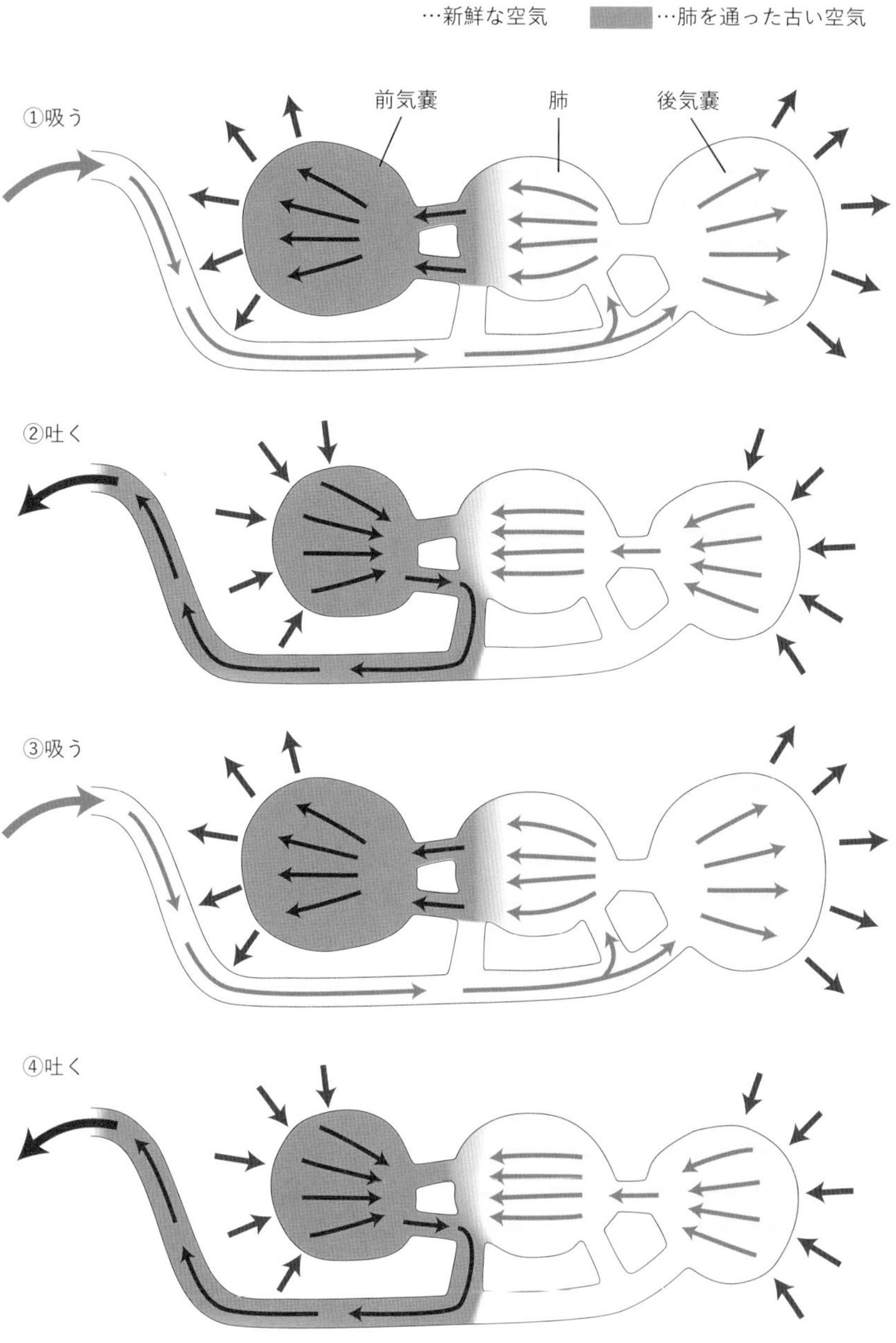

このように1→2→3→4のようなしくみで呼吸をしています。鳥の場合、息をしているときも吐いているときも肺には空気が流れ続け、酸素の取り込みが行われています。とても効率的です。

持することが可能です。アネハヅルなどが上空1万メートルもの高さを飛んでいけるのも、こうした優れた呼吸システムをもっているためです。

冷却器官としての気嚢

オカメインコをはじめとする鳥は体温が40～42度と高く、激しい運動をするとさらに体温が上がります。そんな際に、危険なレベルの体温上昇を回避してくれるのも気嚢です。

全身に広がった気嚢いっぱいに常温の空気を吸い込み、呼気によって体内の熱を外に放出することで体温が下がります。なお、インコは汗をかきませんが、呼気に含まれる水分も外に逃げるため、激しい運動のあとに水分を補給する様子を見ることがあります。

このように気嚢には、体温調節機能もあります。

気嚢システムのリスク

解説してきたように気嚢を使った呼吸は、酸素・二酸化炭素の交換システムとしてとても優れているため、空気の薄い場所に行っても高山病になりません。

ほかにも複数の点で哺乳類の呼吸システムより優れている鳥類の気嚢システムですが、問題が皆無というわけではありません。

たとえば肺や気嚢の中に真菌や細菌などが入り込んでしまった場合、病気によっては、なかなか薬が患部に届かないという状況に陥ることがあります。特に袋小路になっている気嚢の最深部に感染ができてしまった場合、薬を霧状にして吸わせるネブライザーを使っても薬剤が患部に届かず、治療に時間がかかってしまうことがあります。

また、気嚢は身体の広い部分に広がっているため、全身に影響が出て、一気に体調を崩すといった事態もありえます。

はぁはぁと激しく呼吸をしている際には、胸郭から下腹部も大きく上下します。

4-5 内臓の配置と働き

基本構造は人間とおなじ

オカメインコも人間とおなじ二心房二心室の心臓をもちます。両者がいつからこの形の心臓をもっていたのかわかりませんが、進化の過程のどこかでおなじ構造の心臓をもつようになったようです。こうしたことも進化の妙といえるかもしれません。

消化器系も基本的な構成は共通しています。ともに、共通する祖先から枝分かれして誕生したのですから、それも当然といえます。

食道の先に胃があり、腸があり、お尻の穴があります。鳥の場合、糞尿も卵もおなじところから排泄されるので総排泄孔と呼ばれます。大きくちがうのは、鳥たちの場合、食道の途中にそ嚢《のう》と呼ばれる、食料を一時的に貯蔵する場所をもっていること。もともとは食道の一部でした。

胃は腺胃（前胃）と筋胃（砂嚢《さのう》）に分かれています。腺胃は私たちの胃と同じように酸性の消化液を分泌して食べ物を分解します。砂嚢、砂肝とも呼ばれる筋胃は、それをさらに細かく砕いて吸収しやすいサイズにして腸に送ります。胃が2つに分かれたのは、歯を失って咀嚼できなくなったことから、飲み込んだあとで砕く必要が生じたためです。

野生では小石などを飲み込んで筋胃に溜め、消化の手助けにしています。飼育されている鳥ではボレー粉を小石がわりに飲み込む様子が見られます。

鳥の腸は短く、ほとんどが小腸で、大腸はほぼありません。小腸では栄養分と水分が吸収されます。

血液の老廃物を濾過する腎臓の働きも私たちとほぼおなじですが、そこから出てくるのは尿素ではなく個体の尿酸です。それが総排泄腔の中で、腸から送られてくるフンといっしょにされ、排出されます。

膵臓、肝臓の働きも基本的におなじですが、鳥の肝臓は羽毛の素材を合成するなど換羽にも大きく関わっているため、羽毛が生えかわる時期はオーバーワークになりがちな器官です。

鳥の消化器系の配置図

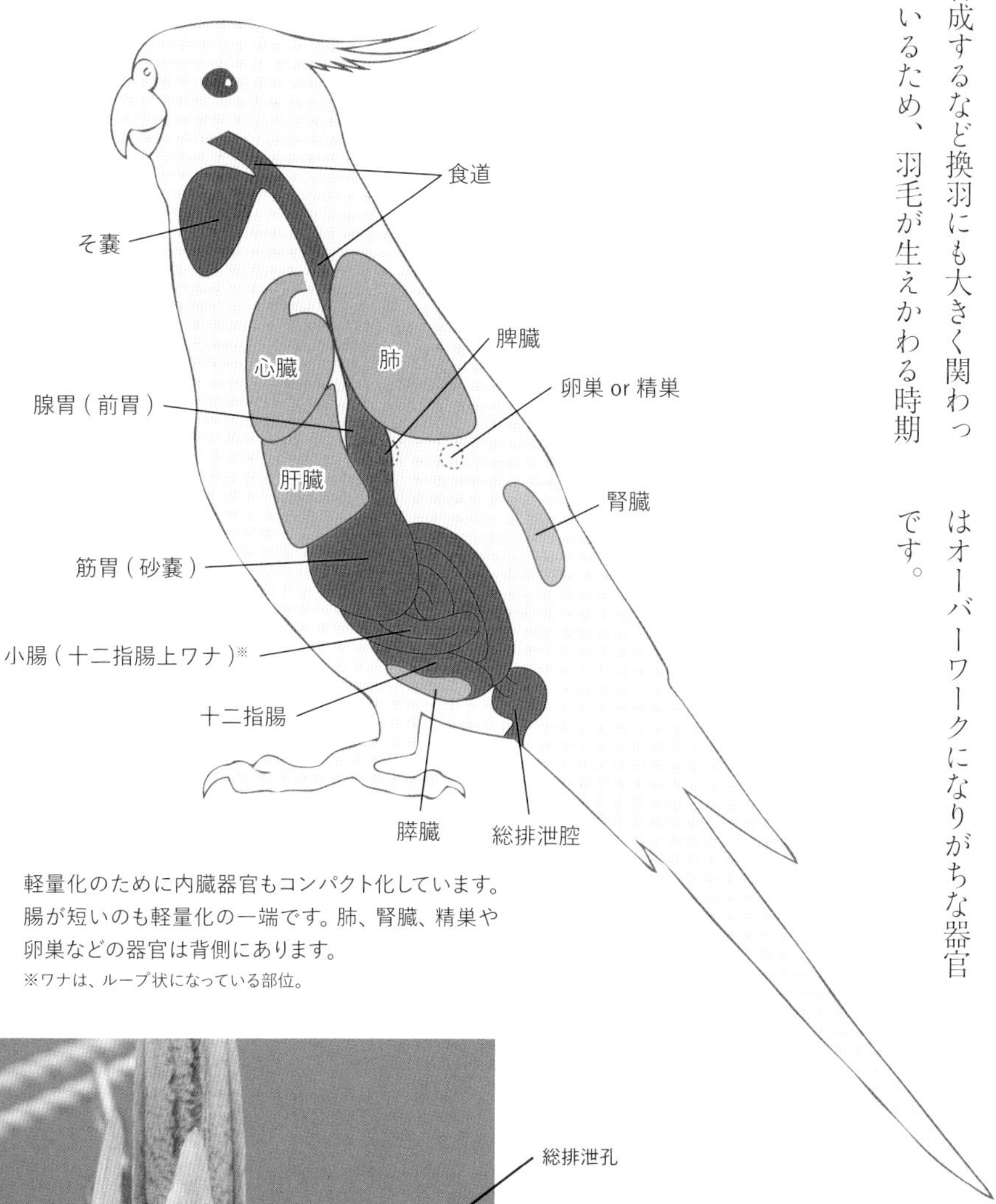

軽量化のために内臓器官もコンパクト化しています。腸が短いのも軽量化の一端です。肺、腎臓、精巣や卵巣などの器官は背側にあります。
※ワナは、ループ状になっている部位。

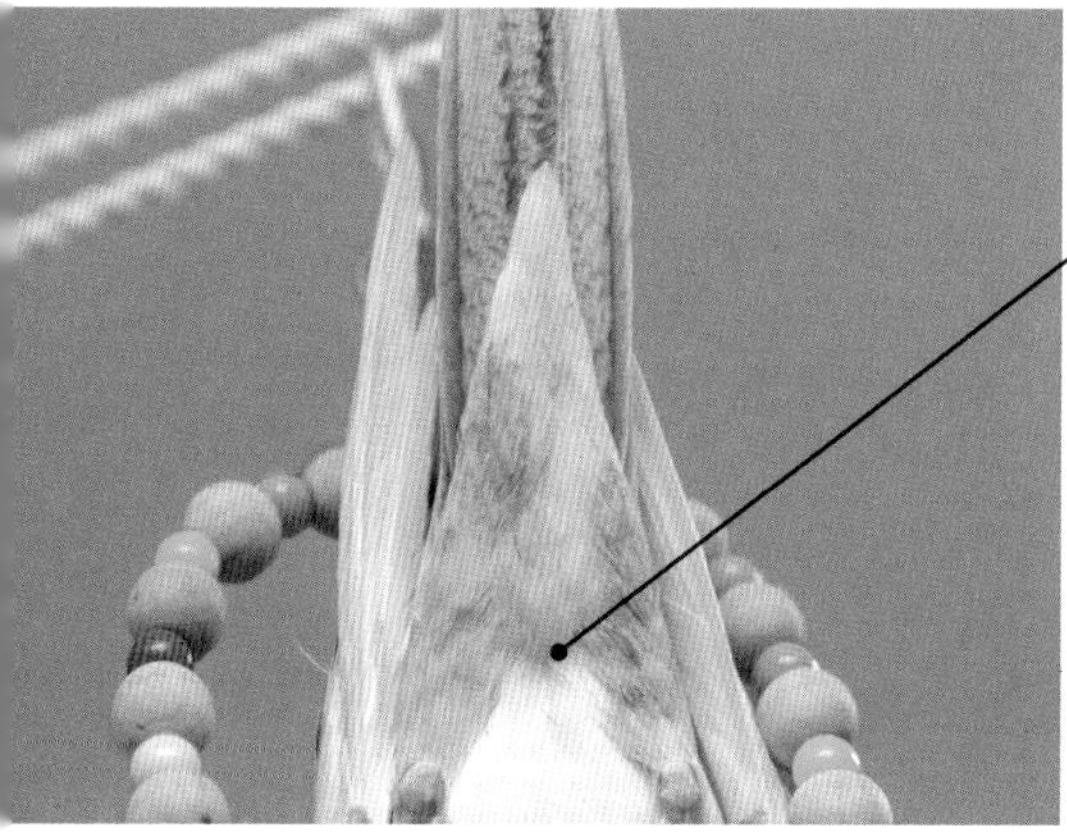

いわゆる「お尻の穴」。フンや尿のほか、卵もここから出てきます。なお、メスの産卵時のトラブルについては11章にて解説します。総排泄孔の奥に、臓器「総排泄腔」があります。

4-6

オカメインコが見る世界、聞く世界

見える範囲はほぼ全方位

　インコやオウムの目は、真上や後ろから見てもはっきりわかるほど、顔の横に飛び出しています。

　それは、水平方向ならば体の真後ろを除いたほぼすべての方向、垂直方向もお腹の真下などを除いたほとんどの方向が見えていることを示しています。オカメインコの視界は、ほぼ全方位です。

　また、「視点」という言葉が示すように、人間の目がくっきり見られるのがほぼ「点」であるのに対し、鳥はそれよりも少しだけ広い領域、「面」にピントを合わせることができます。

　次ページに鳥の眼球を掲載しました。人間の眼球がほぼ球形であるのに対し、鳥はこのように前後にひしやげたかたちになっています。それでも、眼球の基本構造や、ものを見るしくみは変わりません。

　ただし、網膜から脳に伝えられる視覚情報は鳥の方が圧倒的に多くなっています。視細胞の数が多いこと、色を見分ける視細胞の種類が人間よりも多いこと、人間では視細胞からの信号が束ねられ、情報量が減らされているのに対し、鳥では信号はまとめられることなく、そのままのデータで直接脳に送られていることなどがその原因です。

　角膜から入った光は、レンズとも呼ばれる水晶体を通って網膜に結像します。ピントを調節するのは水晶体ですが、鳥の場合、水晶体に加えて角膜表面の曲率も変化させることができ、それによってより高度なピント調節が可能になっています。

じっくり見る

　人間の場合、眼球に正面からまっすぐ光が入って結像する網膜上の点に視細胞が集中しています。黄斑部《おうはんぶ》と呼ばれます。もっとも高解像の画

人間の視野と鳥の視野

円の色の濃い部分が両眼視できるエリア。薄い部分は片目で見えるエリアです。

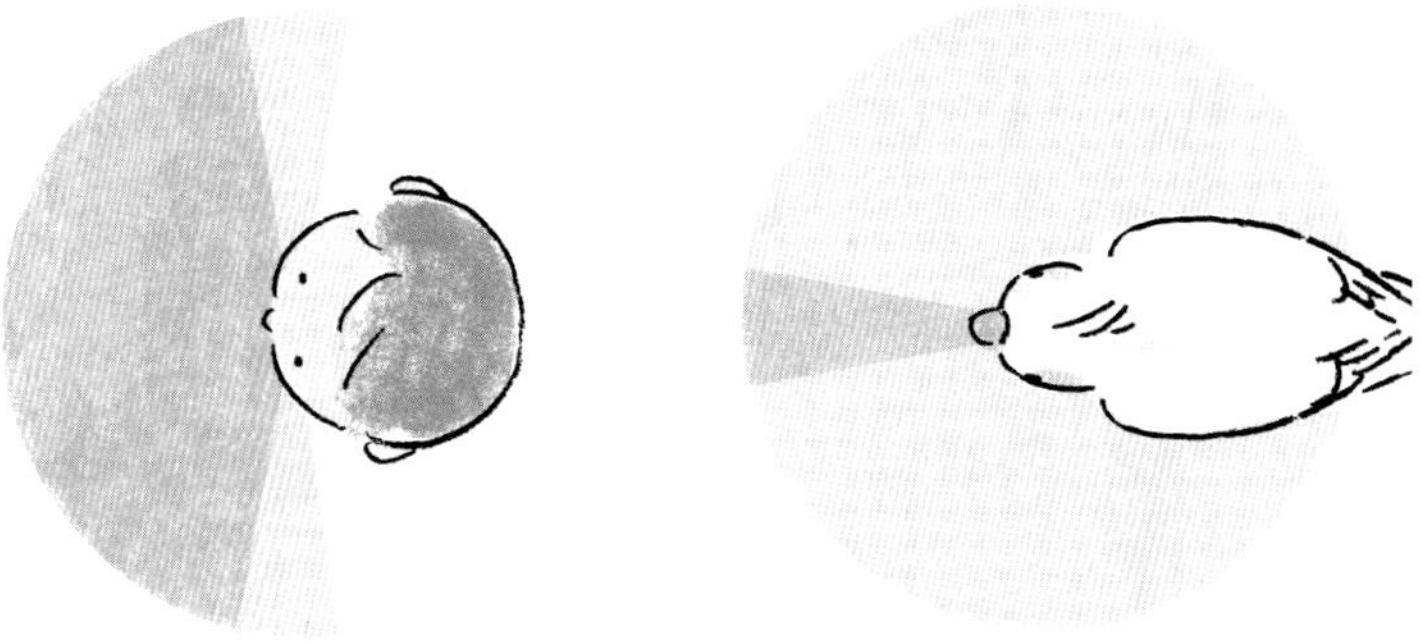

ピントの合う角度

人間のピント角が約2～3度であるのに対し、鳥は20度以上あります。

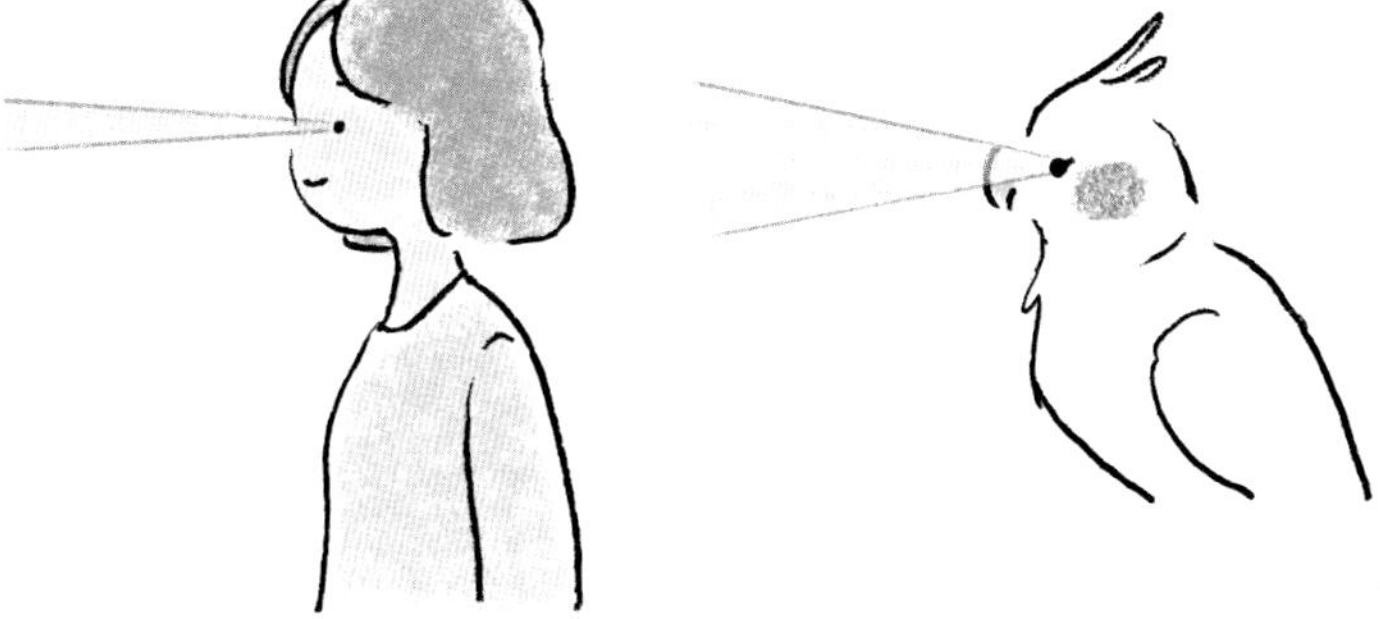

鳥の眼球の構造

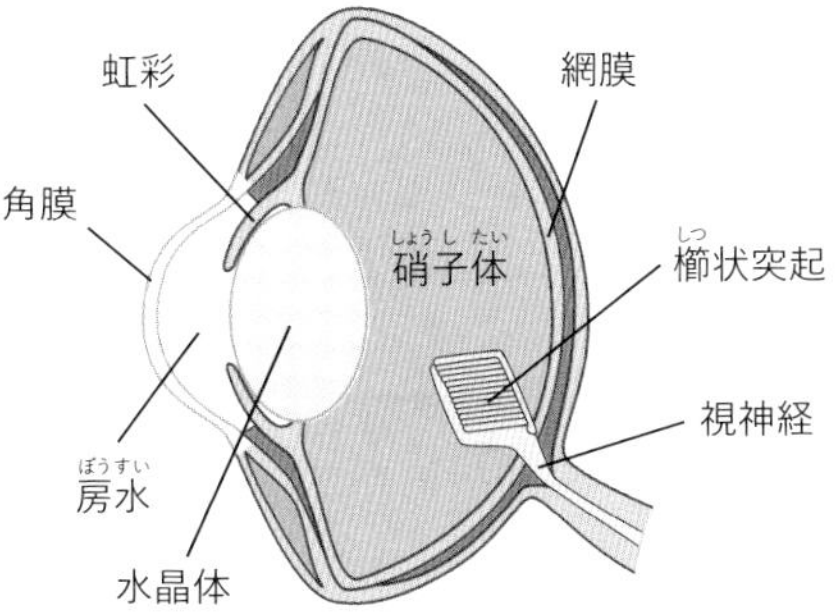

人間の目に似ていますが、鳥の眼球は球形ではありません。高い解像度で見るために網膜には血管がありません。眼球の中に飛び出している網膜櫛（櫛状突起）が鳥の目に酸素と栄養を届けています。

鳥の瞬膜

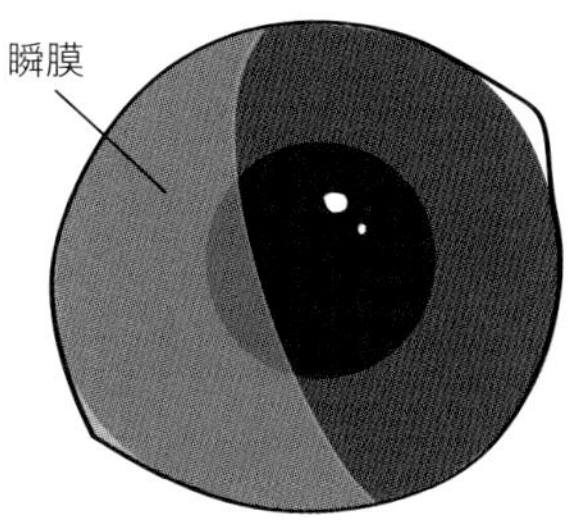

瞬膜は、まぶたの内側にある結膜のひだ。角膜表面に涙をゆきわたらせ、角膜のガードも行います。人間では退化して痕跡が残るのみです。

像が得られる黄斑部の中心点は「中《ちゅう》心窩《しんか》」と呼ばれます。

眼球にも酸素と栄養が必要なため、人間の網膜には血管が張りめぐらされていますが、血管がある部分は解像度が落ちます。そのため、人間の中心窩には血管がありません。

一方、高い視力をもつことがとても重要な鳥の目の網膜には血管がありません。鳥が人間よりも高解像の目をもっている理由のひとつがここにあります。鳥の眼球の内部には、たくさんの襞《ひだ》のある網膜櫛《しつ》（櫛状突起とも呼ばれます）という組織が飛び出しています。網膜の血管のかわりに、網膜櫛が鳥の眼球に酸素と栄養を供給しています。

人間は基本的に両眼視をする生き物であるため、おなじ対象が同時に左右の目の中心窩に映ります。その映像が脳に送られているわけです。

一方、鳥の網膜の黄斑部は人間よりも広く*、さらに中心窩と呼べる場所が2つ存在します。両眼視をしたときに結像する点と、左右それぞれの目の中心を通って網膜に結像する点です。人間の目の中心窩に相当する点は後者です。

両眼視する際に結像し、左右の目からの情報が同時に脳に送られる点は一般に側頭窩《そくとうか》と呼ばれます。狩りの際に両眼視を多用する猛禽類などで特に発達しています。

鳥の中心窩と側頭窩

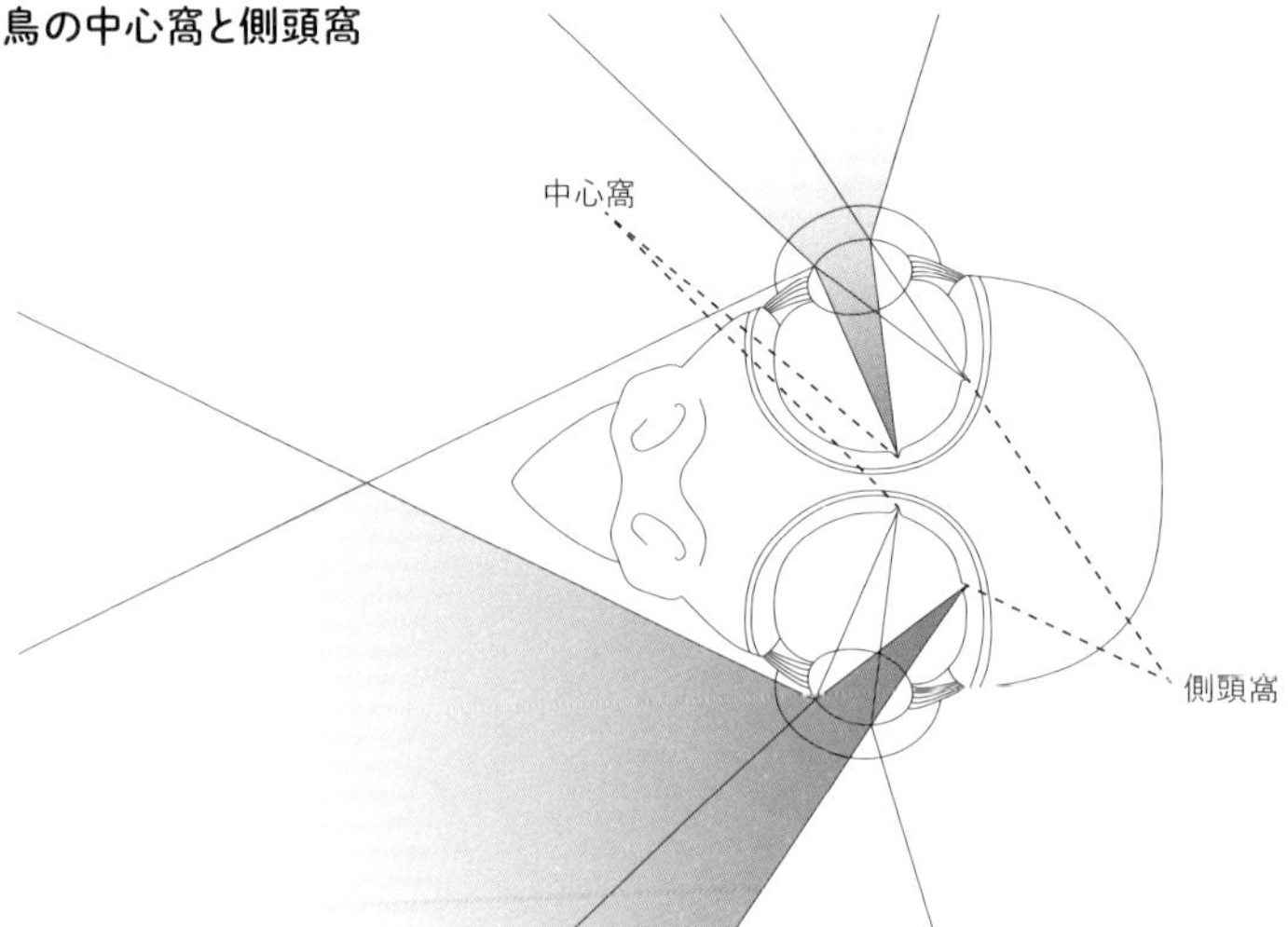

オカメインコの頭骨のイメージ。中心窩と側頭窩の2つの窩があります。両眼視する際に結像するのが側頭窩です。片目で見たときに結像する点が中心窩で、側頭窩よりも高解像で見ることができます。一般的に、中心窩の方が側頭窩よりも視細胞の密度が高くなっています。『鳥類学』（フランク・B・ギル／新樹社）などのイラストなどをもとに作成。

*鳥の黄斑部の広さや形状、そこにある視細胞の密度は鳥によって異なります。いずれにしても人間よりも広く、高い密度をもっています。

オカメインコほか多くの鳥は、なにかをじっくり見ようとするとき目を近づけて片目で見ます。片目のほうが高い解像度で見られるので、片目を寄せて見ています。

一方、目の前にあるものはそのまま両目で見た方が見やすく、立体的に見られます。飛翔中は進行方向に意識を集中し、距離感を把握するために両眼で見ますが、同時に全方位の確認も行っています。

なお、オカメインコの目には、まぶたの内側に瞬膜という薄い膜があります。これを動かすことで角膜の表面に涙を行き渡らせるほか、角膜表面のガードにも利用されています。一方、人間の瞬膜は退化してしまい、痕跡しか残っていません。

よく動く眼球

動かす筋肉が少なく、さらに環状の骨（強膜輪）で眼球が固定されているため、鳥の眼球はほとんど動かせません。なにかを見ようとする際、しきりに首を動かすのは、そうした事情も影響しています。

しかしオカメインコは別。彼らの眼球は実によく動きます。目の前のものを見る際に、頻繁に「寄り目」にもなります。

頭上のものを両目で見たいと思うことはあまりないはずですが、オカメインコでは頭上方向に対しても、わずかに寄り目にすることが可能です。眼球を動かす能力については、鳥の中でも例外的のようです。

このような特異な眼球の特性をもつがゆえに、オカメインコが見ているものは、人間やほかの鳥にもはっきりとわかります。オカメインコとの暮らしに慣れると、次になにをするつもりなのかも、その視線をたどることで推測することができるようになります。

見えていても気がつかないことも

集中せず、ぼんやりしていることが人間にはあります。そんな状態でいると野生ではたちまち捕食者の餌食になってしまうので、野の鳥がぼんやりすることは基本的にありません。

しかし、飼育されている鳥においては、家庭の中は安全と確信し、安心しきって人間のように注意力が散漫になっていることがあります。多くの飼育鳥の中で、オカメインコには特にそんな傾向も見えます。

視界の中にあったにも関わらず見逃していたものに、ある瞬間に突然気づき、悲鳴をあげて逃げたりします。広い視界をもっていても、常にあらゆるものに気づくとはかぎらないことを、オカメインコは教えてくれます。

オカメインコの色覚

人間が「赤、緑、青」の3原色で世界を見ているのに対し、オカメインコほかの鳥たちは「赤、緑、青、紫+紫外」の4原色で世界を見ています。人間には見えない紫外線も見えているため、より鮮やかに世界を認識しています。

脊椎動物の網膜にある視細胞は2種類。密度を上げることで高解像が得られる「桿体《かんたい》細胞」と、色を見分ける「錐体《すいたい》細胞」が存在します。

鳥は目がいいといわれますが、桿体細胞を多くもち、その密度が高いほど高解像の視力となります。

色に対する感度を減らしても高解像の視力を維持したい鳥は桿体細胞

人間と鳥の錐体細胞（錐状体）の感度曲線（概略図）

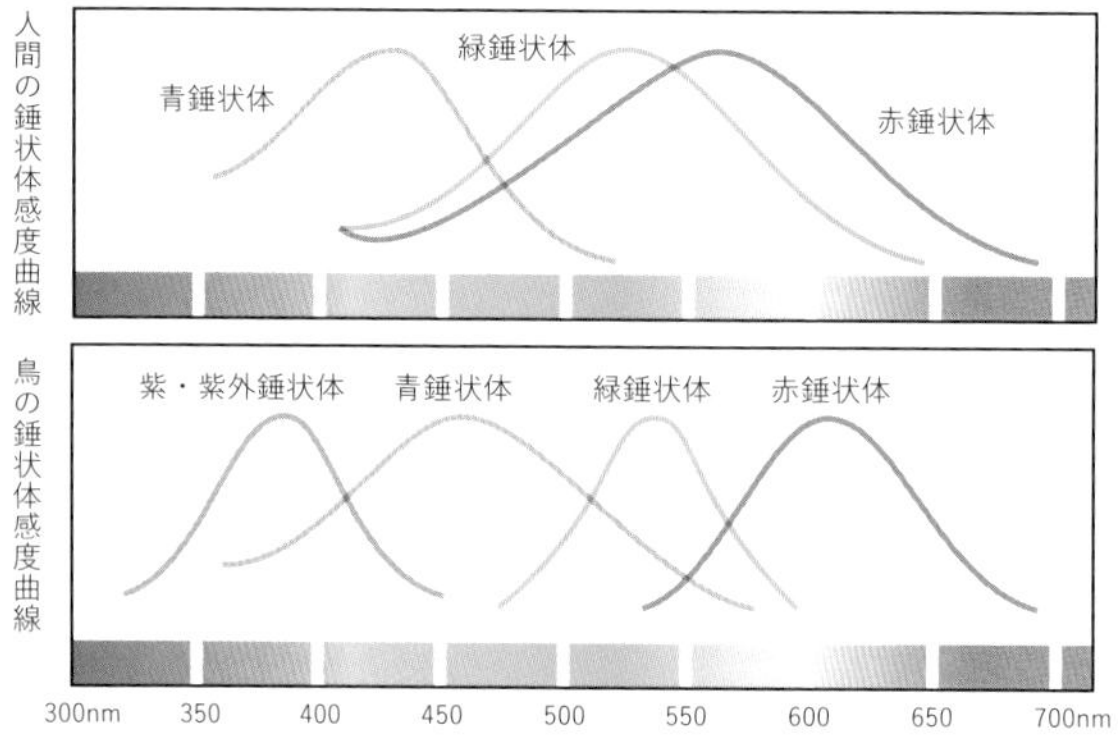

4つの錐体細胞（錐状体）が広い色覚を生み出しています。

人間と鳥の可視領域

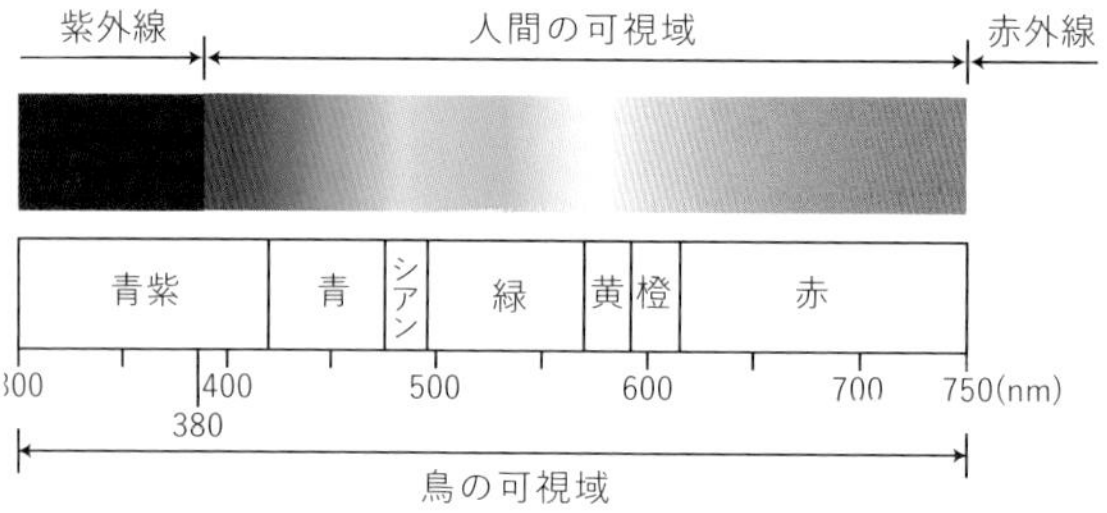

色を感じる錐体細胞の種類が人間よりもひとつ多いため、紫外線を含む広い領域の光を見ることができます。

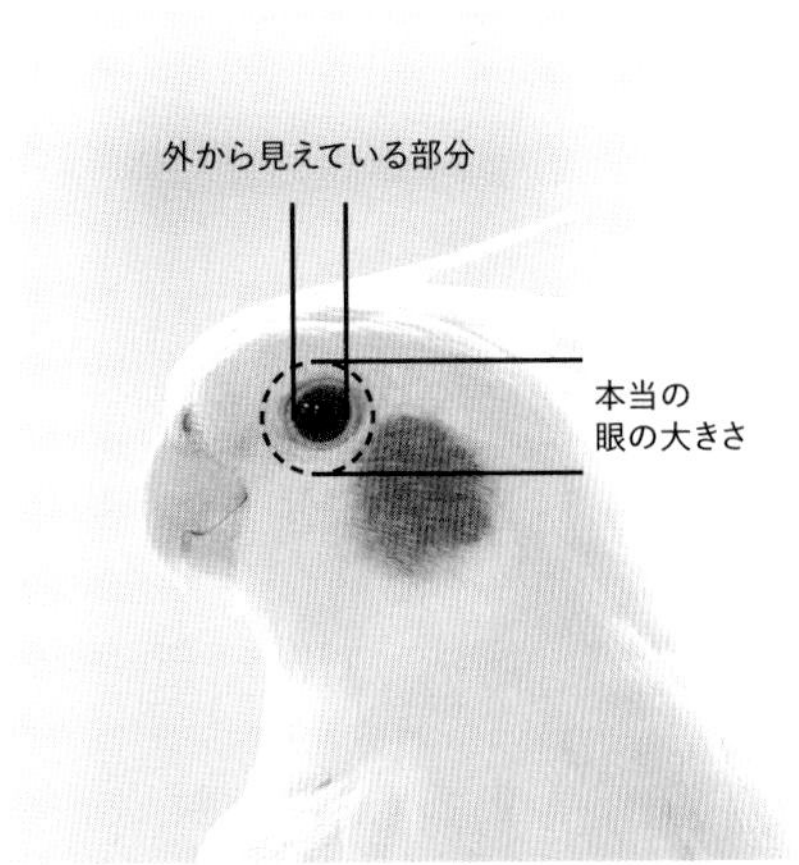

実際の眼球の大きさ
外から見えているのは角膜部のみ。鳥の眼球は見かけよりもずっと大きいです。

が多く、色の見極め能力を高くした鳥では、錐体細胞が多く見られます。猛禽類ほどの視力を必要としないインコやオウムは、2つの視細胞をバランスよくもっているようです。

オカメインコの耳の性能

オカメインコの耳は、頬のオレンジ色の羽毛の中央にあります。そこには人間のような耳——耳介はなく、くぼみがあるだけですが、そのくぼみが耳の穴の奥にある鼓膜に音を集める集音装置になっています。首を動かして耳の方向を変えることで、彼らは容易に音源の位置を知ります。

オカメインコの耳の可聴範囲は、人間の可聴範囲（20ヘルツ～20キロヘルツ）と重なります。ただし低音は人間ほどには聞こえていないとされます。鳥が聞くことのできる周波数は、100ヘルツ～10キロヘルツほどで、オカメインコも、おそらくこれに準じると考えられています。

人間は耳だけでなく、骨を伝う伝導（骨伝導）で鼓膜がとらえられない低周波の音を聞き、皮膚を使って耳では聞こえない高周波の音をとらえています。

鳥も骨伝導で低い音を聞いているかもしれません。体羽毛の中にある細い針状の羽毛で感じ取っている高い周波数の空気の振動を、「音」として捉えて脳に送っているかもしれません。

オカメインコの耳の位置

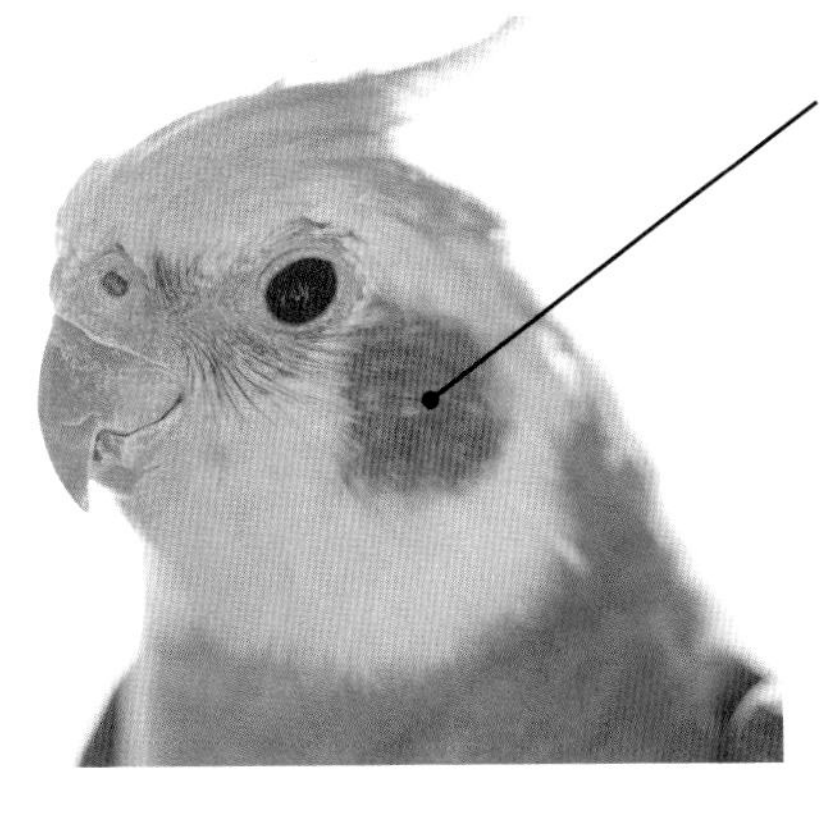

4-7 オカメインコの味覚と嗅覚

鳥たちも私たちと同様に味を感じる細胞、「味蕾《みらい》」をもっています。

人間と比べて味蕾の数が少ないことが、味覚が弱いことの根拠とされてきましたが、口腔内で食べ物が通過する部位の味蕾の数を単位面積で見ると、密度的にきわめて少ないとはいえず、味覚を知る細胞としてしっかり機能しています。

人間の味蕾は成人でおよそ9千個（乳児の時期は約2万個）。鳥類の味蕾数は数十から多くて４００個ほど。鳥類の中でもっとも味蕾の数が多いのがインコ・オウム類です。

オカメインコの舌
味や舌触りを感じながら食べているようです。

味蕾で感じられる味成分は、水に溶けたかたちでないと知覚できません。そうした事情もあって、オウム類の場合、味蕾はおもに舌の後方、喉の近くの唾液腺に沿って分布していることがわかっています。

そのため、クチバシで噛み砕いたり、皮を剥いたりしているときよりも、飲み込む際によりはっきりと味を感じているようです。

好きな味、嫌いな味

これは美味しい。好きな味。これは美味しくない。好きじゃない味。

インコは食べたことのある食材の味のちがいや食感をはっきりと理解し、自身の中で好きと嫌いに分けています。それを記憶としてもちます。

初めて食べるものについては、以前食べたものとの比較をもとに好き嫌いの判断をしているようです。

かつて鳥は味覚も嗅覚もあまり発達していないと考えられていましたが、実際はちがっていました。

味以外も感じています

オカメインコやセキセイインコ、ヨウムなどの舌は人間の舌にも似た筋肉の塊で、温度や触感が感じられる高度なセンサー、神経組織の塊でもあります。そのため、なめらかさや硬さ、素材感を感じ取ることもできます。鳥の研究者であるアイリーン・ペッパーバーグ博士のもとにいたヨウムのアレックスが、問われた「もの」をもってかじって素材を答えた実験も、その事実を補足するものであると考えられます。

舌で素材の感触をとらえながら食べているという事実から、オカメインコの食べ物の好き嫌いは、味に加えて舌ざわりなどの食感、さらに匂いなども総合されて生み出されていると推測することができます。

オカメインコでも、人間のように食べ物の匂いが味に影響を与えている可能性があります。カラスなど一部の鳥はあまり鼻が効かないことがわかっていますが、小鳥類は人間レベルの嗅覚をもち、さらに伝書バトなどは土地上空の空気の匂いを感知し、それを覚えて帰巣に役立てているほどの高度な嗅覚をもちます。

鼻の奥にある匂いのセンサー（嗅覚細胞）から伸びる神経繊維は、大脳の先端にある「嗅球《きゅうきゅう》」という組織につながっています。鳥類も哺乳類とおなじくらい嗅球が発達していることから、嗅覚もしっかり利用されていると考えられるようになってきました。

種子食や果実食の鳥は離れた場所からその種子の色を見て、食べごろかどうかをまず確認しますが、近づいて匂いを嗅ぐことで、その状態がよりはっきりとわかります。クチバシを近づけたときに感じた匂いで、これはまだ早いとわかれば、ちがう実を探すはずです。

十分な研究報告はまだありませんが、オカメインコも人間のように味覚に嗅覚、視覚も合わせて食べ物を味わっているのかもしれません。

味を感じる脳の部位

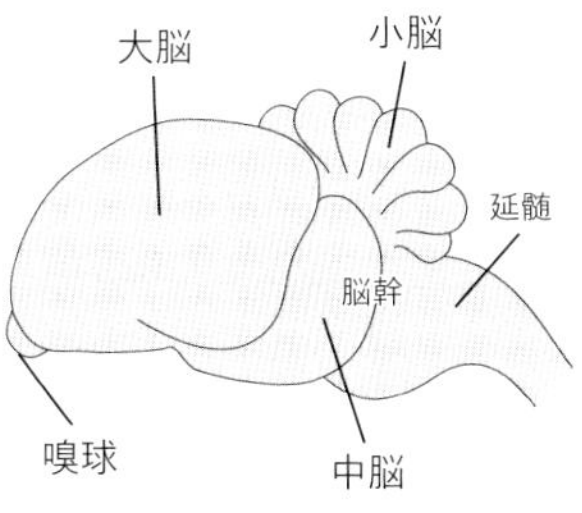

鳥の脳のイメージ。感じた匂いを処理する嗅球は大脳先端の尖った場所にあります。

4-8 鳥の皮膚感覚

風や圧力を感じるセンサー

ノーマルのオカメインコの顔、特に鼻の横から目もとのエリアを見ると、黒いヒゲ状の細い毛が生えていることに気づきます。真っ白なホワイトフェイスルチノーなどでは目立ちませんが、すべてのオカメインコにこの毛があります。

スズメやツバメなどの野鳥にも、もちろんあります。これは風などを感じるセンサー。その根本には感覚細胞があって微細な動きも感じ取っています。ごく弱い微風があっても感じられるほどの感度です。この羽毛は、すべての空を飛ぶ鳥にとって、とても重要なものとなっています。

鳥種によってはかなりの剛毛で、実際の呼び名も「剛毛羽《ごうもうう》」。猛禽類や空中でエサとなる虫を取る鳥で特に発達しています。少し長く伸ばして、目や鼻の穴のガードに使っている鳥もいます。

これに似た、さらに細い毛のような羽毛（糸状羽《しじょうう》）は、鳥の体のほかの部位の羽毛の下にも隠れるように存在しています。クチバシや足の表面にはたくさんの感覚細胞やセンサーがあり、風や温度を敏感に感じ取っていますが、羽毛で包まれた部位も、わずかな風やちょっとした接触を感じられるようになっています。

皮膚で感じる幸せ

オカメインコの特徴のひとつに、「なでて」と頭をコツンとぶつけてくるしぐさがあります。自身のクチ

なでられているほうも、なでているほうも、どちらも幸福を感じています。

バシが届かない後頭部などに残った羽毛の鞘をほぐしてもらいたくてすることもありますが、とにかく、ただなでてもらいたくてするオカメインコもたくさんいます。

なでられているとき、オカメインコは幸福を感じています。その際、幸福ホルモンであるオキシトシンが分泌されています。幸福感は伝播するため、なでている人間の脳でも分泌され、ともに幸せにひたることになります。

オカメインコの顔にある剛毛羽。

敏感な足とクチバシ

羽毛に包まれた鳥の体の中のむきだしの部分である足とクチバシ。

握った食べ物を口元に運ぶ様子もたびたび見られるオウム類の足は、フィンチよりも鋭い感覚があることがわかっています。

温度に関しては皮膚の薄いフィンチも高い感度があると想像できますが、圧力や振動を感じる能力はインコやオウムのほうが高く、足の裏で踏むことで素材感もある程度わかるようです。

それは、オカメインコがネコのように、日干しして畳んだばかりの洗濯物のシャツやタオルの上を踏みしめるように歩いてみたり、そこに座り込んだりする様子からも想像できます。

クチバシの表面は爪とおなじケラチンでできていますが、表面の直下に血管と神経が網の目のように張りめぐらされています。そのため、温度、風、圧力、痛みなどを感じるセンサーとしても有効です。

もちろんクチバシをなでられたときも、頭などをなでられたときと同様、その感触を楽しみ、幸福も感じています。こうした状況でも、脳が刺激されて、オキシトシンが出ていると予想されます。

4-9 独特の行動が脳を発達させた？

つかむこと、かじることで脳が進化

鳥とおなじように樹上で進化した人間の祖先は、やがて地上に生活の場を移します。すると、樹の上では枝から落ちないように、おもに安全確保に使われていた手が自由になりました。自由になった手で、いろいろもったり加工したりしたことが脳を発達させたことがわかっています。

インコやオウムの祖先もおなじです。自在に使えるようになった片足とクチバシを使って食べたり、壊したり、さまざまな作業を何千万年も繰り返してきました。それが脳の発達を促したことはまちがいないようです。

もともと発達していた鳥の脳

人間をはじめとする哺乳類よりも大量の情報を目から得ている鳥は、それを整理する高度な脳を必要としました。また目から情報を得つつ、三次元の世界である空を「飛ぶ」という行動は、地上に暮らす生き物よりも高度な脳処理が不可欠でした。

鳥類と哺乳類だけが脊椎動物の中で突出して発達した脳をもっています。カラスの仲間と大型のインコ・オウムは、そんな鳥の中でも特に大きな脳をもちます。道具を自作したり、使用したりする種は、哺乳類よりも鳥類のほうがずっと数が多いのです。

大型のインコやオウムほどの発達はないものの、オカメインコの脳も中型のオウムとして十分に発達しています。ただし、その脳力はクリエイティブな方向ではなく、相手の感情を読んで配慮する、気を配るなど、メンタルな方向に伸びていると考えてください。

平和主義。高い共感力。場を和ませる力。オカメインコの脳力は、そんな方向に向けられています。

4-10 オカメインコの血液、血圧、心拍数

血液は体重の1割

鳥の血液量は、体重のおよそ1割とされます。100グラムのオカメインコなら、約10グラム（およそ10cc）が、その血液量です。人間の血液量は体重のだいたい13分の1ですから、割合として鳥のほうがやや多めということになります。

鳥は血液総量の1割を失っても生命に危険を生じません。それは、人間が400ccの献血を行った状態に近いといえば実感として理解できるでしょうか。

2割を失うと鳥によっては重篤な状態になる可能性がありますが、大部分は生き延びることができます。状態が悪化した鳥も、間に合うタイミングで病院に連れて行って輸血を行えば、その多くは助かります。

オカメインコはパニックを起こした際に翼から出血することがあります。その際に失われる血液は通常、多くても血液総量の3パーセント以下です。飼い主は慌てますが、出血さえ止まればケガをした鳥はあまり気にしません。傷口がふさがると、痛みもほとんど感じないからです。

鳥たちの造血幹細胞*は優秀で、通常のケガによる出血なら、一週間ほどで失ったぶんの血液を造りだすことができます。鳥は無意識下でそれを知っているので、あまり気にしないのかもしれません。

赤血球のこと

体内の細胞に酸素を運ぶ役割を担う赤血球は、鉄を含んだタンパク質「ヘモグロビン」を内部にたくさん抱えています。ヘモグロビンが酸素の運び屋であることは、人間も鳥もかわりません。人、鳥ともに血液が赤いのも、ヘモグロビンの色に由来しています。

鳥たちの赤血球には核があります。形は楕円形で、人間のものよりも大

*血液をつくりだすもとになっている細胞。

きく、核のある中心部が硬めであるため、血液状態が悪化してドロドロ血になってしまった場合、毛細血管への浸透が悪くなり、細部に血液を届けにくくなる傾向があります。

人間を含む哺乳類の赤血球は脊椎動物の中でもかなり特殊で、中央が凹んだ円盤のような形状をしています。それは、赤血球として成熟する過程で、核もミトコンドリアほかの細胞内の微小組織もみな捨ててしまうためです。核を放出することから「脱核《だっかく》」と呼ばれます。

脱核した赤血球はふにゃふにゃと柔らかく、ごく細い隙間や毛細血管の中もスムーズに通り抜けられることに加えて、エネルギー消耗も低く抑えることができるため、脱核しないものよりも長寿命です。人間の赤血球の寿命は100〜120日。鳥は30日弱となっています。

ところが出血の際は逆に、それが有効に働きます。もともと短いサイクルで赤血球などが造られている鳥の体では、血液が失われた際も、人間より短い期間で造血が行われるために、回復が早くなります。

血圧が高い鳥

鳥類の心拍数も哺乳類と同様、体が大きくなるにつれて減少します。スズメ、カナリア、小型のインコは一分間に数百回の鼓動を刻みます。オカメインコも同様で、人間よりもずっと心拍数が多くなっています。

人間の生涯心拍数が平均的哺乳類の約二倍あることが知られていますが、多くの鳥が人間と同等か、それ以上の生涯心拍数をもちます。

驚くべきはその血圧で、たとえばカナリアは背の高いキリンに匹敵するほどの高血圧。キリンの心臓収縮時の最高血圧は約260㎜Hgであるのに対し、カナリアは220㎜Hgもあります。

オカメインコもやはり高めになっています。小さな鳥がどうしてこのような高い血圧をもっているのか詳しい理由はわかっていません。

オカメインコ的快適生活

Chapter 5

5-1

オカメインコがくつろげるケージ

プライベートスペース

人と暮らす鳥にとって、ケージは生涯でもっとも長く滞在する場所。

そこは人間でいえば家、自宅に相当します。プライベートな空間としてくつろげる場所であり、万が一のときに逃げこめるシェルター、「安全空間」でもあります。

もちろん、自分を襲う捕食者が家庭内にはいないことを、オカメインコも知っています。それでも、捕食者への恐怖は本能の中に刻まれています。オカメインコの意識において、なにかあったときに自分を守ってくれる存在の双璧が、ケージであり、飼い主であるわけです。

ものが多すぎるケージもNG

人間の場合、散らかり放題の部屋はあまり落ち着けません。ものが多すぎて、歩くたびに手や足がどこかにぶつかったり、床が見えない部屋も暮らしやすいとはいえません。

オカメインコも、入れられた「もの」が多すぎるケージを、あまり好まない傾向があります。それがストレスになって、食欲不振などの不調を生むこともあります。

いつ掃除したかわからない汚れた部屋も、できれば遠慮したいもの。

いずれにしても、くつろげるケージからは遠いものになってしまいます。

家庭で暮らす鳥は、リラックスできる生活空間を求めます。そう感じられるようにケージを整えることも、飼い主の義務です。

一羽で住む？複数羽で暮らす？

大好きな相手であっても、狭い空間の中で毎日いっしょにすごしていると、ストレスを感じ、イライラしてきます。人間もそうですし、オカメインコもそうです。

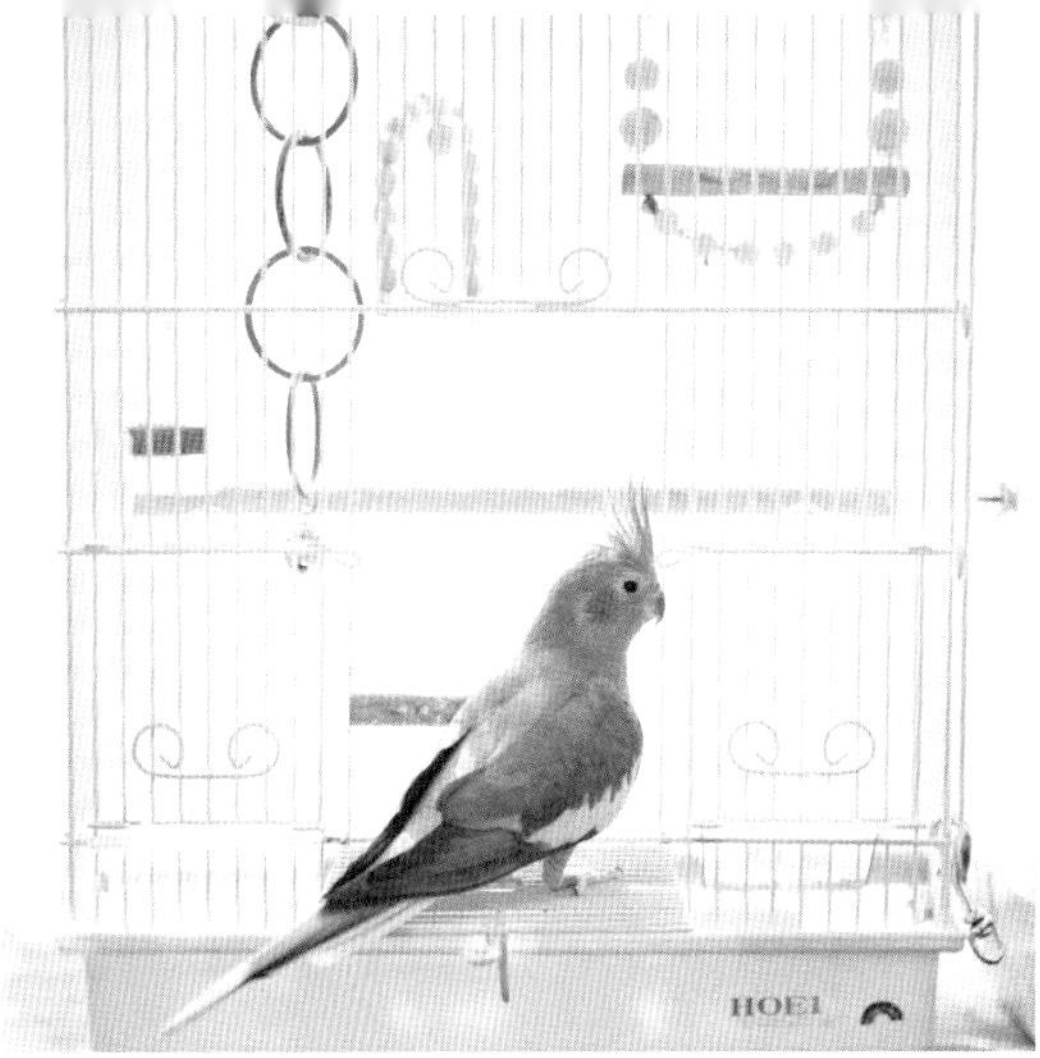

ペア（つがい）の相手ほか、完全に気を許している鳥となら、並んで眠るなど、長時間、体がふれあう距離にいても気にならないこともあります。しかし、鳥の多くは、自分だけの時間と空間のある生活を大事にします。

　鳥は基本的に個人主義者。家庭で暮らす鳥も、ほかの鳥と「自分にとってよいと思える距離感」を保とうとする傾向があります。それも、家庭という狭い空間で生きていくための彼らなりの方便なのでしょう。

　オカメインコはあまり派手なケンカをしませんが、それは、「引く」、「なにかあったら相手と距離を取る」生き方が徹底されているせいでもあります。同居生活では、そうした暮らしが難しくなります。

　おなじケージでヒナからいっしょに育った相手や、つがいなどの親しい鳥は、おなじケージで暮らすことができます。しかし、それ以外の鳥は基本的に一羽で暮らすと考えてください。

　ケンカはしなくても、おなじケージで暮らすことにストレスを感じる鳥もいます。最初はよくても、だんだんストレスになっていく例もあります。そんなところも、人間とよく似ています。

　つまり、鳥を増やすことは、ケージを増やすことにつながります。

　加えて、パニックの心配もあります。複数羽で暮らしていると、なんらかの理由でだれかがパニックになった場合、全員がパニックになってケガをする確率が増えます。

　オス・メスを同居させることで、発情が促されてしまうこともあります。

　オカメインコが快適に暮らしてくためには、こうしたさまざまな点に配慮したケージが必要です。

5-2 必要なケージのサイズと形状

大きなケージが必要

オカメインコの両翼の端から端までの長さ（翼開長）は、40センチメートルを超えます。パニック時は、そんな大きな翼を広げた状態で暴れます。

そこからいえるのは、「オカメインコは狭いケージでは安全に暮らすことができない」ということです。

オカメインコ用のケージは、一羽飼いの場合、35型や40サイズと呼ばれる、幅３８０×奥行き４１０ミリメートルのものが最低サイズとなります。それ以下では狭すぎて、暮らすのに十分とはいえません。

体格が特に大きな鳥、パニック体質の鳥は、もうひとまわり大きなケージがより安全です。たとえば、幅と奥行きがそれぞれ４６５ミリメートルのケージ（いわゆる４６５サイズ）なら、そうした鳥はもちろん、つがいなど複数羽でも安心して暮らしていくことができます。

オカメインコ・ペアの育雛では、他鳥に比べてかなり大きな巣箱が必要ですが、このサイズのケージなら、市販のオカメインコ用の巣箱もケージ内に収納でき、ケージ内での親鳥のスムーズな移動も妨げません。

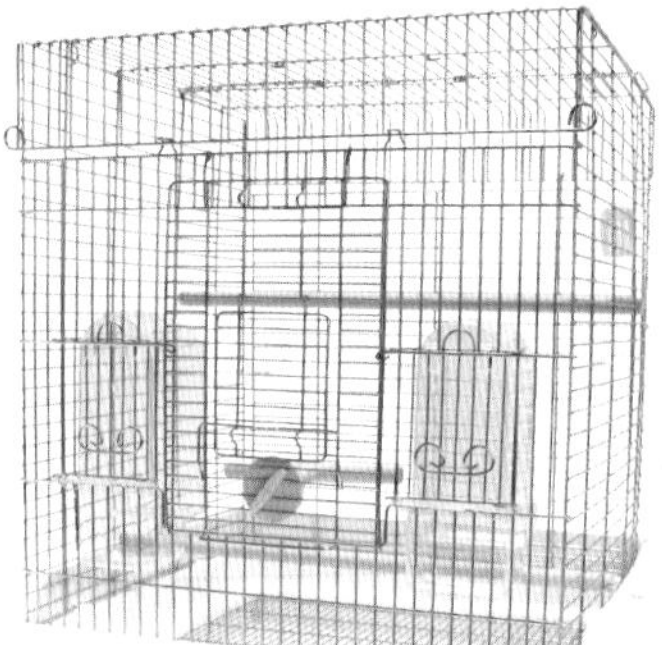

HOEI465
両翼を広げてもケージの網に触れないこのサイズなら、オカメインコにとって十分な広さといえます。

デザインに凝ったケージは不向き

ケージは第一に大きさ、第二に安

全性、第三にメンテナンスのしやすさ——具体的には「洗いやすさ」を考えて選んでください。

安全性については、狭さ以外にも確認することがいくつかあります。

多くの四角いケージは、前後左右と上面の5面が金属でできていて、コーナーの金属は切断されるか折り曲げられています。

ときに金属の端の切断後の処理が甘く、そこに鋭角な「尖り」が残っていることがあります。そうした部分に鳥の体が触れる可能性がある場合は、ケガをさせないよう、使い始める前にヤスリなどを使って削り取ってください。

また、メッキやコートがされているケージの網のムラにめざとく気づくのもオカメインコ。かじって表面に傷をつけたことで、その部分にサビが発生することがあります。

健康への影響も懸念されるため、かじった部分に生じたサビやメッキのはがれが広がるようなら、まだ1～2年しか使っていなかったとしても買い換え、交換したほうがいいでしょう。

なお、衛生的に暮らしてもらうために、ケージは定期的に洗い、消毒する必要があります。

どんなに見かけが美しいケージで鳥が映えるとしても、洗いにくい場所や汚れが溜まりやすい場所があるケージは、メンテナンスの点から、あまり好ましいとはいえません。

きれいにするのに時間がかかるケージは、何度も洗っているうちに、人間の方がイヤになって買い換えを考えるケースもあります。

デザイン性の高いケージでは、とまり木の位置ほか、なにをどこにセットするかが自動的に決まってしまい、設置の自由度が低くなるものもあります。鳥の使い勝手を考慮した内部のレイアウトができない可能性もあります。

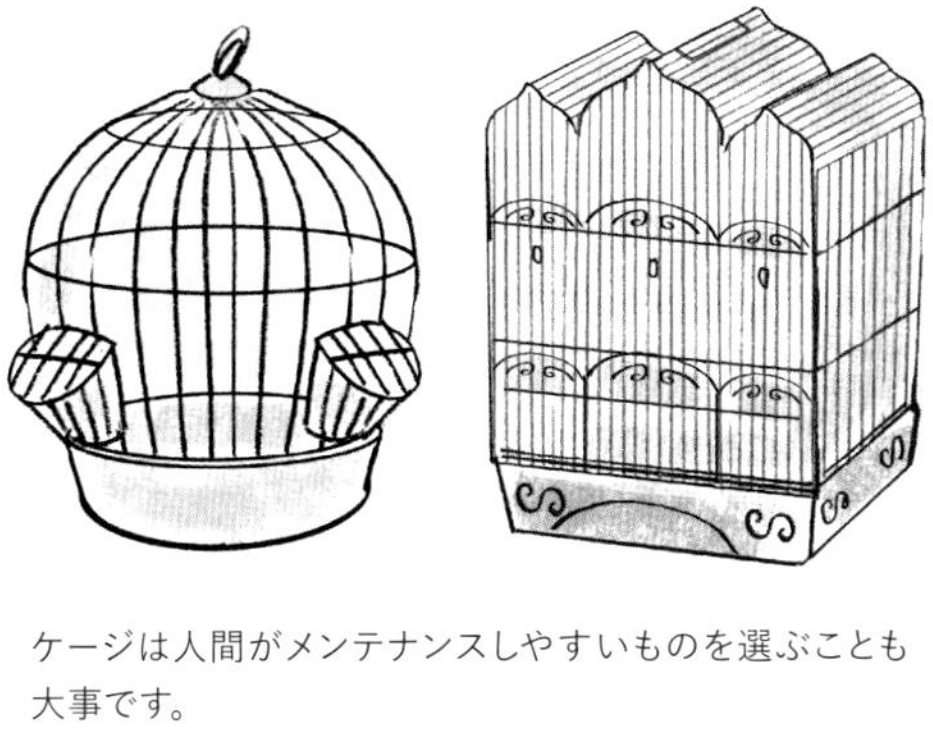

ケージは人間がメンテナンスしやすいものを選ぶことも大事です。

5-3 ケージレイアウトのイメージ

とまり木を太いものに

初めてオカメインコを飼育する際は、高い位置に一本、低い位置に一本とまり木をセットするなど、まずはオーソドックスなかたちにケージレイアウトをして、その後、必要な修正をするということもできます。

ただし、市販のケージに添付されたとまり木はオカメインコの足には細すぎて、爪が伸びたり、グリップがしにくいこともあるため、15～20ミリメートル径など、少し太いものに交換する必要があります。足に合っている径がわからないときは、鳥の最初の健康診断の際に獣医師に合ったサイズを聞いてみてください。なお、ページの下段にとまり木の太さと鳥の足の関係の図を掲載しましたので、こちらも参考にしてください。

すでに何羽かオカメインコの飼育経験があり、鳥にとってよいと思えるケージのレイアウト案が自身の頭の中にあるのなら、それを実行するのももちろんありです。

天然の木の枝をそのまま使ったとまり木や、思いのままにくねくねと曲がりを変えられるとまり木も販売されています。そうしたとまり木を使うとケージ内に変化がでます。

ケージのセットに関しては、必ずこうしなくてはならない、というものはありません。鳥の好みや飼い主の意思によって、自由に決めることができます。ただし、鳥が生活しにくくなるような配置や、おもちゃの

適切なとまり木とは

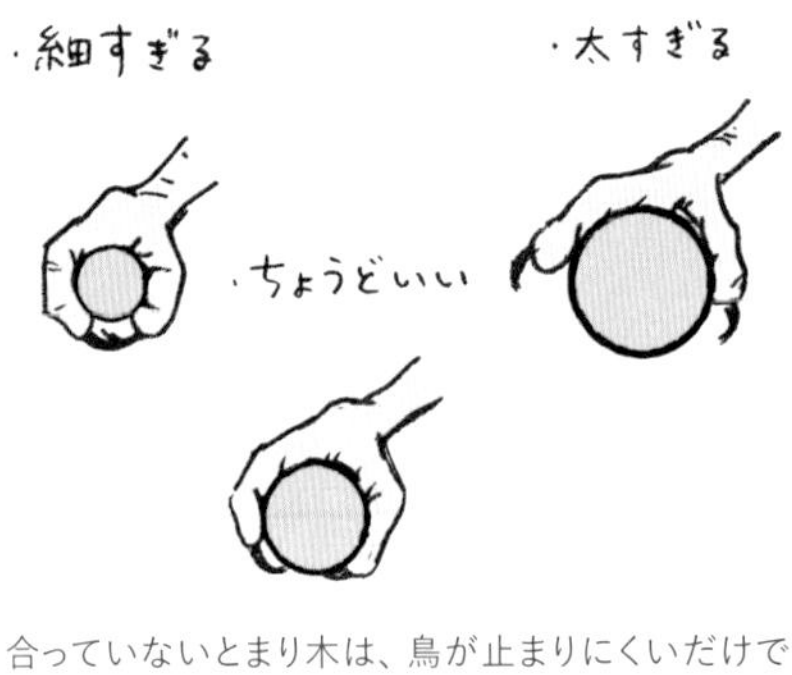

合っていないとまり木は、鳥が止まりにくいだけでなく、爪が伸びすぎるなどの弊害もでます。

詰め込みすぎはやめましょう。

ほかの家のオカメインコの住まいを見て、よいところを採り入れるのもありです。次ページにケージのレイアウトの様子を掲載しました。

インターネットには、よい見本も、避けたい見本もありますので、いろいろ眺めて「よいと思えるケージ内の配置」を考えてみてください。

老後のことも少しだけ配慮

鳥はケージ内の配置をおぼえます。長く暮らすことで、配置が脳に刷り込まれていきます。が、特殊なレイアウトにしてしまうと、10年後、20年後に老化した鳥の体に合わせた改造を行う際、そのままではやりにくく、いったんオーソドックスな配置に戻してからバリアフリー化をする可能性もでてきます。

そうなると、これまでの配置を記憶し、それに沿った暮らしをしてきた鳥は新たなケージ配置になじめず、バリアフリーのケージに変更した意味が薄れてしまうかもしれません。

そうした未来のことも少しだけ念頭に置きながらレイアウトを考えてください。

シンプルもありです

退屈はオカメインコにとって大きなストレスのもと。しかし、ケージにおもちゃが不可欠かといえば、そんなことはありません。

呼ばれたらすぐに返事ができたり、鳥のもとに行ける環境に飼い主がいて、鳥の要望に応じてしっかり遊ばせることができるのなら、ケージ内はシンプルでも問題ありません。

パニック体質の鳥の場合、ケージ内におもちゃ類を置くことでパニックが長引くこともあります。そうしたケースでは、ケージをシンプルにしておくことも選択肢のひとつです。

エサ入れ、水入れ

ケージを買うと、水入れやエサ入れなど、最低限の容器がついてきます。種類のちがうシードやペレットを食べさせたい場合や、シード+ペレットというかたちを検討している場合、小容器を追加する必要がでてきます。青菜入れなども、必要に応じて設置してください。

オカメインコのケージいろいろ

さまざまなお宅のオカメインコのケージの様子を紹介します。

ココ（17歳♀）

＼POINT／

ダイエット中につき、エサ入れの中はフォージング用のビー玉入り。

あお（3歳♂）

＼POINT／

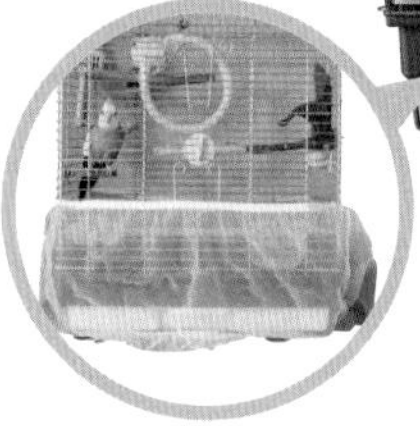

汚れやすいケージ下部分には洗えるカバーをつけて清潔に。

瓜之介（2歳♂）

＼POINT／

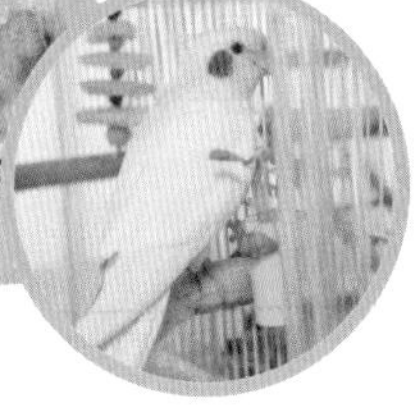

豆苗ポットが大好き！

ツナ（2歳♀）

＼POINT／

ブランコの鈴を自分で鳴らすのがお気に入り♪

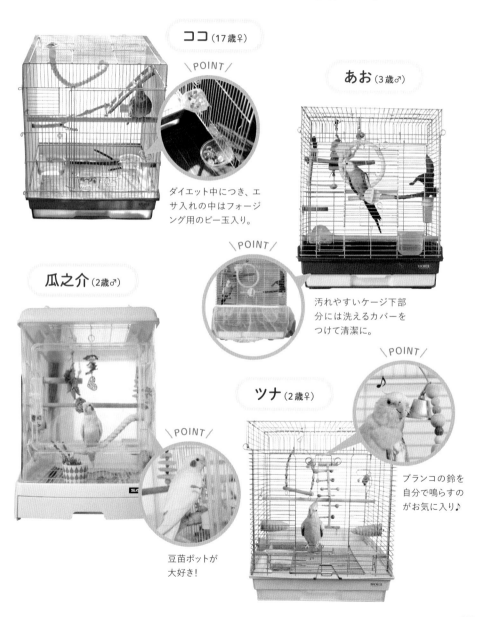

\POINT/

ピピ(9歳♂)

流木を組み合わせた
とまり木が小さいころ
から大好き。

ういろう(2歳♀)

\POINT/

小さなコーナース
テップがくつろぎ
の場所。

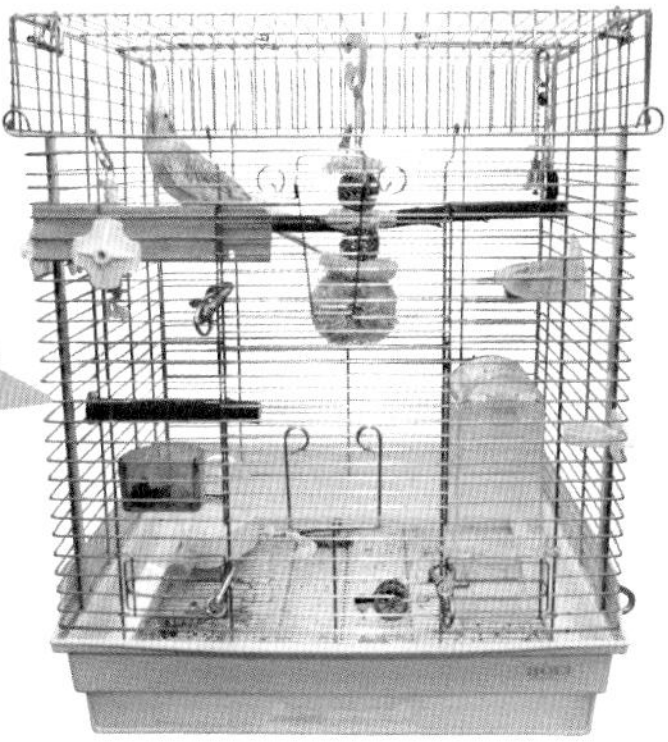

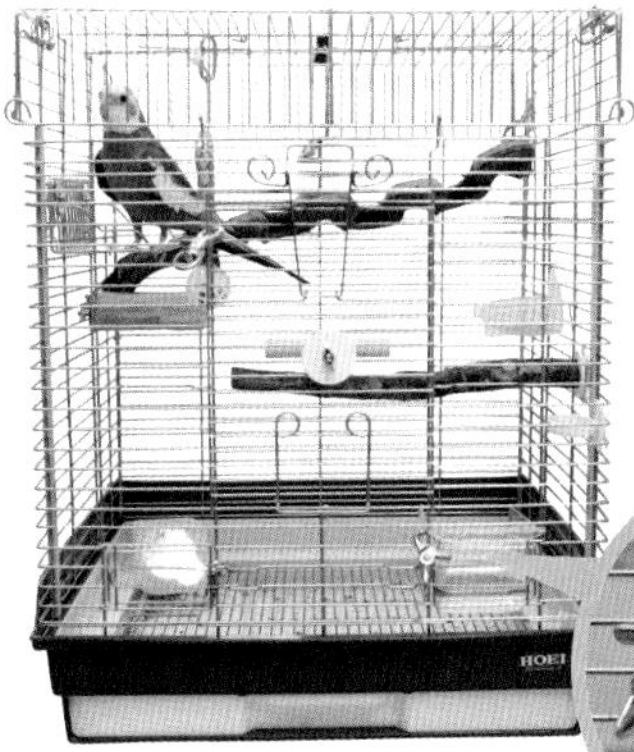

アロエ(6歳♂)

脱走防止のナスカンは、
お気に入りのおもちゃ。
放鳥中も遊びます。

\POINT/

インターネットなどを通して見るオカメインコのケージには、とても多いと感じられる数のおもちゃが入れられていることがあります。

好きなおもちゃにもトレンドがあり、オカメインコも時間が経つにつれて好ましいと感じるものが変っていくことがあります。

もう遊ばないものは取り除くなどして、オカメインコが遊びたいものだけ入れてあげるようにしましょう。

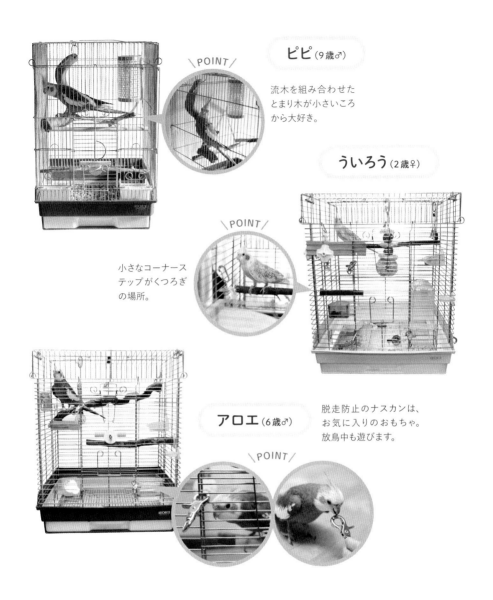

5-4

ケージの掃除とメンテナンス

ケージは消耗品

鳥のケージは消耗品です。

ケージをほとんど汚さず、きれいに使って長くそこで暮らせる鳥がいる一方、金属部分でクチバシをぬぐったり咬んで傷めてしまい、そこにサビが生じるなどしてケージの老朽化を早める鳥もいます。

オカメインコの中には、プラスチック製のエサ入れや、木製のとまり木をかじって壊してしまう鳥がいます。ケージ床のプラスチック部分が経年劣化でもろくなり、わずかな衝撃で割れてしまうこともあります。

オカメインコは長寿で、20年以上生きる個体も珍しくないことから、ある程度使ってケージが老朽化してきたら、新しいものと交換する必要があります。

交換時期の判断は、ケージの状態と飼育者の意識によって変わってきますが、ケージに腐食がある場合、その部分をなめたりかじったりすることで有害な金属片がオカメインコの体内に入ってしまう可能性もあります。そのため、傷んだケージは早めに交換するほうがよいでしょう。

なお、あらかじめおなじケージを2つ用意しておいて、掃除の際に移動してもらう例もあります。ケージの掃除のたびに見なれない小ケージに移動させられるよりも鳥のストレスは少なく済み、住み処のケージを長く使うこともできるようになります。主流ではありませんが、これもひとつのやり方です。

おなじケージを切り替えて使っている場合、洗ったあと、長く太陽光に当て、じっくり紫外線消毒することも可能です。

掃除のサイクル

病気なく、快適に生活してもらうためには、鳥たちが暮らすケージが清潔であることも大事です。

オカメインコの場合、ケージ内で水浴びをする鳥は少数のため、周囲に飛び散った水を拭くなど、文鳥のようなケアはほぼ必要ありません。

それでも、食べこぼれたエサや脂粉がケージの周囲に飛び散りますので、ケージが置かれている場所と、その周囲の床の掃除は日々、行ってください。なお、ケージまわりの掃除のために、ハケや小さな専用掃除機を用意している飼育者もいます。

一般的なケージでは、床にフン切りの網があり、その下に引き出し可能なプラスラックのトレイがあります。そのトレイの中に敷き紙を敷きます。

かつてのケージの敷き紙といえば、新聞紙や新聞折り込みのチラシ類が主でしたが、最近はキッチンペーパーのほか、インターネットなどを通して安く購入できる印刷前の新聞用紙が使われることもあります。

敷き紙の交換やフン切り網についたフンの掃除は毎日行うことが推奨されますが、できない日があっても問題ありません。

ケージ全体の掃除は月に一度が目安とされますが、敷き紙交換と同様、

ケージのまわりも毎日掃除をしてください。一見、汚れていないように見えても、うっすら脂粉が残っていることがあります。

こちらの掃除の間隔もあまり神経質にならなくても大丈夫です。

オカメインコの体からは脂粉もでます。複数羽を飼っている場合、部屋にはかなりの量の脂粉が飛散することになります。その対策で、ケージの近くに空気清浄機を置いている飼育者も多く見られます。

ケージまわりの掃除は脂粉の掃除でもあります。脂粉の性質上、ただ掃いたり掃除機で吸ったりするだけでは残ってしまうこともあるため、オカメインコのケージのまわりは定期的な水拭きも必要です。

なお、使っている場合は、ケージの掃除とあわせて、空気清浄機のフィルターもこまめに掃除するようにしてください。

呼吸器が弱いけれどオカメインコと暮らしたい！　でも脂粉が心配、という方には空気清浄機が心強い味方になります。

ケージの掃除

ケージの掃除手順としては、鳥をほかのケージに移したのち、必要な部分を分解。落ちていたエサなどを取り除き、こびりついていたフンほかの汚れをヘラなどで削ぎ落とし、水洗い＋消毒、完全乾燥というサイクルになります。

プラスチック部分のコーナーなどは、爪楊枝や竹ひご、消毒済の使い古した歯ブラシなどを使ってきれいにしてください。なお、ケージのプラスチック部分や金属部分を洗う際には、食器用の洗剤とスポンジを使うこともできます。

食器用洗剤の使用には不安の声もありますが、乳幼児の食器が洗えるものなら、きちんとすすげば問題ありません。エサ入れ、水入れの毎日の洗浄も食器用洗剤が利用できます。

ヘラなどはキッチン用品が転用できます。１００円ショップなどで、使うと便利そうなものを買い集めておくといいでしょう。

なお、床面やフン切りの網は、ヘラを使わなくても、少し時間をかければキッチン用のスポンジと洗剤できれいに落とすことができます。

水入れ、エサ入れの洗い方

水入れについては、人間の指が届かない内側の角の部分に、ぬめりや、赤やオレンジ色の菌のコロニーが微かに残る場合があります。一見きれいに見える水入れのほかの部分にも菌は存在しています。

水入れの洗い方としては、こんな方法が効率的です。

まず指で完全にきれいになったと感じるところまで洗います。次に爪楊枝か竹ひごの先端とティッシュペーパー、または細い綿棒を使って、奥の角の部分など、指が届かないところをていねいにぬぐいます。

ティッシュペーパーや綿棒を使うのは、そうすることでより広範囲の掃除ができること、また菌のコロニーの存在などを視覚的に把握することができるためです。

そのあと水入れを食器用スポンジ、またはメラミン製のスポンジで洗い、必要な場合は、次亜塩素酸ナトリウムやアルコール等で消毒をします。なお、容器を洗う際は、水入れだけでなく、エサ入れも定期的にきれいにすることを勧めます。

細菌性の汚れは完全乾燥も効果的です。水入れやエサ入れも複数用意しておいて、洗っているあいだに新しいものにスイッチ。洗ったものは完全に乾かしてさらに消毒し、次に使うようにするとより衛生的です。

ケージの金属部分は、古くから行われてきた熱湯消毒も有効です。とまり木も定期的に洗ってしっかり乾燥させてください。洗ったあとにアルコールなどを噴霧して消毒するのも有効ですが、アルコールを使用する際は、鳥がいない場所でお願いします。

水入れは毎日洗うのが基本です。隅までていねいに掃除し、消毒してください。それが鳥たちの健康維持につながります。毎日決まった量のエサを与えている方は、エサ入れも毎日洗ってから新しいエサを入れてあげてください。

Column

オカメインコのとまり木移動

とまり木ジャンプ

とまり木を移動する際、文鳥は短距離でも羽ばたきますが、オカメインコはほとんど羽ばたきません。オカメインコの多くは、ケージ外枠の網に沿うようにクチバシと足を使って「伝え移動」をしています。

その一方で、一部にジャンプして移動する鳥も見られます。下のとまり木に移動する際は、両足でポンと飛んで移動。上のとまり木に移動する際は、一回だけ軽く羽ばたいて飛び乗ることが多いようです。

ジャンプ移動をする鳥は、そのケージで暮らし始めたばかりのころに「こうやって移動できるかな?」と自身の勘にまかせてジャンプ。それが上手くいったことで習慣化します。ケージの壁を伝った移動よりも圧倒的に楽だと気がつくと、さらに多用するようになります。

そんなとまり木の移動は、慣れるととても快適そう。ただしそれができるようになるのは、ほとんどが軽く羽ばたくことができる広いケージで育った場合のみ。翼を広げるとぶつかりそうになるやや狭いケージでは、ぶつかることへの恐怖心が出て、羽ばたきをしない傾向が強まります。

家にセキセイインコなどの先住鳥がいて、その鳥がぴょんぴょんととまり木を飛び移る姿を見て育つと、その刺激によって脳内でのイメージトレーニングが促されるのか、ジャンプ移動をするようになる傾向があります。

なお、失敗すると怖さが生まれてしまうのは、人間もオカメインコもおなじ。いちばんはじめにジャンプ移動をしようとしたときに失敗をすると、それが記憶に刻まれて、ジャンプ移動を一切しなくなることも多いようです。

失敗が心に刻まれやすいのは
人間といっしょ?

5-5 インコにとって快適な部屋とは

快適に感じる部屋は？

オカメインコが快適に感じる部屋の状態は、人間の感覚に準じます。寒くなく、暑くなく、うるさくなく、怖さを感じることなく、好きな人を目で追うことができて、好きな人から話しかけてもらえる部屋。そんな部屋が理想です。

逆に、寒い、暑い、いつもうるさい、いつも明るい、継続的に振動がある、見知らぬ人の出入りが多い、といった状況は不快なだけでなく、不調や病気の原因にもなります。

健康な青年期の鳥なら、人間がふつうに暮らす室温で、特に問題はありません。夏は熱中症にならないように弱く冷房を入れ、冬も人間が寒くない温度に設定してあれば、快適に過ごすことができます。

問題は、人間が眠っている時間と外出している時間です。冬場、エアコンの暖房が切られた深夜から明け方の時間に、鳥たちがいる部屋の温度が一桁まで下がった場合、鳥は寒く感じます。耐えられる寒さではありますが、そういう日が続くと体にダメージが溜まる鳥もいます。

特に寒い地域で、室温が０度近くまで下がると、ケージ内は10度を切ります。ペット用のヒーターは、室温＋数度が基本だからです。健康な鳥なら過ごせる温度であっても、幼鳥、老鳥、病鳥には致命的な結果になる可能性があります。

深夜、人間が寝室に移動して、その部屋にだれもいなくなっても、鳥の状況によっては、暖房をつけておく必要があることを知っておいてください。留守の場合も同様です。

酷暑レベルにまで気温が上がる可能性のある夏の昼間も、家にだれもいなくなっても冷房はそのまま使い続ける必要があります。熱中症は短時間で鳥の命を奪います。

鳥の飼育費用の解説ページに冷暖房費の項目を入れてあるのは、こうしたことがあるためです。

あと一点、付け加えておくと、乾燥もオカメインコの体にはよくありません。湿度が下がった状態では、おなじ温度でも寒く感じます。呼吸器にも負担がかかります。冬場も50パーセントを切らないようにしてください。冬場、湿度が維持されることも、オカメインコにとっての快適条件となります。そのため、加湿器も飼育予算の中に組み込んでおいたほうがいいかもしれません。

安定した温度の部屋で、好きな人たちの生活が見え、声が聞こえ、呼びかけると返事を返してくれる空間が、オカメインコにとっての理想の場所です。

ケージはどこに置く?

オカメインコが快適に暮らすためには、家の中のどこ、部屋のどこにケージを置くかも重要になってきます。ケージの位置として推奨されないのは、窓際、廊下や隣の部屋につながるドアの付近、キッチン、玄関です。

窓際やドアの近くは、気温の低い外から冷たい隙間風が入る可能性があります。窓際は部屋のほかの場所に比べて夏は暑く、冬は寒くなり、エアコンも十分に効かない可能性があります。窓際の寒暖差や隙間風は健康な鳥であっても体調を崩す要因になります。

火を使うことが多いキッチンやその近くは、熱くなる器具があるだけでなく、熱がこもりやすく、有害なガスの影響も避けられません。

昭和のころによく置かれていた玄関も好ましい場所とはいえません。適温での管理が困難だからです。人間の生活空間からも遠いため、玄関に置かれた場合、オカメインコは強い孤独を感じることになります。

そうしたことをふまえると、NGの場所が見えてきます。

ケージを設置する際はどうか、先にあげた快適に感じられる部屋の定義に沿った場所に置いてあげてください。幼オカメインコ、若オカメインコはもちろん快適な暮らしを求めますが、老鳥ではその気持ちがさらに強まると考えてください。

5-6 安全な部屋とは

危険がない部屋

成鳥でも、放鳥中に突然地震が来た場合など、慌てて判断を誤ることがあります。

まちがって落ちたら危険な場所はヒナのときとおなじ。3章の「部屋の安全性の高め方」（71ページ参照）で触れたとおりです。その場所をリストとして頭の中に置いておいてください。

また、鳥にとって危険なものを部屋に出したままにしておかないことも大切です。

観葉植物や花瓶の花もその大部分が有毒なので、鳥がいる空間には置かないようにしましょう。

ほかのインコ・オウム類と同様、オカメインコも興味を感じたものを積極的にかじります。そうやって素材を確かめたり、食べものかどうかを知ろうとします。

やわらかそうなケーブル類は恰好の目標です。しかし、それが電源につながっているコードであった場合、感電したり、流れた電流で火傷を負う可能性が出てきます。

感電はもちろん危険な事態ですが、口腔内に重い火傷を負った場合、死亡の危険もあります。そうさせないために、彼らの目に入るところにあるケーブル類は外しておいたり、保護用のスパイラル素材を巻きつけておく必要があります。

家の中のどこにどんな危険があるのか、なにが毒物となりうるのか、このあとより具体的に解説します。

飼い主は家の中の危険な場所を知り、オカメインコが危険な目に遇わないよう、回避する方法を考え抜いておいてください。そして、放鳥中は絶対に目を離さないことを徹底してください。

危険がない部屋——安全な部屋とは、飼い主が先回りをして、可能なかぎり危険物を取り除いた部屋をさします。

5-7 事故、ケガのない暮らしのポイント

放し飼いはしない

オカメインコが健康に過ごすためには日々の放鳥がとても大切です。放鳥の基本は毎日、一定の時間飛ばせること。それ以外の時間はケージで過ごしてもらいます。

1日の大半がケージ外。夜、眠るのも、飼い主の外出中も外といった「放し飼い状態」の場合、いまは無事故であったとしても、将来もそうである保証はありません。とても危険な状態です。

そうした鳥はケージに対して自宅という意識が薄くなり、ケージに入れられること自体にストレスを感じるようになります。そうなると、病気の際も安静にさせることが困難で、入院も難しくなります。

そうした事態の回避のためにも、ケージ暮らしに慣れさせておくことが、安全な暮らしと鳥の未来のためにはとても大切です。

事故が起こる可能性のある場所をリストに

家庭内でどんな事故が起こりうるのか、どうやったら防ぐことができるのか知っておくことで、確実に事故を減らすことができます。起こる事故は家庭ごとにちがっていますが、それでも事故が起こる可能性のある場所と、起こりうるおもな事故を一般化して示すことはできます。

このあと、そうした場所や事例を「場所」と「事故のパターン」の2つの方向性から例示していきますので、それも参考に自宅の危険な場所リストをつくり、頭に入れておいてください。また、家庭内の事故のほとんどが放鳥中に起こっていることも理解しておくことが重要です。

【事故が起こる可能性のある場所、事故の例（抜粋）】

［キッチン］

・まだ熱い金属などに触れて火傷

・お湯や油に落ちる
・刃物に触れる
・毒のある食材を食べる
・加熱されて出るガス

［寝室］

・ベッドの隙間に落ちる
・押しつぶされる

［リビング］

・人間に踏まれる、蹴られる
・人間にぶつかる
・毒物や有害物を口にする
・窓ガラスに激突する
・ケーブルをかじって感電する

［玄関］

・玄関から飛び出す

［バスルームと洗面所］

・鏡に激突する
・湯船に落ちて溺れる
・洗濯機の中に落ちる

キッチンの事故

とにかく危険が多いのがキッチン。鳥は刃物が危険物であることを理解しません。また、どこに熱いものがあるのかわかりません。加熱されて出るガスにも鳥を殺してしまうものがあります。

好奇心から、火のついたガスレンジに近づいていく鳥もいます。加熱された鍋に落ちてしまう事故もあります。油の入った鍋に落ちた場合、常温でも、命の危険があります。

人間と同様、火傷の手当ては流水で冷やすことが基本です。ただし、重度の場合、専門的な治療が必要になります。火傷部位から感染症にかかることもあるため、鳥の病院で診察と治療をしてもらいましょう。

熱いもの、口にすると有害なもの、刃物がたくさんあるキッチンには、なるべく立ち入らせないようにしてください。流水で水浴びがしたい鳥もいますが、危険物を取り除き、ガスレンジまわりも冷めてから水浴びをさせてください。

キッチンには、鳥が食べてはいけない食材が無造作に置かれていたり、皿に盛りつけられていたりします。そうした点からも危険な場所といえます。鳥が口にすると危険なものについては、章末にまとめました。

リビングや寝室の事故

食べてはいけないものを食べる、踏まれる、蹴られるなどの事故が頻発します。どんな事故が起こりうるのか家族全体で確認しあい、放鳥中はしっかり鳥を見ていてください。

踏まれると、即死は免れたとしても骨折や全身打撲が見られます。必ず獣医師の診察を受けてください。

窓ガラスは危険とわかっていた鳥でも、放鳥中のパニックにより危険

リビングなどでは、足元にいた鳥に気づかずに踏んでしまった、座ってしまったという事故が絶えません。有害物を口にする事故も多く見られます。植物は基本的に毒と考えてください。
リビングの窓ガラスと同様、洗面所の鏡を見ても、その先に行けるとオカメインコは思います。窓ガラスの場合、直前になにかおかしいと感じて速度を落とすことも多いのですが、よく磨かれた洗面所の鏡に対しては変わらぬ速度で衝突することがあります。

性を忘れ、激突することがあります。

夏場、網戸だけ閉め、窓を開けたまま放鳥していた際、網戸を食い破ろうとした事例もあります。くれぐれも注意をお願いします。

また、リビングはケーブル類が多い場所です。かじって感電などしないよう気をつけてください。そうした事故が火災の原因になることもあります。

そのほかの場所の事故

部屋と部屋のあいだのドアに挟まる事故もあります。ドアの上に鳥が止まっていたり、ドアが閉まる位置の床で遊んでいたことに気づかずに閉めてしまうなどです。

［状況から見る、家庭内で事故が起こる可能性のあるおもな場所と事故例］

人間の近く	●足や尻、背で踏まれる、蹴られる ●幼児に強く握られる ●家庭で暮らすほかの飼育動物に噛まれる
飛んで落ちる	●本棚、食器棚、冷蔵庫、洗濯機、テレビ台の裏など ●ベッドの横ほかの隙間 ●湯船 ●ごみ箱の中 ●鍋の中
挟まる	●室内の扉 ●襖 ●布団（鳥が挟まったまま上げ下ろし）
ぶつかる	●窓ガラス ●洗面所の鏡 ●壁 ●急に動いた人間
火傷	●熱した鍋 ●ガスやIHのコンロ ●使い捨てカイロで低温火傷 ●ケージのヒーターとの接触（火傷、低温火傷）
かじる、食べる ⇒危険物は このあと解説	●観葉植物（葉、茎、花、土） ●切り花 ●タバコやその吸殻 ●消しゴム、プラスチックの小片 ●有毒金属、金属小片 ●アルコール類 ●アボカド ●チョコレート ●ネギ類 ●大量の塩 ●人間のお菓子類 ●消化管を詰まらせる可能性のあるもの（布などの繊維） ●ケーブル類（感電、火傷の可能性も）
吸う	●テフロン製品から出るガス ●ヘアスプレー、制汗スプレーなどのガス ●使い始めのオーブン、オーブンレンジから出るガス ●塗料ほか有機溶剤からのガス（家の壁の塗り替え時など）

5-8 大事な日光浴

日光浴で得られるもの

鳥は、すべての栄養素を食べ物から得ているわけではありません。

鳥は自身の羽毛の表面でつくられたビタミンD_3をなめて体に取り込んでいます。

ビタミンD_3となる、その「もと物質」である前駆体は、腰にある脂を出す腺、尾脂腺から出る脂の中に含まれています。鳥はクチバシを使って尾脂腺から脂をしぼり出して全身の羽毛に塗っています。そこに太陽からの紫外線、UVB（280〜315ナノメートル）*の光が当たると、前駆体がビタミンD_3に変化します。それを摂取しています。

ビタミンD_3が不足すると骨や卵殻の形成に支障が出ます。ずっと家の中にいて日を浴びることのない鳥は短命のリスクを負います。ビタミンD_3もまた、鳥にとってとても重要な栄養素なのです。

なお、紫外線はガラスを通過できないため、窓ガラス越しの日光浴は意味がありません。日光浴は窓を開けた状態ですることが重要です。

とはいえ、直射日光に強くこだわる必要はありません。紫外線は壁などで反射して、部屋の中にも入ってきます。そのため、暑い夏場は直射日光を避けて、窓際にケージを置くだけで大丈夫。ベランダや縁側で照り返した十分な量の紫外線が鳥に届きます。日中はそんなふうに過ごし、涼しい朝や夕方に弱い斜めの日光を当てるとよいでしょう。

尾脂腺の脂は羽毛の保護だけでなく、ビタミンD_3をつくるという重要な役目も担っています。

*いわゆる可視光線とUVBのあいだの波長であるUVA（315〜400nm）の光を、鳥たちはごくあたりまえのように見ています。鳥たちにとってUVAは可視光の一部です。

紫外線は雲を通り抜けて地表に到達するので、曇りや雨の日でも地上に届いています。曇りの日にケージをベランダに出しても、雨の日に窓際にケージを置いても、鳥は紫外線を受け取ることができます。

日光浴はできれば毎日させたいところですが、仕事などの関係で難しいことも多いでしょう。できれば週に二回、1時間以上を目標として、それに上積みをしていき、後述の紫外線ライトなども合わせて必要な紫外線量を確保していきたいものです。

日光浴をさせる際の注意点

日光浴の際は、人間がそばにいることが鉄則です。ケージは安全と思い込み、鳥のケージをベランダや縁側に置いて目を離すことには、大きな危険があると考えてください。

「ケージを掃除しているあいだ鳥たちは別ケージでベランダ。効率的」という飼育者もいますが、日光浴中に鳥から目を離す行為は基本的にNG。

陽光が強い時期、日光が直接体に当たっていると鳥の体温は急上昇します。その状態の放置は命に関わるため、はぁはぁと息をするなど鳥が暑そうにしたときは、すぐに人間が回避の対応をする必要があります。

また、屋外には、ヘビやカラスやネコなど、鳥の捕食者がいます。ケージの中であったとしても、けっして安全ではありません。人間がそばにいるのは「用心棒」の意味合いもあります。鳥にケガを負わせたり捕食したりする生き物は、人間がそばにいれば近寄ってきません。

なお、オカメインコの中にも、自力でケージのエサ入れなどの扉を開けて外に出てくる能力をもつものもいます。ナスカンなどの取りつけはその回避のためです。

鳥の安全のためにも、そばについて様子を見ていてください。鳥も安心します。鳥が暑そうな様子を見せたら、なにか覆いをかけて日光を遮ったり、暑くない室内に戻すようにしてください。

【日光浴をさせる際の注意点】

- 必ず人間がそばにいる
- ケージの入り口などはナスカンや洗濯ばさみで留めておく
- 夏場は直射日光を回避
- 直射日光を当てる場合は、ケージに逃げ込める影の部分をつくる
- 冬場は体を冷やさない範囲で

紫外線ライトの活用

風が冷たい冬の時期は、どうしても日光浴をさせる機会が減ってしまいます。十分な体力のない幼鳥や老鳥、病鳥は、必要とはわかっていても、なかなか日光に当てることができません。

そんな状況で活用できるのが、光の波長と強さが鳥仕様に調整された鳥専用の「紫外線ライト」です。

紫外線ライトといえば、かつては爬虫類用がほとんどでしたが、最近は鳥用のものも市販されるようになりました。上手く使って冬場もビタミンD_3の合成をさせてください。

重ねて記しますが、ライトは「鳥用」を使用するのが必須です。

爬虫類用は安く、種類も多く売られていますが、UVBの成分を強めているものがほとんど。そうしたライトは鳥には有害ですので使わないようにしましょう。安易に爬虫類用の紫外線ライトを使い続けると白内障の発症リスクが上がると考えてください。

紫外線ライトの使用にあたっては、横からのライト照射は厳禁です。必ず直上から当ててください。愛鳥の目を守るためにも、こうした使い方が重要です。

点灯した紫外線ライト

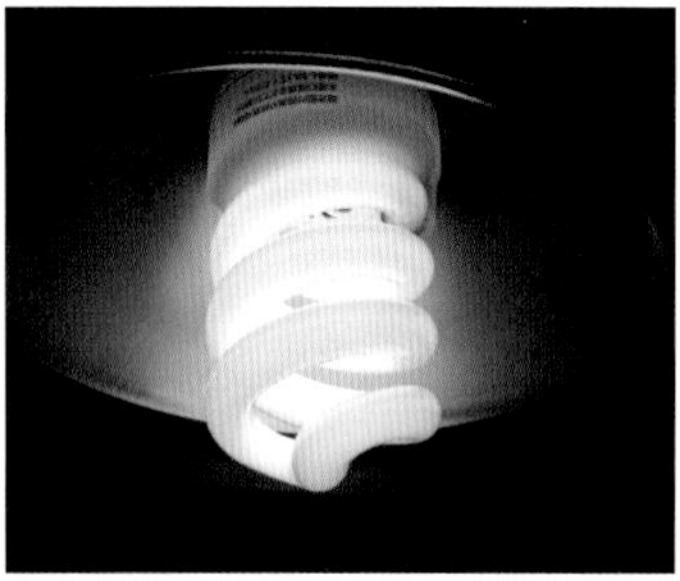

アームライトに取りつけた紫外線ライトを点灯。横ではなく直上から当てるのが正しいやり方です。

5-9 鳥にとっての毒物、危険物

食べたら危険なもの

好奇心の強いオカメインコは、身の回りのさまざまなものをかじってそれがなにか確かめようとします。食べたくてかじることもあります。

しかし、家の中にはオカメインコが口にすると危険なものも数多。なにが有害かを知って、部屋から除去しておくのも飼い主の役目です。

植物はほとんどが毒

観葉植物は基本的に、鳥が生活する空間には置かないようにしましょう。葉や茎、花に毒をもっている植物がとても多いからです。含まれているアルカロイドなどにより、嘔吐、下痢、神経マヒ、心臓発作などを起こす可能性があります。

花瓶に活けた切り花も、けっして安全ではありません。綺麗な花びらに関心をもって花や茎をかじり、中毒になることがあります。

また毒性の強い一部の植物は、植えられている周囲の土にも毒を送り出します。そうした土は口にしただけでも危険です。

順に、フクジュソウ、ポインセチア、アセビ（馬酔木）。フクジュソウ、ポインセチアはすべての部位に、アセビは葉や花に、鳥にとって有害な物質を含みます。絶対に口に触れさせたりしないようにしましょう。毒のない植物のほうが少数と思ってください。

有害な食品

人間をふくめた小さな群れの一員と自覚しているオカメインコは、人間の食べ物にも興味をもちます。人間が美味しそうに食べているもの、飲んでいるものを見て、自分も食べたいと思うこともしばしば。

いつも人間が食べたり飲んだりしているものには危険を感じません。おなじ群れの仲間なのに美味しいものがもらえないと腹を立てるオカメインコもいます。そして――。

テーブルに落ちていたチョコレートの欠片を食べた。キッチンで盛りつけられたアボカドをかじった。おちょこに入っていた透明な日本酒を水とまちがえて飲んだ。

オカメインコとしては、食べてみたかったものを口にしただけなのでしょう。しかし、こうした事例は死亡もありうる重大な事故です。

チョコレートに含まれているカフェインやテオブロミンが中枢神経や循環器に障害を起こします。アボカドに含まれているペルシンという物質は呼吸器障害や循環器障害を起こします。人間は口にしますが、アルコールも多くの生物にとっては有毒物です。

こうしたものは絶対に口にさせないでください。うっかり机においたまま目を離すのもNGです。

エサとして鳥が口にする食材にも微量の塩分が含まれていますが、大量摂取した場合、死に至る可能性もあります。盛った状態で塩をテーブルに置かないでください。こぼれた

アボカド、チョコレート、日本酒も口にしたら命に関わります。

場合は、拭き取ってください。

鳥が食べても問題のない緑黄色野菜や果物類を除いて、放鳥時に鳥の目につく場所に人間の食べ物を置かないようにしましょう。

微小片の誤飲、誤食

スクラッチカードの削りカスや、書いたものを消したあとの消しゴムのカスも口にする可能性があります。消しカスだけでなく、消しゴム本体にクチバシを立て、バラバラにして遊ぶ鳥もいます。

3歳くらいまでの若い鳥は、テレビ類などのやわらかいプラスチック製のリモコンボタンにも関心をもち、かじって壊そうとします。

そうしたプラスチックの小片や、小さなペレットサイズのビーズ、紐状おもちゃの繊維片などを飲み込む事故も実際に起こっています。

好きな人間の肩でまったり過ごしているとき、足元の服がセーターだった場合、羽繕いの感覚で毛玉を取り、飲み込むケースもあります。

紐でできたおもちゃが気に入り、楽しそうに遊んでいることもありますが、繊維を飲み込んでいるようなら取り上げてください。

木製・紙製のものは飲み込んでも、大抵は排出されます。そのため本やチラシをかじってもあまり問題はありません。しかし、紐、布、毛糸などの繊維は消化できません。

そのままフンといっしょに排泄されればよいのですが、そ嚢やその先の消化管のどこかに詰まってしまう可能性もあります。こうした事故は飼い主には対処ができませんので、急ぎ病院に搬送してください。

まだそ嚢に留まっている場合は手術で取り出すことも可能ですが、胃腸まで進み、消化管のどこかを詰まらせてしまった場合は、死に至る可能性もあります。

金属も危険

釣りの錘《おもり》、カーテンの重し、ステンドグラス、ハンダなどに使われている鉛を食べたり、亜鉛やスズがメッキされた家具などを舐めて中毒になるケースがあります。

特に多いのが鉛の中毒です。摂取した量によっては短時間で死に至ります。

鉛中毒の症状としては、食欲不振、嘔吐、下痢などのほか、症状が進むと便が鮮やかな緑色（ビリジアン）になります。これは鉛によって血液が壊れた溶血の結果です。

重金属の中毒については、「キレート剤」の投与など、有効な治療手段が確立されていて、体内に取り込まれたのが致死量以下で、鳥に状況を乗り切る十分な体力があれば、病院での対処で命は助かります。

重金属を含有するものとしてはほかに、カドミウムが含まれた油彩の絵の具や塗料などもあげられます。もちろん、これらも危険物です。

重金属の中毒になった鳥はかなり苦しみますが、回復後に、どうして重篤な状態になったのか察することなく、おなじことを繰り返したりもします。鉛は鳥が美味しく感じられる味のようだという指摘もあります。二度と口にしないよう、人間が強い義務感をもって対応するしかありません。

危険なガスも

フッ素樹脂（テフロン）加工されたフライパンや、ホットプレートを熱したときに出るテフロンを含んだ蒸気も鳥には有害で、呼吸困難の末に死に至る危険性があります。

「事故、ケガのない暮らしのポイント」の一覧（128〜129ページ参照）にも掲載しましたが、オーブンやオーブンレンジの使い始めの空焚き時に出るガス、接着剤などから出る揮発性のガス、ヘアスプレーや制汗スプレーの内容物、家の外壁などに塗られる塗料なども、吸いこむと危険なガスです。

練炭のコンロや石油ストーブを使っている場合、不完全燃焼の際に出る一酸化炭素も危険物と認識してください。

テフロン加工された新品のフライパンを高温で熱すると、テフロンの成分を含むガスが出ます。鳥の呼吸器にとってきわめて有害なガスです。

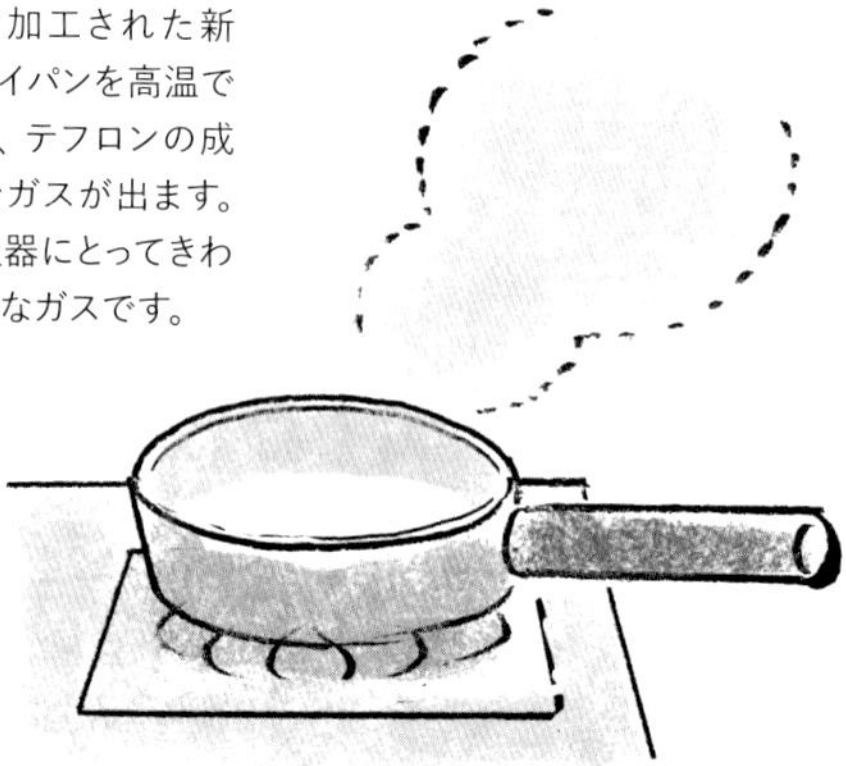

健やかで長寿をめざす暮らし方

Chapter 6

6-1 接し方の基本

感情をもっています

オカメインコも、意思と感情をもっています。うれしく感じることもあれば、イヤと思うこともあります。「○○がしたい」や「○○がほしい」という希望ももちます。

したいことを邪魔されたら腹も立てます。邪魔をした相手を攻撃することもあります。個体によっては、無関係の第三者（鳥、人間）に八つ当たりもします。

不満は声に出ます。強い不満を感じると、怒りの声をあげます。

それが上手く伝わらないと、声はだんだん大きくなります。声だけでは不満や怒りが伝わらないとわかると、手を咬んだり、なにかを落として壊すなど、暴力的な行為に及ぶこともあります。こうした反応にも、鳥ごとに個性が出ます。反応のちがいは、一羽ごとの心の受けとめ方のちがいでもあります。

ですので、オカメインコと向きあう際は、「ただの鳥」扱いはせず、ひとつの意識、ただ一羽の個性をもつ相手と思って接してください。

地上に生まれた命として、彼らは

私たちと対等です。見下すような下位の存在ではありません。

大人として接する

ヒナの時期の数カ月間は、たしかに子供です。また、成鳥になってもネコなどと同様に子供的（幼児的）な意識も残しています。しかし、それでも大人は大人。子供ではありません。大人の個体——成鳥として、ちゃんとリスペクトをもって接することが大切です。

小さな生き物だからといって、幼い子のような扱いはしないでください。ふだんからそうした目で見ていると、接し方をまちがえることになります。性成熟し、「親」になることが可能な個体は、「大人」です。

視線を追います

オカメインコは格段によく動く眼球をもっています。そのため、オカメインコとの暮らしに慣れると、鳥がどこを見ているのかわかります。どこに行き、そこでなにをしようとしているのかも比較的容易に察せられるようになります。

もちろんオカメインコの方も、人間の視線の先を読んで次の行動を予測します。視線の向きがわかるがゆえに、目の前にいるのに自分のことを見てくれない飼い主に腹を立てる鳥もいます。

相手の声と瞳に宿る感情を、オカメインコも人間も、たがいに読み取ることができます。そうしたことを通して相手の気持ちを知ったり、なにを見ているのか知って先読みをしたりすることも、家庭内での大切なコミュニケーションになります。

愛情が不可欠

オカメインコが「人間の愛情を必要とする生き物である」ということも、しっかり心に留めておいてください。そして、その心と向き合い、大事に思っていることを日々、態度でしっかり伝えることも大切です。飽きたからもうかまわないといったことは、当然、許されません。

おなじような状況で人間の心が壊れることがあるように、オカメインコも心に大きなダメージを負います。修復不能な傷が残り、心の病を発症することもあります。それは不幸です。

そうさせないためにも、肉体的にも精神的にも、生涯、しっかり寄り添ってください。変わらぬ愛情は、快適な日常生活において大切であると同時に、長く歳を重ねていくためにも、とても重要です。

6-2

オスとの関係、メスとの関係

平和主義の鳥

オカメインコは平和主義です。気の合わない鳥や嫌いな相手と出会っても、たいていはどちらかが引くため、ケンカはほとんど起こらず、遺恨を残すこともありません。気の合わない相手に対しては、そばに行かない傾向もあります。

こうした性格はオス、メスともにもちますが、争いになる前に引く、去るという姿勢は、オスよりもメスにおいてより強く見られます。

嫌い、とか、それはイヤ、という意思の表明や、怖がっていないことを相手に伝えようと、クチバシを大きく開けて前に突き出す「威嚇の表情」はよく見せますが、本気で怒るケースはきわめてまれです。

オスの性格、メスの性格

落ち着きがなく、よく動き回るのはオス。気に入った仲間どうしで集団で遊びたがるのもオスです。特別仲のよい相手が家庭内にいると、その相手が亡くなるまで、ずっといっしょに遊び続けます。3～4羽のグループになることもあります。

つがいの相手がいても男子グループは別というように、集団での楽しい時間をもち続ける鳥も多く見ます。だれかがおもしろそうなものを見つけたり楽しげな遊びを始めると、加わろうと駆け寄ったりします。

仲間との遊びに飼い主を誘うこともあります。誘われたときは、どうぞつきあってあげてください。人間といっしょに遊んでいるときも、オスとしては、仲のよい仲間と遊んでいる感覚に近いのかもしれません。

メスには、おっとりした鳥が多く見られます。メスは落ち着いたほかのメスの近くで一人遊びをするか、飼い主の肩の上でまったりします。仲のよい鳥どうしで後頭部の羽繕いをする様子を見ることもあります。

テーブルや机の上からなにかを落として人間に拾わせ、また落とすという人間を絡めた遊びをしたがるのはオス。メスは気に入ったものも延々かじり続けたりします。

好奇心はどちらにもあります。が、それがなにかわかると興味を失くして別のものに向かいがちなのがオス。興味はあっても勇気がなくてなかなか触れられずにいることが多いのはメス。それでも一度気に入ると、ずっと遊び続けたりもします。

ただし、こうした性格分類は一般例で、すべてがこのように振る舞うわけではありません。男子よりも落ち着きのないメスもいます。飼い主にべったりで、ほかの鳥と遊ぶよりも飼い主が大好きなオスもいます。

すべてはその鳥の個性しだい。ともに暮らすオカメインコとのつきあいにおいては、オスはこう、メスはこうという一般的なイメージはもちつつも、それを固定観念にはせずに、目の前の鳥の個性に合わせた暮らしをつくっていってください。

いたずらに注意

オカメ男子は集団になるとセーブがきかなくなって、一羽ではしなかったこと――おもに「悪いこと」も、するようになります。たとえば、みんなで特定の場所の壁紙をかじってみるなどします。気づくのが遅れると、あっというまに破壊されてしまうことも――。

こんな変なところも人間に似ていると感じます。

6-3 鳥どうしの相性

好き嫌いをもつ

オカメインコは温和な鳥ですが、明確な意思と頑固さも持ち合わせています。人間に対しても、ほかの鳥に対しても、はっきりとした「好き・嫌い」があります。「ケンカをしない＝嫌いな相手がいない」わけではありません。

対人、対鳥について、ともに、第一印象の判断と、つきあってみた末の判断の両方をもちます。すぐに判断できない相手は仮の印象のままに接してみて、少し様子を見てからあらためて判断を下すイメージです。

なお、一度できあがった判断はそののちも変わることなく続きます。つきあってみたら案外いい人（鳥）だった、と判断を変えることはほとんどありません。ただし、好ましくない行為が続くと、好きだった相手も「嫌い」という判断に変わることがあります。その判断は、人間でいう「失望」のようなものなのかもしれません。

また経験から、「こういう相手は好きではない」という基準がつくられると、嫌いなタイプの相手に対しては、「嫌い」の判断が早くなる傾向があります。こうした判断も、驚くほど人間と似ています。

ただそこに憎しみはなく、ひどく嫌うこともほとんどありません。ただ好きではない、関わりたくないと思うだけで、人間の感覚でいう「大嫌い」はないようです。

空気を読めない鳥

鳥の中にも、「なんでそんなことをするの？」といった行動に出て相手を苛立たせる者がいます。

自分ではなにが悪いのかまったくわからないので、おなじことを何度もします。また、相手がそれを明確に嫌がったり怒ったりしていても、その事実に気がつかない鳥もいます。

わかっていながら無視する鳥も、なかにはいます。

そうした鳥（多くはオス）はまわりから距離を置かれますが、本鳥はその事実にも気づかないため、日々の行動は変わりません。

異性関係において、相手（メス）が完全拒否していてもまとわり続けるオスもいます。

ただ、家庭内の鳥がみな高齢化してくると、距離を置くのも面倒になるのか、そんなオスに、「首を掻かせてあげるから掻いて」と頭を下げてみせるメスもいます。

が、慣れないこと、これまでしてこなかった行動の要求であるためか、羽繕いが下手で、「痛い！」と怒られるシーンもよく見ます。

他鳥との関係

他種のオウムやインコに対しては、同種に近い判断が可能ということもあり、つきあいたくない相手とは最初から距離を取ろうとします。そのため、大きなトラブルは起きない傾向があります。が、鳥種によっては攻撃的な鳥もいるため、放鳥を分けた方がよいケースもあります。

一部の文鳥とセキセイインコは、気に入ったオカメインコを悪気もないまま、執拗に追いかけ回すことがあります。逃げる際に恐慌状態になって窓に激突するなど、大きなケガが予想される場合は、放鳥を分ける方が無難かもしれません。

ただし、そんな相手であっても、オカメインコは「大嫌い」とは思わないようです。どちらかといえば相手が理解できず、困惑している状況です。そうした相手は、「嫌い」ではなく、「苦手」という判断になります。追いかけてくるので逃げ続けるだけで、ケージの中に相手がいるときは自分から近寄って顔を眺めることもあります。

「好き」という気持ちだけで行動する鳥は、相手が嫌がっても、それがわからないようです。

6-4 オカメパニック

パニックになりやすい鳥

飼い鳥の中でも特にパニック（恐慌状態）に陥りやすいのがオカメインコ。そこから、「オカメパニック」という言葉も生まれました。

大きなパニックを起こすのは、おもに照明が落とされた深夜。

人との暮らしに慣れた鳥は、家庭内には大きな危険はないと安心しきっています。無防備に眠っているときに地震があったり聞き慣れない物音がするとパニックになります。

もちろん昼間も地震があったり、カラスや猛禽類が窓の外を飛ぶのを見てパニックに陥ることがありますが、明るいこともあり、深夜ほど大きなパニックにはなりません。また、夜よりもずっと早くおさまります。

なおオカメインコは、みな等しくパニックになると思われがちですが、実はそんなことはなく、ひどく暴れたりするのは一部で、多くは控え目に暴れます。音にも地震にもほとんど動じない鳥もいます。

幼鳥期こそパニックになったものの、地震も音も恐れるものではないと確信すると、その後はあまりパニックを起こさなくなる鳥もいます。

一般にパニックは年齢を重ねるごとに減り、10歳を過ぎるとケガも減少します。しかし一方で、高齢になってもパニックが続く鳥もいます。

この点でも個体差が見られます。

パニックによるケガと後遺症

オカメインコのパニックでありがちなのが、ケージの側面や床面、とまり木などに翼を強く打ちつけ、風切羽が抜けてしまう事故です。ひどい場合、片側の初列風切のすべてが抜けてしまうこともあります。

また、一度パニックを起こすと、それからしばらくは小さな刺激でもパニックを起こしやすくなり、最初のパニックではかろうじて残っていた片側の風切羽が、二度目、三度目のパニックで、すべて抜け落ちてしまうこともあります。

風切羽の抜けと同時に、翼先端部の内側の皮膚からの出血も多発します。ひどい出血の場合、風切羽の生え際を中心に広範囲が血にまみれてしまうこともあります。

その様を初めて見た飼い主の多くは、痛々しさに驚き、言葉を失います。それでも、心を抑え、冷静に対応してください。まずは、それ以上暴れないようにオカメインコを落ち着かせることが先決です。見た目こそ痛そうですが、出血さえ止まればほどなく痛みも消え、鳥はいつもどおりにふるまうようになります。

翼の広い面積が血で濡れていると心配になりますが、大量に見えてもパニックでの出血量は、そのほとんどが0・4cc以下。血液の総量の20分の1にも満たない量です。命に関わるようなことにはなりません。また、失った血液も、わずか数日で再生します。

ただし、前後不覚の錯乱状態になったときは、ふつうなら起こりえない事故も起こります。もっとも怖いのが、パニックになった際に翼の途中、あるいは大部分がケージの網の外に出てしまい、その状態で力任せに暴れてしまうこと。その結果、翼の骨を折ってしまうのが最悪のケースです。

少量の出血や打撲なら病院への搬送が不要なことも多いのですが、明らかに骨折している場合は、可及的すみやかに病院に連れて行き、治療を受けてください。

なお、パニックを頻発し、新たな風切羽がしっかり生える前に再度失うことを繰り返していると、羽毛をつくる細胞組織が壊れて風切羽が生えてこなくなることがあります。

初列の風切羽の大半が生えてこなくなると、その鳥は飛翔力を失います。それを防ぐためにも、なる

パニックで片側の風切羽を一部、失った鳥。

べくパニックを起こさせない方策を練る必要があります。

パニック時にすべきこと、してはいけないこと

パニック状態の鳥を落ち着かせるために最初にするのは、鳥がいる部屋の照明を点けること。ただし、その際は、鳥が心配でも勢いよく部屋の扉を開けたり、ケージに駆け寄ったりせずに、あえていつもとおなじように開け、おなじ速度で歩いてください。

勢いよくドアや襖が開く音や、駆け寄る足音に驚いて、パニックがより大きくなることがあります。

逆に、音を立てないように忍び足で近づくのも厳禁です。パニック状態の自分を狙って捕食者が近づいているかもしれないと思った鳥は、さらに大暴れする可能性があります。

またその際は、「〇〇ちゃん、大丈夫。平気だよ。安心して」など、鳥に声をかけ続けてください。飼い主の声には鎮静効果があります。

おぼえておいてほしいのが、暗闇の中でパニックを起こしたオカメインコは少しでも明るい方向に向かって飛ぶ傾向があるということ。

パニックになった鳥の状態を一刻も早く確認し、落ち着かせようと、飼い主が慌てて部屋の照明を点け、いきなりケージのカバーを外すと、ケージの前面に突っ込むように飛ぶことも多く、その結果、鼻先などを擦りむいたり、目の近くに青痣をつくってしまうことがあります。

ケージのカバーを開けるのは、少し落ち着いてケージ内が静かになってからです。まずはゆっくり前方のみ開けてください。ゆっくり開けるのは、ケージ内が急に明るくなると瞳の明順応が追いつかず、それに驚いてふたたびパニック状態になる鳥もいるからです。

地震と同時に停電が起こった場合、無事を確認するために懐中電灯で部屋やケージを照らしたくなるかもし

パニックになっている鳥に近づくときも、照明を点けるときも、「大丈夫だよ」、「ここにいるよ」などと声をかけ続けてください。また、ケージに近づく際はいつもとおなじ速度で歩いてください。

れません。しかし、懐中電灯をケージの中の鳥に向けるのは厳禁です。それは鳥の恐怖を煽り、大ケガのもとになります。

ケガの状態を確かめようと、まだ落ち着いていない鳥をケージ外に出すのもNG。いきなり飛んでどこかにぶつかる可能性があります。ケガを悪化させる可能性もあります。出すのは、少し落ち着いたあとです。

ふだんの備え

パニック体質の鳥は、パニック時にほかの鳥やおもちゃに接触するとパニックが助長されるため、

・ほかの鳥と同居させない
・ケージ内にはできるだけおもちゃ類は入れない

など、ふだんからの対策が必要です。また、パニック時のケージ内での暴れ方には一定のパターンがあり、翼をぶつけやすい場所も固定される傾向があります。

たとえばエサ入れの角が少し鋭角で、そこにいつも翼をぶつけてケガをしているようなら、その部位をカッターナイフなどで丸めておくのもひとつの対応です。そうすることで出血量を減らすことができます。

パニックの際に飼い主がしてはいけないこと

・慌ててケージのカバーを取る
バッ

・いきなり鳥をケージから出す
バン!!

・停電時、懐中電灯の光をパニック中の鳥に向ける

6-5 放鳥の重要性

放鳥とは？

エサ探しや敵からの逃亡が繰り返される野生では、飛翔に膨大なエネルギーが費やされます。一方、家庭内での飛翔は野生に比べるとごくわずかで、体重に影響するだけのカロリーも消費できません。

しかし、体の機能や状態を維持するための運動という点で、家庭内の放鳥には大きな意味があります。

また、翼をもつ鳥にとって「飛ぶ」ということは、その鳥生と完全に一体化しています。今日もちゃんと飛べたという意識は、さまざまなストレスや、ストレス未満の心中のもやもやの解消に役立っています。それは、体内の活性酸素を減らすという見えない健康効果ももちます。

つまり、家庭内での放鳥は、オカメインコの心と体の健康にとって不可欠なものであるということです。

体に必要な放鳥

ただし、ケージから出ても、飼い主のそばでただまったりしているだけなら、それは「放鳥」とは呼びません。ほとんど「飛んでいない」からです。放鳥は「質」が重要。オカメインコの体には、息が切れるくらい飛び回ることが必要と獣医師は指摘します。

オカメインコはもともと、オーストラリアの広大な大地を飛び回っていた鳥です。本来、その肉体は数千キロメートルの距離を飛び抜ける力

しっかり飛ぶことが「放鳥」です。肩でまったりしているだけでは放鳥とは呼びません。

をもちます。ケージの扉から飼い主の肩や頭、遊びたい場所まで一直線に飛んだだけでは、ほとんど運動にならないのです。

日に数度、放鳥時に部屋の中を何周もぐるぐる飛ぶことが習慣になっていて、飼い主の肩などに戻って、大きく「はぁはぁ」と息をしている様子が見られたら、その習慣は壊さないでください。その鳥は無意識に自身の体に必要な運動量を知って飛んでいると考えられるからです。

飛ぶ機会を増やしましょう

少し息があがるくらい飛んでやっと、オカメインコの体にとって必要な運動になります。それが、血液の流れなど体循環を良くして健康の維持に役立つ運動量です。

オカメインコの中には、疲れることを嫌がって飛ばない鳥もけっこういますが、床を走り回ることをふくめて、好きなところに行き、好きなことをすることもストレスの解消には役立っています。

ですが、それだけでは運動量は不足。そうした鳥には、飛ばないと行けない場所から飼い主が呼ぶなどして、飛ぶ機会を増やしてください。

日々の体重維持に対して放鳥は、見える結果をあまり残しませんが、見えないところで運動不足の解消に役立ち、肥満の防止にもなっています。毎日飛ぶことで、一歩ずつ長寿にも近づいていきます。逆に、それができないと、10年後、20年後の老化が早まると考えてください。

そのためにも、風切羽を切ること（クリッピング）は推奨しません。ヒナの時期に風切羽を切られたことで飛ぶことが怖くなり、飛ばなくなる鳥もいます。それは、心の傷です。もちろん、大人になった鳥の運動不足も助長します。心と体の健康を考えたとき、クリッピングはけっしてプラスにはなりません。

6-6 クリッピングによる健康被害

鳥は飛ぶ生き物

インコやオウムは、基本的に空を飛ぶ力を有しています。飛ぶことが下手な鳥は本来いません。明らかに飛ぶことが下手だとしたら、そんな鳥にしてしまったのは人間です。

飛翔のコントロールをしているのは脳。飛ぶための体の制御をおぼえるヒナの時期に風切羽をクリップされた鳥は、正常な脳の学習が阻害されます。あらためて風切羽が生え揃ったときに再学習できる鳥もいますが、学習ができず、生涯、上手く飛べない鳥もいます。

飛びにくくする、あるいはまったく飛べなくするクリッピングをされたヒナ鳥は、飛ぼうとして落下したり、落ちてケガをすることがあります。それが心に恐怖を植えつけ、体には一切、問題がなくても、心理的に飛べなくなることがあります。

大型のインコやオウムの場合、飛翔時に速度が出すぎないように風切羽の一部を切るということには安全性という点で大きな意味があります。しかし、オカメインコなどの小型、中型の鳥にそうしたクリッピングは必要ありません。多くは、飼い主の都合で切られています。

日本のクリッピングのルーツのひとつに、戦後昭和の鳥ブームの際、風切羽を切ることで逃げられなくなった鳥は飼育者に懐きやすくなる、つまり、よい商品になると小鳥の販売者が考えたことがあります。それが今も続いています。

運動不足によるさまざまな病気の発症、老化の早まりなど、クリッピングには健康面や心理面で多くのデメリットがあることがわかったいまも、風切羽は切られ続けています。クリッピングの利点と問題点について、飼育者それぞれが調べ、しっかりとした知識を得て、理解を深めてくほしいと強く願っています。

6-7 爪が伸びたと感じたら

伸びたら爪切りを

　野生では、日々の暮らしの中で自然に削れるため、爪が伸びた鳥はほとんど見ません。しかし、飼育下では、どうしても爪が伸びてきます。クチバシで先端を咬んで自身で長さを調節している鳥もなかにはいますが、それはきわめて少数です。

　とまり木の太さが合っていない、肝機能低下に由来するなど、爪が伸びてくる理由はいくつかありますが、放置するとどこかに引っかかって折ってしまう危険もあるため、爪が伸びたら切る必要があります。

　大人しく切らせてくれる鳥の場合、自宅で飼い主が切ることも可能です。しかし、爪切りを見せただけで暴れるようなら、安全のため、検診で訪れる病院などで切ってもらってください。

　なお、深爪による出血の際に使える「クイックストップ」という動物用の止血剤が販売されていますので、自宅で切る場合、まさかのために常備しておくとよいでしょう。

　ただし、クイックストップが使用できるのは深爪のみ。ほかの部位には利用できません。オカメパニックによる出血などには使用しないでください。クイックストップがないときは、小麦粉などを深爪した部位に押しつけても止血の効果が得られます。

　かつての飼育書では、火のついた線香を爪の先に押しつけることも止血方法のひとつとして紹介されていましたが、あまり有効な方法ではないことから、現在は推奨されていません。

爪用粉末止血剤
（クイックストップ）

6-8

絶対に外には逃がさない！

逃がすことは死と同義

毎日、たくさんの鳥が飼育先から逃げ出しています。その中には多くのオカメインコがふくまれます。

閉め忘れていた窓から飛んで行った。家族がうっかり開けた窓や玄関から飛び去った。日本の各地から、そんな声が無数に聞こえてきます。

いつも肩から動かないので、そのまま玄関を開けても大丈夫だろうと思った、ベランダに出ても大丈夫だろうと思った、などの都合のよい思い込みも、多くの逃亡事故を引き起こしています。

逃げたオカメインコを待っているのは、死。その大半が死亡します。防ぐためには、「逃がすことは殺すことにほかならない」という飼い主の強い自覚が必要です。

オカメインコはたしかにおっとりした鳥です。ですが、些細なことでパニックになる鳥でもあります。パニック＝恐慌状態にあるとき、人も鳥も自分の行動がコントロールできていません。正常な判断もできていません。「とにかくこの場から逃げ出す」ことしか頭にない鳥には、逃げたらどうなるかなど、予想すらできません。

油断はしない！

オカメインコを逃がす最大の要因は飼い主の「油断」です。次に、家族に対し、鳥が出ているときは窓や玄関を開けてはいけないなど、必要

オカメインコには、野の生活などイメージできません。その鳥生の最後まで幸福でいてもらうためにも、絶対に逃がしたりしないでください。

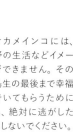

最低限の情報、知識の伝達が十分に行われていないことがあげられます。

よく聞かれる「家族が逃がした」という説明は、いうなれば責任転嫁です。家族に必要十分な説明ができていなかったという点において、責任はやはり飼い主にあります。

外に逃げたオカメインコには生活能力がありません。外で暮らした経験のない鳥にとって、そこはある意味、地獄です。

セキセイインコなどでは、心細くなり、保護してくれそうなだれかにすがりついて救われたケースも多々ありますが、臆病で慎重なオカメインコには、見知らぬ人間を頼りにするという思考をもたない鳥もいます。結果、とても運のよい鳥だけが保護されます。多くはカラスやネコに襲われたり、体力が尽きて亡くなります。だれかに保護されて生き続ける鳥は、けっして多い数ではありません。

ですので、けっして油断をしないでください。必要なことはしっかり家族にも教え込んで、外に逃がさない万全の策を取ってから放鳥してください。

ただ、どんなに警戒しても不慮の事故は起こり得ます。飼い主のまわりで不幸があったり、さまざまな状況で精神的に追い詰められ、いつもどおりの注意力が保てないこともあるでしょう。自分は絶対に逃がしたりしないという確信をもっている方もいますが、世の中に「絶対」はありません。

思い込み、油断がオカメインコを逃がし、不幸な状態にしています。

6-9 ほかの動物と同居するリスク

リスクは常にあります

オカメインコとイヌ、ネコがいっしょに飼育されているケースもあります。暮らす部屋が完全に分けられている家がある一方、オカメインコと同じく空間にイヌやネコがいる家庭もあります。

オカメインコが先住者で、あとから仔イヌまたは仔ネコが迎えられ、「家族」として暮らし始めた場合、鳥であっても捕食の対象にはならず、仲よくなる事例も確かにあります。

それでも、鳥が襲われるような事故がこれまで一度も起こらなかったとしても、将来も絶対に起こらないという保証はありません。

99パーセント起こらないとしても、イヌまたはネコの体調の悪さや精神状態の悪さ、重なる偶然が、残り1パーセントを招く可能性はゼロではないと考えてください。それは、イヌやネコだけでなく、フクロウ類などの猛禽との同居においてもいえます。

文鳥などとちがい、イヌやネコなどにケンカを売るオカメインコはあまりいませんが、それでもゼロではありません。そうした行動にも危険が潜みます。なんらかの行為が相手の本能や怒りの琴線に触れるなど、予想外の「地雷」を踏んで、爪や牙が襲うかもしれません。

ずっといっしょに暮らしてきた「家族」だから仲よくできる、というのは飼い主の希望です。現在はそれができていたとしても、継続する

飼い主が安全を確信していたとても、絶対はないと思ってください。

保証はありません。

インターネットなどを見て、イヌやネコとインコやオウムが同居する生活にあこがれ、実行する方もいますが、安易な選択は不幸を招きかねません。安全確保のためにも、オカメインコとイヌやネコ、猛禽は接触させないのが無難です。まさかの事態にならないためには、過剰と思える用心も必要です。

爬虫類、両生類との同居

カエルやヘビ、カメ、トカゲなど、両生類や爬虫類と鳥が同居しているケースもあります。

両生類や爬虫類の中にはサルモネラ菌など、人体に有害な細菌をもっている個体もいます。が、現在は、そうした事実を十分に承知したうえで飼育されている方がほとんどで、手洗いや消毒などがしっかり行われていることから、飼育されているカエルやカメなどから人間にサルモネラ菌などの細菌が移って食中毒を起こした例はほぼなく、オカメインコなどの鳥が感染した例も報告されていません。感染する事故の多くは、捕獲した、または触れた野生個体が原因となっています。

これまで感染事故はあまり起こりませんでしたが、カメの背中にオカメインコが乗っている写真や映像などを見て、そういう暮らしにあこがれて新たに飼い始める方もいます。

危険は常にあるため、両生類や爬虫類とともに飼育する場合は、人畜共通感染症についての知識ももったうえで暮らしてください。また、両生類や爬虫類とオカメインコの直接的な接触は、できれば避けることを推奨します。

万が一、ということもあるため、オカメインコと両生類や爬虫類の直接的な接触は控えたほうがよいでしょう。

特に子供に対しては、両生類や爬虫類をさわったあとの手洗い、消毒を徹底させてください。捕まえてきた野生のカエルやカメを飼うことは、できれば止めるのが無難です。

6-10

急に気が荒くなるのはなんのサイン？

不調時には行動が変化

体や心に異常や違和感があるとき、人間も動物も、いつもとちがう様子を見せます。元気がなくなる、瞳に力がなくなる、言葉や鳴き声が減る、声に力が感じられない、妙に怒りっぽいなど、思い当たることもあるはずです。

オカメインコの行動にも、体調や心理の状態、特に不調が反映されます。注意深い人間に対して、鳥は不調を隠せません。日々のふれあいの中で通常の状態が把握できていたなら、些細な変化から、わずかな異常も見つけられるはずです。

鳥を健康に過ごさせるためには、些細な異常を見つけられる目をもつことが大切です。日ごろの鳥との遊びやふれあいは、鳥と人、それぞれの楽しみであるだけでなく、その鳥の「ふつうの状態」を知っておくための重要な時間と思ってください。

気が荒くなる理由

食べない、体に力が入らない、ぐったりしているといった、はっきりとした不調とは異なるタイプの不調もあります。たとえば急に怒りっぽくなった、イライラしているように見える、攻撃的になった、などです。

人間の場合、こうした行動には、感じる体の違和感や精神的な不安定さが背景にあることも多く、女性の場合、ＰＭＳ（月経前症候群）などが原因であることもあります。

オカメインコも体のどこかに痛みがあるなどして思うように動けないときや、喉や内臓系のトラブルで食べたいのに食べられないときなど、体が弱る前のタイミングで、苛立って人やほかの鳥に当たることがあります。

ほかにも、集中的な換羽がきたときなどに、気が短くなる様子を見ることがあります。

発情中のイライラ、抱卵中の警戒

発情中や抱卵中は、本能から、オスもメスも近寄ってきた鳥や近づいた手を、本鳥の意思とは関係なく攻撃してしまうことがあります。

特に、強く発情したオスは、ナワバリと決めたエリアに近づいた相手を執拗に攻撃し、血が出るほど咬むことがあります。

それも本来のその鳥の意思ではなく、本能に支配された結果です。その場から移動しただけで憑き物が落ちたように大人しくなり、なでてと頭を下げてきた場合、発情が原因と考えてください。なお、こうした発情時の行動は異常ではありません。

発情した際、ナワバリと決めた場所を守るため、人がかわった（鳥がかわった）ように狂暴化するオカメもいます。突然咬みつくなどして飼い主を驚かせることもありますが、こうした行為も異常ではありません。発情が過ぎ去るのを待つのみです。

些細な変化に気づいてください

毎日、手の上に乗せ、遊び、なでていると、いつもとわずかにちがう様子に気づくことがあります。いつもよりあくびが多い、足が熱い、目力が弱い、咳をした、いつもの遊びに興味を示さないなど、鳥ごとにさまざまな状態があります。

上手く説明できないが、どこかおかしい。なにかがおかしい。体重を量ると、やはりいつもよりも減っている――。などがあったときは、違和感を感じた自身の直感を信じて病院で診てもらうことも選択肢です。

ずっと接している相手を見て感じた違和感には、おそらくなにかがあります。特に、急に気が荒くなった場合は、必ず背景になんらかの不調が隠れています。そうしたことに気づいて早めの対応を自身に課すことが、鳥の健康を守ります。

体の問題だけでなく、目に見えない心理的なストレスもまた、さまざまな不調を引き起こします。ですので、家で暮らすオカメインコの心にも常に注意を向け続けてください。

6-11

心と体は密接に関係

心を知ることも必要

心の不調は体の不調を招き、体の不調は心の不調を呼びます。

人間ではよく知られたことですが、オカメインコにも近いことが起こります。そうした事実がわかっていなかった昭和から平成には、鳥の心理面に踏み込んだ記述のある飼育書は、ほとんど存在しませんでした。

しかし近年、動物の心を理解しつつ暮らすということにおいて、大きな変化が起こっています。

動物の心に関心をもつ研究者も増え、畜産動物も、家庭で暮らす伴侶動物や同様の鳥も、アニマルウェルフェア（動物福祉）を意識した暮らしをさせようという流れが定着しつつあります。

アニマルウェルフェアが目指すのは、それぞれの動物に、もともともっている行動要求に沿う暮らしをさせ、心身ともに苦痛やストレスを感じることなく生涯を過ごさせること。

飼い鳥に対してもそうした意識が強まり、鳥を専門とする獣医師の中にも、心と体の相互作用を考慮したうえでの指導や、心理をふまえた治療を行う人が増えてきています。

オカメインコも生き物ですから、長い鳥生のあいだにはさまざまな不調や病気にも見舞われます。純粋な体の不具合だけでなく、心の不調が体に影響した結果、病気のかたちで体に不具合が出ることもあります。

本書ではここまで、オカメインコの体や行動を中心に解説してきましたが、オカメインコの心の有り様もあわせて深く知ることで、彼らとの暮らしは、さらによりよいものとなっていきます。そのため本書では、9章にて彼らの心理についての解説を行いました。

オカメインコとの暮らしにおいては、その心を知り、心理にもとづくそれぞれの行動を理解することも、とても大切になってきます。

6-12 不調時は、まず保温

まず保温を

オカメインコも不調に陥ることがあります。軽いものから重篤なものまで、不調にも段階がありますが、いずれの場合も「まず温める」ことが基本となります。

なんとなく食欲が落ちた、なんとなく不機嫌などの軽い不調では、鳥の周囲を室温よりもわずかに高い温度にしただけで状態が改善されることがあります。ただし、体調がもとに戻っても、なにかおかしな点はないか、最低、数日間は観察を続けてください。背景になにか大きな問題が存在するケースもあるからです。

観察して、もしもなにか問題を見つけた場合は、獣医師と相談し、必要な対応を取ってください。

病気による重篤な不調の場合も、やはり温めることが基本です。温めることで体温を維持し、体力の消耗を防ぐことができます。病院の予約が取れたら、しっかり保温をしつつ、診てくれる病院に向かってください。

なお、冬はもちろん、夏場の移動時も冷房の強い電車等に乗るケースが想定されるため、使い捨てのカイロはふだんから多めに買って備蓄しておくといいでしょう。

負の循環を切るための保温

不調に陥った鳥は、多くの場合、寒さを感じると同時に食欲を落とします。逆に、食べられなくなったり、食欲が落ちたことで不調になることもあります。

食べられない期間が長引くと、「体力が落ち」、「栄養吸収が減ったことで『血糖値』が下がります」、すると、さらに「寒い」と感じるようになります。感じた寒さは胃腸の機能を悪化させ、ますます食欲を落とすことになります。

つまり、寒いこと、寒いと感じていることで、不調を強める「負の循

環」、マイナスの連鎖が起きて、回復が遠のいていきます。
温めることは、その「連鎖」を断ち切ることを意味します。
不調のときはまず温める！　鳥の医療が進む以前から、それは鳥を飼う際の常識でした。

急いで温める場合

ひどい不調の場合は、プラケースなどに移し、鳥が寒いと感じない十分な温度で温めます。

ほどよい大きさで、ケージに比べて密閉度が高く、寒風が吹き込むこともないプラケースは、保温に適した環境を病鳥に提供します。

保温時、めざす温度の設定は30度ですが、それでもまだふくらんでいる場合は、32～33度に設定してください。「鳥が寒いと感じなくなった温度」が、今のその鳥の最適温度です。

逆に、はぁはぁと暑そうに息をする様子が見えたときは、そうならない温度まで設定を下げてください。

温度の維持にあたっては温度計の存在が重要になってきますが、ケージやプラケースに引っかけられる小型のものや貼りつけられるものなど、数種類用意しておくと安心です。

ヒーター類はサーモスタットにつないで指定の温度にしてください。

サーモスタットがない場合は、飼い主がこまめに温度を確認しながら、必要な保温を続けてください。

なお、上にケージやプラケースを置くことのできる大きなサイズの丈夫な平板のペットヒーターをもっていると、緊急保温の際に役立ちます。ヒナの挿し餌のときは体を冷やさず食事を与えることができて重宝しますが、おなじヒーターが大人になっても病気の際に役立ちます。

フラットなペットヒーターの多くはリバーシブルで、45度／35度、38度／33度など、表裏で温度の設定が変えられるようになっています。ほかに、表面の設定温度が細かく変えられる薄いシートタイプのものも発売されています。

たとえば、表面が33度設定のフラットなヒーターの上にプラケースを起き、その上からバスタオルのようなものをカバー的にかけると、中にヒーターを入れることなく、鳥のいる環境を31～32度に固定することができます（下図参照）。

三方向から温める方法

人間の足もとで使うことを想定した三方向から温めるタイプの暖房器具を使う保温方法もあります（下図参照）。

空間がまんべんなく温まる利点がありますが、温度の低い部屋では十分な暖房効果が得られないこともあります。

少しの不調の場合

少し体調を崩しただけで緊急性が高くないと判断できる場合、暮らしているケージ内にヒーターを入れて温めます。基本的な設定は、冬場など、気温が下がってきたときとおなじです。中にヒヨコ電球が入ったタイプのペットヒーター（20～100W）を取りつけるのが一般的です。

セキセイインコなども暮らせる比較的小さなタイプのケージを使っている場合、20Wのものでも室温＋2度ほどの温度に設定ができます。

465タイプなど、オカメインコの体に合わせた大きめのケージを使っている場合、20Wでは十分な暖房効果が得られないため、40Wまたは60Wをつけてください。ただし、全

三方向から温めるタイプの保温具を使うと、鳥のいる空間を全体的に温めることができます。

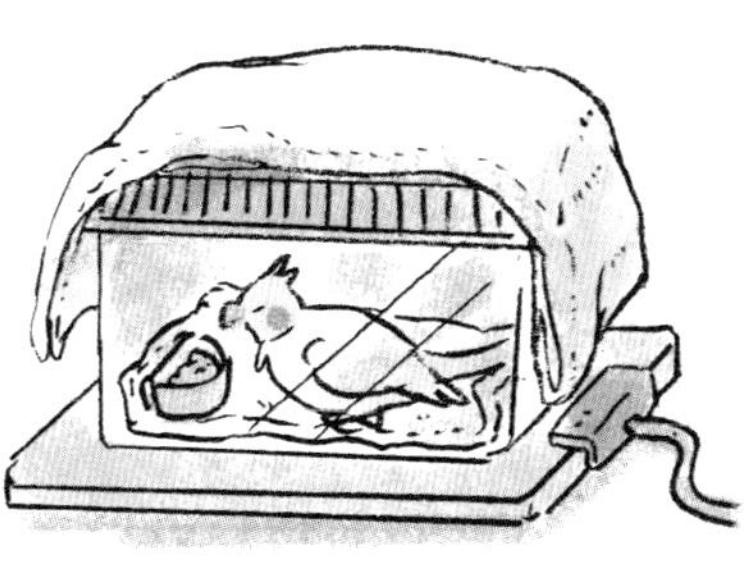

このようにヒーターで下から温めることで、病鳥をしっかり温めることができます。

薄いシートタイプのペットヒーター

安全性の高いヒーターですが、真際まで行かないと温かさを感じられないという面もあります。

（写真提供：株式会社三晃商会）

外付け式パネルヒーター

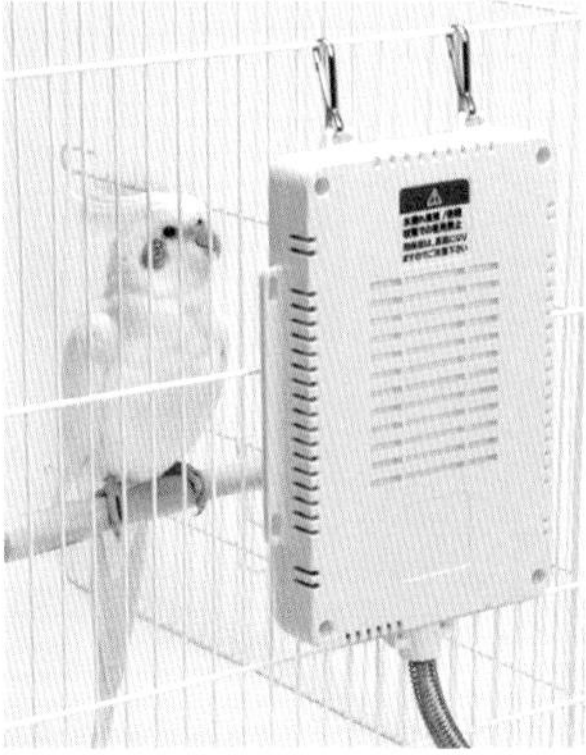

体にカバーをかけてしまうと就寝時に鳥がいる部分の温度が上がりすぎてしまうこともあるため、サーモスタットなどを上手く使って温度管理をする必要があります。

追加で、ふだんオカメインコがいるとまり木の横などに「外付け式パネルヒーター」を設置するのも効果があります。パネルヒーターは体の広い面積を温められる利点がありますが、少し離れるとほとんど保温効果がなくなるため、鳥の滞在時間が長い場所に取りつけてください。

なお、冬場に鳥が不調になった際は、部屋自体もエアコンやオイルヒーターなどで温めると、より効果的です。また、不調時には、乾燥した空気も呼吸器などに悪い影響を与えることがあるため、加湿もセットで行いましょう。

ヒーター類の使い始めの注意

安全性が保証されているヒヨコ電球タイプのヒーターも、使い始めの際に電球の表面などからガスがでます。鳥に対する有害成分が含まれていることもあるため、ケージ外でしばらく点灯し、匂いなどが感じられなくなってから使ってください。

フラットなペットヒーターでは、使い始めのときに表面からビニール臭がすることがあります。ほかの暖房器具も使い始めに匂いが感じられることがあります。いずれも匂いが出なくなるまで別の部屋などに置いて、安全に使えるようになってから鳥の保温に使用してください。

オカメインコの食生活

Chapter 7

7-1 オカメインコの代謝と体重

食べることで命をつなぐ

ふつうの暮らしの中で消費されるエネルギー、「基礎代謝」に見合った量を毎日しっかり食べないと痩せてきます。使える体内のエネルギーが枯渇すると、生物はタンパク質でできている自身の筋肉をエネルギーに変えて生命を維持します。それが、「鳥が痩せる」ことの意味です。

今の体重と適正体重、1日に必要な食事量を知ることが、鳥が健康に暮らすためにはとても重要です。毎日体重を測定し、記録しておきましょう。太っている、痩せているの判断は胸筋で見ます（左図参照）。適正体重は獣医師の判断となります。

オカメインコの適正体重は80～110グラムと解説しましたが、実際にはもう少し幅があります。全身の骨格や胸骨の肉づきなどを合わせた総合的な判断で、75グラム前後でも適正とされることがあります。

加えて、体重を維持していける食事量も大きくちがっています。わずか4グラムほどで足りてしまう鳥もいれば、10グラム食べてやっと体重が維持できる鳥もいます。基礎代謝の点でも個体差がかなりあります。

胸骨と筋肉の関係

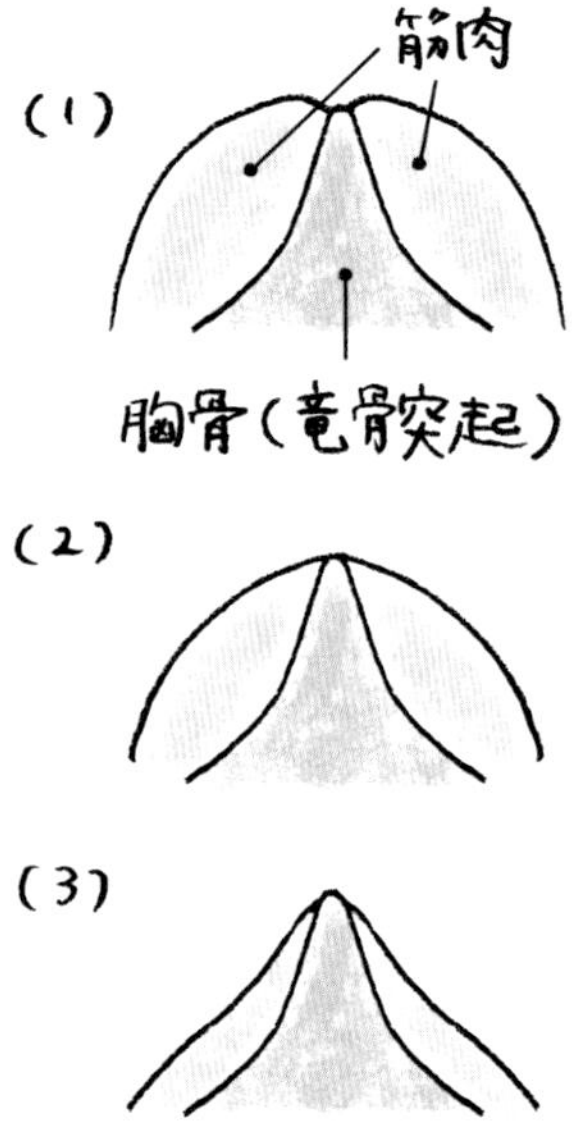

(1) 筋肉量が多め。十分な食事を取っている鳥です。ただし、食事が過剰になると、胸骨の上端と下端（首側と腹側）に脂肪がつくこともあります。
(2) 筋肉量は適正。多くもなく、少なくもなく、適切な量の筋肉がついています。
(3) 筋肉量が不足。痩せています。さらに痩せて竜骨突起の感触が鋭角になると危険な状態です。

7-2 鳥に必要な栄養素

生きていくために必要なもの

生物が生きていくためにはエネルギーが必要です。同時に、体をつくる素材も必要です。それが、生き物が「食べる」理由です。

骨が主にカルシウムからできていて、血中の赤血球には鉄が不可欠なように、体にはさまざまな物質、元素が必要です。

ただ食べるのではなく、体に必要な栄養素を含む食品を選んで食べることで、鳥も人間も生きています。

栄養素の基本が、炭水化物（糖質）、脂肪（脂質）、タンパク質、ビタミン、ミネラルであることも共通します。ただし、鳥と人とでは、体に必須なアミノ酸が一部、異なるなど、細かな差異も存在します。体が必要とする栄養素の量も、種ごとにちがっています。

必要な栄養素を含む食材を選び、バランスを取りながら必要な量を摂取することが大切です。が、必要な栄養素を含む食品は数多あります。

鳥に与える食品は、たったひとつに絞られるわけではありません。飼い主には、飼育する鳥になにをどう

与えるか、「選択」が迫られます。
命を預かる決断ですから、しっかり情報を集め、なにが正解か自身に問いかけて結論を出してください。

シードかペレットか

鳥と暮らし始めた人間はほどなく、最初にして最大の選択を求められます。それは、愛鳥の主食を種子類（シード）にするか、ペレットにするか、という選択です。

シードには、「野生時代からずっと食べてきたためなじみやすい」というメリットがある一方、「シードだけでは不足する栄養素がある」というデメリットも存在します。

ペレットは完全栄養食で、ペレットだけで鳥が必要とするすべての栄

養素が十分にとれます。ただし、食事が単調になるのも事実で、成鳥になってからでは切り替えが難しいという面もあります。

羽毛や筋肉などの体も、脳や体を動かすためのエネルギーも、食べ物から得ています。健康で長生きさせるために、食べ物の内容とその与え方はとても重要です。

栄養分の詳細

まずは体に必要な、炭水化物、脂肪、タンパク質、ビタミン、ミネラルの働きを簡単に解説しましょう。

【炭水化物（糖質）】

体や脳を動かすエネルギー源です。ヒエやアワ、キビなどのシード類の主成分で、ヒエの約73パーセント、アワの約70パーセント、キビの約71パーセントが炭水化物。その大部分が、多糖類*の「デンプン」のかたちで存在します。デンプンは最終的に、消化管の中でブドウ糖（グルコース）に分解されます。

体のエネルギー源として実際に使われているのがブドウ糖です。

小腸から吸収されたブドウ糖はグリコーゲンのかたちで肝臓に貯えられ、必要に応じて放出されます。血中濃度をモニターしながら一定量を放出し、血糖値を正常に維持するのも肝臓の役目です。

摂取されすぎた炭水化物は脂肪に変換され、体内に貯められますが、肝臓や胸骨の周囲に脂肪が見られるようになると「脂肪肝」、「肥満」と診断されます。

【脂肪（脂質）】

脂肪も体を動かすエネルギー源になります。食料からの摂取のほか、過剰に食された炭水化物も脂肪に変換され、非常用のエネルギーにまわされます。

鳥の飼育者の中には、「脂肪＝肥満＝悪」という認識をもつ人もいま

＊多糖類は、ブドウ糖など、比較的分子の小さい糖類（単糖類）が10個以上連なった高分子の糖の総称。分解されにくく、一般にはエネルギー源として使われない食物繊維のほとんども、分類上は多糖類です。

すが、脂肪の中には体内で合成できないものもあり、合成できない脂肪は食べ物から摂取するしかありません。たとえばリノール酸がそうで、「必須脂肪酸」と呼ばれます。

鳥の体に必須なビタミンも複数ありますが、その中の脂溶性ビタミン（ビタミンA、D_3、E、K）を摂取する際にも脂肪が必要です。

100gあたりのシード（皮つき）に含まれる栄養素

	炭水化物	脂肪	蛋白質
アワ	63.5g	3.7g	9.9g
ヒエ	61.3g	4.8g	9.3g
キビ	57.1g	3.8g	12.7g
カナリーシード	65.6g	5.6g	11.5g
麻の実	9.2g	27.9g	29.5g

著者調べ。産地および実りの状況によって数値は多少、変化します。

【タンパク質】

タンパク質（蛋白質）は、筋肉、血液、皮膚など、体の組織の材料になります。鳥の爪やクチバシも、ケラチンというタンパク質でできています。皮膚から生み出される羽毛も、もちろんタンパク質です。

タンパク質は約20種のアミノ酸で構成され、その中の体に不可欠なアミノ酸を「必須アミノ酸」と呼びます。

ロイシン、イソロイシン、アルギニン、バリン、リジン、トリプトファン、メチオニン、フェニルアラニン、スレオニン（トレオニン）が、鳥の体に必須な9種のアミノ酸です。

上段左の表を見てもわかるように、シード類には約1割、タンパク質が含まれていることから、通常の時期は極端にタンパク質が不足することはありません。しかし、換羽の時期や成長期は通常の約2倍のタンパク質が必要になるため、不足分をなんらかの手段で補う必要があります。

食品から得にくいアミノ酸も多いことから、シード類を中心に食事を与えている場合、必須アミノ酸を含む補助食品を日常的にエサに添加しておく必要があります。なお、シードに添加するアミノ酸の補助サプリは、鳥の専門病院などでも購入することが可能です。

【ビタミンとミネラル】

体の機能の維持には、ビタミンやミネラルも不可欠です。ビタミンには水溶性と脂溶性のものがあります。ビタミンB群やビタミンCが水溶性、羽毛の上でつくられるビタミンD_3などが脂溶性です。

鳥の体に必須のビタミンとミネラルの働きと、不足時の問題点の詳細を172～173ページに一覧でまとめましたので、こちらも確認ください。

シードの、アワ、ヒエ、キビには、ビタミンB群やビタミンEといったビタミン類が含まれています。同時に、ナトリウム、カリウム、カルシウム、マグネシウム、リン、鉄、亜鉛、銅、セレンなども含みます。しかし、ヨウ素は含まれていません。

含有されているビタミンやミネラルにも、鳥の必要量を満たしていないものがあるため、シード食の場合、青菜やサプリメントで不足分を補う必要があります。

ビタミン剤としては、毎日のビタミン、ミネラル補給用の「ネクトンS」、換羽期に使いたい「ネクトンBIO」などが販売されています。

ネクトンBIO

ネクトンS

カルシウム源のこと

カルシウムは骨格形成上きわめて重要なミネラルです。カルシウムが不足したメスでは、正常な卵殻をつくることもできなくなります。

鳥に与えるカルシウム源としては、カットルボーンと牡蠣の貝殻を砕いたボレー粉があげられます。どちらも古くから使われてきました。

ボレー粉はカルシウムを取ることに加え、小石がわりに飲み込んで、筋胃での食料の擦り潰しに補助材として使われることもあります。しかし、飲み込みすぎて消化物の流れが悪くなる「グリッド・インパクション」を起こす例も少なからずあることから、近年、獣医師はあまり奨めていません。

それでも、そうしたリスクも承知のうえで使いたいと考える飼育者もいます。その場合は、すり鉢などで細かく擦り潰したボレー粉を与えることも可能です。ヒナに対して古くから行われてきた方法です。

なお、市販のボレー粉の多くはカビなどで汚れているため、買ってきたら必ず、水に濁りがなくなるまで流水で洗い、その後煮沸消毒をしたのち、広げて乾かし、天日で消毒するなどしてから与えてください。

カルシウムに加えてビタミンD_3も含むビタミン剤「ネクトンＭＳＡ」を使うという選択肢もあります。

青菜類

シード食の場合、青菜を中心とした緑黄色野菜も不可欠です。

小松菜、チンゲン菜、豆苗、水菜、キャベツ、レタス、パセリ、ニンジン、キュウリ、ピーマン、パプリカなどを与えることができます。かつてはシュウ酸が多いからダメといわれたホウレンソウも、大量に与えなければ問題は少ないと考える獣医師が増えています。

カットルボーン

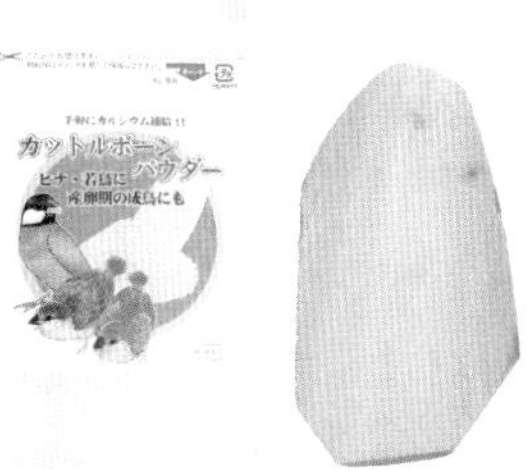

胃に優しいカルシウム源として、固形、あるいは粉末のカットルボーンを与えることが推奨されています。

野菜

豆苗

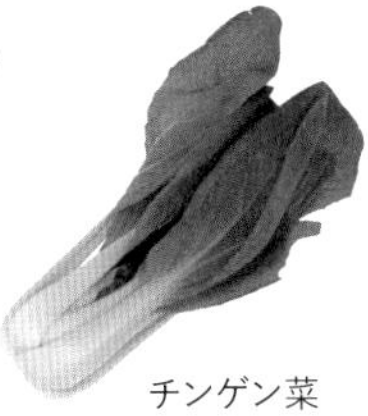
チンゲン菜

小松菜

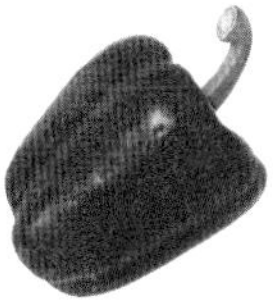
パプリカ

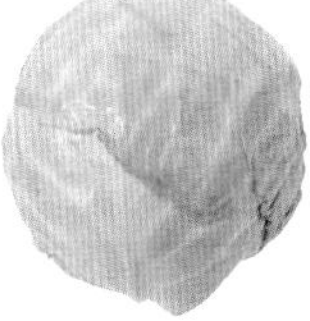
キャベツ

ニンジン

ペレットが主食の鳥には必ずしも必要ではありませんが、青菜をかじることで生活に潤いを感じる鳥もいます。

鳥の体に必要なビタミン、ミネラルの働きと、不足時に起こる症状

	名　称	おもな働き	不足時に起こる症状
脂溶性ビタミン	ビタミンA	発育、視覚の維持、上皮組織の維持、骨形成、免疫機能などに関与しています。緑黄色野菜に豊富に含まれるβ−カロテン（ビタミンAの前駆体）が鳥の体内でビタミンAに変わります。	夜間視力の低下。皮膚の表面や消化管表面の粘膜などの上皮組織の異常。骨代謝の異常。口腔粘膜の異常。免疫力の低下。感染症への耐久力の低下。繁殖率の低下など。
	ビタミンD_3	カルシウム代謝に重要なビタミン。前駆体は鳥の尾脂腺でつくられ、紫外線が当たることでビタミンD_3に変化します。食品から摂取できないビタミンです。	正常な骨格形成ができず、骨軟化症。ヒナではクル病を発症し、脚の湾曲や歩行困難の要因に。クチバシの軟化も。
	ビタミンE	体内で抗酸化物質として働き、老化を遅らせます。	シードにも豊富に含まれているため、不足や欠乏はほぼ見られません。
	ビタミンK	血液凝固因子の生成に関与し、血液を正常に凝固させる働きをもちます。	いつまでも出血が止まらない血液凝固障害。
水溶性ビタミン	チアミン（ビタミンB_1）	ブドウ糖のほか、アミノ酸、脂肪の代謝にも関与しています。	首や脚の筋力低下、多発性神経炎の発症。
	リボフラビン（ビタミンB_2）	脂質や糖質、タンパク質など多くの栄養素の代謝に関与しています。	口内炎。口角炎。皮膚の炎症など。ヒナの場合、発育不全や趾曲がりも。
	パントテン酸（ビタミンB_5）	炭水化物の代謝、アミノ酸の分解や脂肪酸の合成や分解に関与しています。	羽毛形成不全。発育不全。代謝障害。皮膚炎なども。
	ピリドキシン（ビタミンB_6）	アミノ酸利用や脂質の代謝に関与しています。	食欲の減退。痙攣発作。ヒスタミンやセロトニンなどのホルモンの生成不全。ヒナでは発育不全や遅延。
	コバラミン（ビタミンB_{12}）	炭水化物、脂質、タンパク質など代謝に関与しています。細胞内の核酸の合成にも関与しています。	神経伝達の障害。タンパク質合成障害。細胞分裂の障害。貧血。心臓や肝臓などへの脂肪蓄積など。
	ナイアシン	糖質、脂質、タンパク質などの代謝に関与しています。	脚の湾曲。舌や口腔の炎症。皮膚の炎症など。
	葉酸	アミノ酸の代謝に不可欠です。細胞内の核酸の合成にも関与しています。	タンパク質の合成障害による発育不全。羽毛の発育障害。貧血。免疫機能低下など。
	ビオチン	アミノ酸のヒスチジンとロイシンの代謝と脂肪酸の合成に関与しています。必要量の大部分は腸内細菌が合成。	代謝障害。羽毛形成不全。皮膚炎。ヒナでは発育不全。

	名　称	おもな働き	不足時に起こる症状
水溶性ビタミン	コリン	細胞の形成および維持、脂質の代謝に関与しています。	成長の遅れ。脂肪肝の助長。
	ビタミンC（アスコルビン酸）	コラーゲン、ヒスタミン、ステロイド、脂肪酸および、脂肪の代謝に欠かせないカルニチンなどの合成に関与します。薬物代謝にも関与し、抗酸化作用があります。	鳥は体内で合成できるため、不足や欠乏はほぼ見られません。ただし、成長期や繁殖時はサプリ的に加えることを推奨。

	名　称	おもな働き	不足時に起こる症状
ミネラル	カルシウム（Ca）	骨格の主要成分。メスでは卵殻の主要成分にもなります。神経伝達や血液凝固、筋肉の収縮においても重要な役割を担います。多くのタンパク質と酵素を安定化させる機能ももちます。	過産卵のメスに骨軟化症、卵殻形成異常、卵詰まりも。ヒナでは、成長の遅れやクル病。
	カリウム（K）	ナトリウムとともに細胞内の浸透圧の維持に関与するほか、心臓機能の調節にも関与します。	不足することはほぼありません。
	塩素（Cl）	体内で浸透圧と水バランスを調整します。胃液（塩酸）の主成分にも。	不足することはほぼありません。
	ナトリウム（Na）	カリウムとともに細胞内の浸透圧の維持に関与するほか、心臓機能の調節にも関与します。	食料で不足しても体内で調整されるためあまり問題はありません。逆に過剰摂取が問題視されます。大量摂取の場合、死も。
	リン（P）	炭水化物と脂肪を代謝してエネルギーをつくりだすときに不可欠です。	不足することはほぼありません。
	マグネシウム（Mg）	カルシウムとともにリン酸マグネシウムとして骨を形成。	過産卵のメスに骨軟化症、卵殻形成異常。動脈硬化。高血圧。ヒナの成長遅延。
	マンガン（Mn）	骨の形成および関節部の機能維持に不可欠です。	薄殻卵や無殻卵の増加。
	ヨウ素（I）	甲状腺ホルモンの合成に必須な微量元素です。シード食の鳥には不足します。	甲状腺腫瘍。甲状腺機能低下など。
	亜鉛（Zn）	細胞組織の修復などに関与します。生物の成長と深く関わるミネラルです。	成長遅延。足の皮膚炎。羽毛が痛みやすくなるなど。
	鉄（Fe）	赤血球がもつヘモグロビンの中核になります。	不足すると貧血などになりますが、シード食でも欠乏しません。
	銅（Cu）	ヘモグロビンの合成や骨のコラーゲン、エラスチン、ケラチンの形成などに関与しています。	不足することはほぼありません。
	セレン（Se）	体を老化させる「過酸化脂質」を分解する抗酸化酵素に不可欠なミネラル。老化予防、ガン予防にも関与します。	老化の促進など。

7-3

種子の種類と与えてもよい果実

食べられる種子

シード食の場合、ヒエ、キビ、アワ、カナリーシードなどが入った混合エサを選択します。その際は、必ず皮つきを選びましょう。

　こうした基本の種子のほか、エンバク、エゴマ、キヌア、フォニオパディ、オーチャードグラス、麻の実などをおやつ的に少量、与えることもできます。これらはペレット食の鳥にも与えてかまいません。ただし、与える際にはオーバーカロリーにならないように注意してください。なお、高脂肪のヒマワリの種は与えないでください。

果物類も食生活を豊かに

　果物類を与えることもできます。与えてもよい果物は、リンゴ、オレンジ、ミカン、ナシ、プラム、カキ、モモ、キウイ、マンゴー、スイカ、メロン、イチゴ、ブルーベリーなどです。ただし、果物は糖分が多いため、あげすぎは厳禁。多くても週に一度くらいがよいとされます。

　また、リンゴやナシ、プラムなどはタネの部分に毒がありますので、与えないようにしてください。

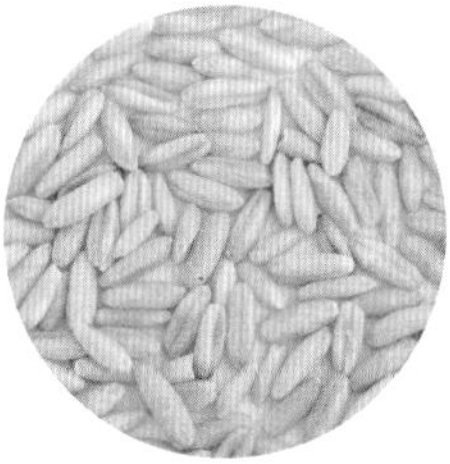

エンバク

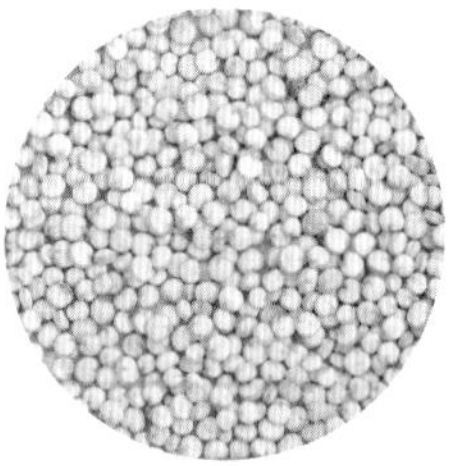

キヌア

フォニオパディ

7-4 ペレットかシードか、選ぶのは飼い主

ペレットの栄養は十分

ペレットは、必須アミノ酸や必須脂肪酸、必要なビタミンやミネラルのすべてが入った完全食。ゆえに、ペレットのみを与えていても、鳥の食生活にはまったく問題がありません。老鳥、病鳥など胃腸が弱った鳥にもやさしい主食です。

青菜がない、サプリが切れたなど、慌てる必要もありません。安全、安心なだけでなく、飼い主にとっても楽な食材といえます。ただ、「食べる楽しみ」ということを考えると、少しだけ悩ましくもあります。

オカメインコは20年を超える寿命をもち、豊かな心をもちます。そんな彼らに対して、「栄養さえ足りていれば、本当にそれでいいのか？　精神面も満たす食生活を考慮すべきでは？」といった意見があり、議論が続いています。

単調さを減らすために、カロリーが過剰にならない範囲でおやつを与えたり、青菜を与えたり、食べにくくするフォージングを通したコミュニケーションで、精神面からサポートをする飼い主も増えてきました。

海外製品が多いペレットは、さまざまな理由から急に手に入らなくなることがあります。食べてくれるペレットが1〜2種類しかない場合、困った事態にも陥ります。

そうした状況にならないように、ふだんからさまざまなペレットに慣れさせておきましょう、とペレットを推奨する本には書かれています。しかし、はっきりとした好みを示すオカメインコに対して、ときにそれはハードルの高い、難しい要求となることもあります。

シード食の場合

シードだけを与えていると、栄養に不足がでることは事実です。しかし、必要なサプリメントを添加する

ことで不足する栄養素をカバーすることも可能です。ペレットに劣るとあきらめる必要はありません。
　オカメインコの中には、さまざまなものを少しずつ食べたい鳥もいます。おなじ種子の産地がちがうものを食べて、違いを味わっているように見えることもあります。
　オカメインコと飼い主の両者が、精神面もふくめた豊かな食生活を目指したいと考えている場合、ペレットだけでなく、シードという選択肢も残しておきたいところです。

ペレットの分類

　オカメインコが食べているペレットについても、少し解説をしておきましょう。

[大きさ、目的・内容から分類するペレット]

メンテナンスタイプ

粒の大きさ
粉末・マッシュ

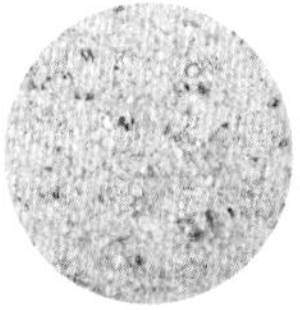

アダルトライフタイム
マッシュ（ハリソン）

メンテナンス
マイクロフォーミュラー
（シッタカス）

粒の大きさ
1〜2mm

デイリーメンテナンス
ニブルス
（ラウディブッシュ）

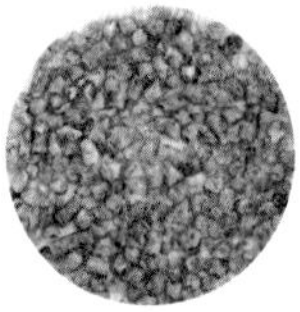

イグザクト・ナチュラル
オカメインコ
（ケイティ）

ネオフード　小粒
（黒瀬ペットフード）

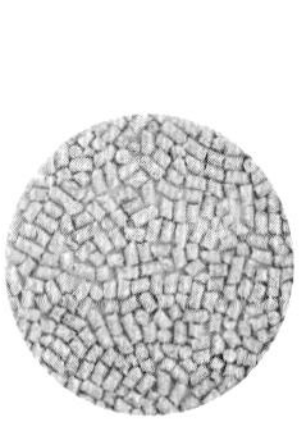

粒の大きさ
2〜4mm

アダルトライフタイム
スーパーファイン
（ハリソン）

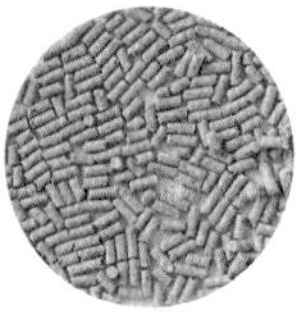

プレミアム
オカメインコ用
（ラフィーバー）

ペレットはおもに、粒の大きさと目的、色や内容物の3つの方向から分類ができます。

粒については、細かいマッシュ状のもの、粒が1〜2ミリメートルサイズのもの、3〜4ミリメートルサイズのものがあります。

また、通常の食事で与えるタイプ（メンテナンスタイプ）のほかに、換羽時やヒナの成長期などに合わせたハイカロリーなものや、ドライフルーツなどが加えられたもの、赤や緑などに着色されたものもつくられています。

こうしたペレットの中から鳥の状態や状況、好みに合ったものを見つけ、与えていくことになります。

高栄養タイプ

ハイポテンシー
マッシュ
（ハリソン）

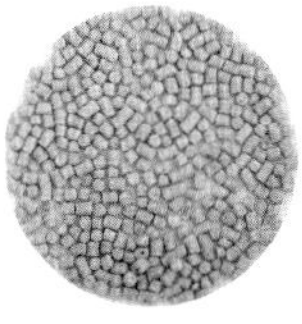
ハイポテンシー
スーパーファイン
（ハリソン）

ハイエネルギー
ブリーダー　ニブルズ
（ラウディブッシュ）

ブリーダー
ニブルズ
（ラウディブッシュ）

乾燥野菜やフルーツ、シードなどを添加

カリフォルニアブレンド
ミニ
（ラウディブッシュ）

ピュアファン
小型インコ用
（ズプリーム）

着色タイプ

フルーツブレンドM
（ズプリーム）

インチューン・ナチュラル
コニュア&オカメインコ
（ヒギンズ）

7-5 インコにも好みがあります

味がわかるのも進化

人間が思っている以上に、オカメインコは食べ物の味がわかります。

特にシード類の味のちがいを明確に理解していることが、与えた種子を食べる様子や食べる速度、拒否する様子などから見てとれます。

おなじメーカーの混合餌でも、一部の種子の産地が変更されると微妙に「食いつき」がちがってくることがあります。

主食とする食べ物に対し、味のちがいが細かくわかるということは、「味のちがいがわかるように進化してきた」と言い換えることもできます。

人間よりも数が少ないことで味覚の劣りを指摘されることもあるインコやオウムの味蕾《みらい》ですが、主食とする食材の味のちがいを知ることにおいて、数はあまり問題にならないようです。

それは、数が少ないなりに、特定のものの味がクローズアップされるように口腔内の味蕾の配置や感度を整えて、食べていいものかどうかを判断してきた結果なのかもしれません。

舌で感じた味で「まだ食べられない」とわかったり、匂いと味で「すでに発酵している」とわかるなど、人間の味覚と嗅覚が、まさにそういう進化をしてきたからです。

好きな味にこだわる

人間と同様、オカメインコも食べてきた経験が味覚を成長させ、暮らしの中で美味しいと思うものやその方向性が固まっていきます。

オカメインコの成鳥は、自身の中で「食べたい味」を決めると、あまり変えようとはしません。もともともっている頑固さが、食べ物の好みにも反映されるようです。

ふだん食べているものに近いもの

で、もっと美味しいと感じられるものがあった場合は、新たなものにシフトすることはあります。しかし、まったく異質と感じられるものにはクチバシをつけようとしません。大人になって意思も味の好みもしっかり固まったオカメインコの多くは、「食べ物に対して保守的になる」ということもできそうです。

ただ、そんなふうに味や食感に頑固にこだわる鳥がいる一方で、「とにかく食べられるものはなんでも好き」という、ハードルの低い鳥もいます。新たな味覚や食感に挑戦することに抵抗が少ない鳥も存在するという事実に、人間への近さを感じると同時に、興味深さもおぼえます。

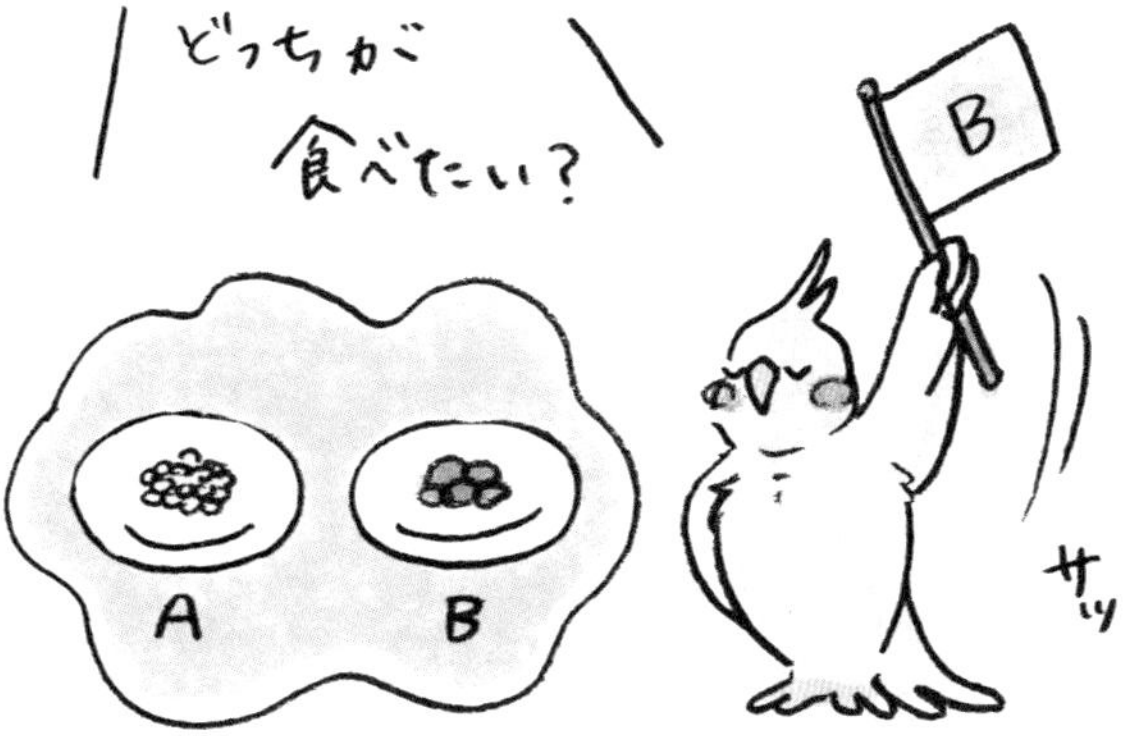

オカメインコは明確な味の好みをもちます。

ペレットにも好き嫌いが

好き嫌いは、もちろんペレットにもでます。ペレットの味、舌触り、咬みごたえ、大きさなどについて、それぞれの鳥がはっきりとした好みを示します。原料やつくり方によって、ちがってくるのでしょう。

種子とおなじサイズのペレットなら食べるものの、粉状にしたものや少し大きなサイズのものは、おなじ会社の製品でも食べないことがあります。好きなペレットが固定された鳥は、ちがう会社の製品を完全拒否することもあります。

日本で入手できるペレットの大部分は輸入品のため、製品が品薄になったり、生産国で製造が中止されると入手が困難になります。

リスク回避のためにも、製造元にこだわらず複数種のものを食べてほしいところですが、飼い主の思惑を理解してくれない頑固な鳥も多数います。

7-6 種子からペレットの切り替え

ヒナの時代が重要

オカメインコたちは、一千万年を超える期間に渡ってシード類を中心とした食生活を送ってきました。そのため、生まれて初めて見た種子も、本能的に食べ物とわかります。食べごろな時期もだいたいわかり、空腹なら食べてみようと思います。

ペレットを主食とする鳥も、問題なくシードが食べられるようになるのは、こうした背景があるためです。ペレット食の鳥をシードに切り替えることに、苦労はほとんどありません。逆に、シード食の成鳥にペレットを食べさせようとすると、かなりの確率で、きわめて困難な状況にぶつかります。

そのため、将来、ペレット食の鳥にしたいと考えるなら、心の垣根が低い、ものごころがつく前の時期にペレットのみを食べさせて、それが食べ物で、主食であることを脳に強く認識させる必要があります。

無理強いはしない

まず心に留めておきたいのが、シード食の鳥をペレットに切り替える確実な方法はない、ということ。いろいろ試してすべて失敗したとしても、自身やその鳥を責めたりしないでください。

ずっとシードだけを食べてきた、とても頑固なタイプの鳥は、なにがあろうと——目の前にあるのがペレットだけで、それを食べないと餓死する状況になっても、おそらくペレットを食べません。

ペレット食の鳥にしたいなら、ヒナの時期にしっかりペレットになじませることが鉄則です。

食べたくないと全身で拒否している鳥は、心理的に強いストレスを感じている可能性があります。手段を尽くしてもペレットを拒否し続ける場合は、食べさせることをあきらめることも大切です。

それでも、時間をかければいつか食べるようになるケースもないとはいえないため、無理強いを避けつつ、その後も思いつくことをいろいろ試し、食べてくれる日を待つのもひとつの選択となります。

ずっとシード食だった成鳥にペレットを食べてもらおうとしても、なかなか食べてくれません。苦労が続きます。

成鳥にペレットを食べさせる方法

大人の鳥にペレットを食べてもらう際は、ペレットも食べ物と認識させることが最初のステップになります。そこから、クチバシをつける機会を増やし、口にしたものの中で「今後も食べてもいいかも」と思えるものに出会う機会をつくるのが次のステップです。

放鳥中、プレーンのコーンフレークなど、鳥が食べても問題ないものとペレットをおなじ皿に乗せ、コーンフレークを食べる様子を見せることで、人間がペレットを食べているように錯覚させるのもひとつのやり方です。それも食べ物なの？ 食べてもいいの？ と思った鳥が一口かじってくれたら一歩前進です。

とにかく口にする機会を増やすには、「ケージのエサ入れの上にふりかけのようにペレットを撒いて様子を見る」、「とまり木の両横やエサ入れの横などにボレー粉入れのような小さな容器を複数セットし、中に種類のちがうペレットを入れて試食を促す」という方法もあります。

その際、色つきのものやドライフルーツなどがいっしょに固められたペレットを置いて、興味を誘うのもありです。チンゲン菜や豆苗などの野菜をサラダ的に刻み、その上にペレットをふりかけたものを小皿で出して、青菜類につられて口にするのを待つという方法もあります。

7-7 太る理由、太ってはいけない理由

なぜ太る?

人間と同様、体が必要とする以上に食べると鳥も太ります。「過食」が鳥の肥満の第一の理由です。

代謝の異常や脳の問題など、体――病気が原因の過食もありますが、多くは心の問題から過食に走ります。

鳥は自身が必要とする食事量を無意識に把握していて、脳のセーブ機能も働きます。そのため多くは、エサ入れの中にたくさんの食べ物があっても必要以上に食べたりしません。

そうしたセーブの機能が壊れたり弱まったときに、過食になると考えてください。

心に由来する過食で多いのが、「寂しさ」と「退屈」です。

遊んでもらいたいのにかまってくれない。以前はたくさん遊んでくれたのに、最近はふれあいが減った。放鳥時間が少ない。などの理由で過食に走るケースがあります。つまるところ、ストレスです。

心にできた寂しさの穴を食事で埋めようとする例では、結局、食べても食べても穴は埋まってくれないので、体重だけが増え続けることになります。

寂しくはないものの、「食べること以外に楽しみがない」という鳥もいます。

オカメインコは繊細な鳥で、他種よりも飼い主の心の支えを必要とします。肥満にも、特有の繊細さが影響しています。

そうした心の背景を理解し、接する密度を上げて寂しさや退屈を減らしていくだけでも、過食を少し減らすことができます。後述のフォージングトイやケージ内外のおもちゃ類も上手く活用して、寂しくなく、退屈しない暮らしをさせてください。

ほかに、心の問題でも病的でもなく太ってしまうことがあります。

人間にもあることですが、中年期

になると自然に代謝が下がって太りやすくなります。これは、若いころとおなじだけ食べていると太る、という「中年太り」の状態です。必要な場合は食事制限をするなどして、体重と健康を守ってください。

肥満が長期間に及ぶと、体のダメージが蓄積していきます。その結果、寿命も縮んでしまいます。気をつけましょう。

太ってはいけない理由

鳥も肥満になると、心臓や肝臓に負担がかかるようになります。血液の状態も悪化して、人間でいう「ネバネバ血液」にもなります。

結果として、高中性脂肪血症、高コレステロール血症が進行します。動脈硬化を起こすこともあります。内臓の脂肪がほとんどないはずの鳥が、脂肪肝にもなります。

鳥の肝臓は換羽にも大きく関わっています。肝機能の低下は、羽毛の異常も引き起しかねません。

もともとの血圧が人間でいうところの高血圧領域であることもあり、鳥の動脈硬化は人間の何倍も早く進行します。大動脈や脳の動脈をふくめて、急激に悪化していきます。

その行き着く先は死です。そこに至らないように、とにかく太らせないようにしてください。オカメインコにとって、太ってよいことなど、なにひとつありません。

肥満は短命のリスクにも

多くの飼い主が愛鳥の長生きを願っています。しかし、肥満はその逆の事態を引き起こします。長期間に渡って太っていると、さまざまな病気を引き起こすだけでなく、老化も早め、いっしょに暮らせる時間を確実に削っていきます。

そんな事態にならないためにも、食事を調整し、心を支えて、太らないようにしてください。

7-8 体重をコントロールする方法

鳥は運動では痩せません

体重を落とす必要がある場合、人間では運動と食事の制限が基本のセットになりますが、残念ながら鳥は運動では痩せません。

広い空間を飛び回る野生では、長距離の飛翔で大きなエネルギーを消費します。しかし、家庭においてはどんなに頑張って飛んでも、体重減少につながるだけの運動量にはなりません。そのため、飼育されている鳥の体重を減らすには、食事量を減らすこと以外、方法はありません。

ただし、食事の量は鳥の命と密接に関わっていますから、飼い主の勝手な判断による食事制限はできません。その鳥にダイエットが必要かどうかは、鳥を診る獣医師が決めます。必ずその指示に従って行ってください。安全でストレスが少ないダイエットを目指しましょう。

なお太って見えない鳥でも、血液検査の結果、中性脂肪の数値が高いなど、「隠れ肥満」を指摘されることがあります。そうした鳥も食事制限の対象になることがあります。

食事制限のやり方

まず食べている量を確認します。数日間、朝替えたときと夜寝る直前にエサ入れの重さを測ります。朝夕の差が、その日、その鳥が食べた量です。日々の変動もあるため、測定は数日行い、平均を取ります。

たとえば1日の食事量が平均8グラムだったとしたら、毎日8グラム与えると鳥の体重は維持され、7グラムなら少し体重が減るはずです。

大きく体重を減らす必要がある場合でも、いきなり食事量を半分にすると、体への負担が大きくなり、強いストレスも生みます。そのため、8→7グラム、8→6・5グラムなど、少しだけ減らし、少ない食事量に体を慣らしながら、ゆっくり体重を落としていきます。

どのくらいのペースで体重を落としていくかは獣医師の判断に従ってください。多いのは、3日で1グラムほど下げるスケジュールです。

単純計算で、2カ月で20グラム下がることになります。１００グラムが理想体重と判断された１２０グラムのオカメインコも、2カ月後にはだいたい理想値になっているはずです。

このくらいの減少ペースなら、鳥の体にあまり負担はかかりません。重ねて記しますが、ダイエットは必ず獣医師の指示に従って行ってください。ここであげた減量例も、獣医師からの指示による著者宅の鳥のダイエットが元になっています。

理想体重までできたら、その体重が維持できる食事量に戻します。

なお、一度食事制限をした鳥は、その後も長期にわたって食事量の制限を続ける必要があります。というのも、体重が理想値になったからと自由に食べさせると、あっというまに増えて、ふたたびダイエットの日々が始まることになるからです。

食事制限の際の注意

食事制限をしている鳥は、とにかくお腹をすかせています。１日の食事量のすべてを朝にまとめて与えてしまうと、一気に食べ、夜にはかなりの空腹状態になります。それは体調、メンタルの両面で好ましくありません。

食事制限中に与える食事は、１日に食べさせる量を、朝、昼、夜で3分割するなどして、少しずつ与えてください。また、空腹を少しでも紛らせるために、青菜を多めに与えるとよいでしょう。

食べるのに時間がかかるように、フォージングトイを活用しながらダイエットを進める飼い主も増えてきています。

7-9 フォージングトイを使った食事のコントロール

フォージングとは?

フォージングとは、鳥がエサを探して食べる採餌行動を意味する言葉です。

野生の鳥は日々、食べ物を探して飛び回っていますが、実をつけた植物を見つけても、中に小さな実しか入っていなかったり、食べにくい状態にあることもしばしば。

それでも必死に殻や皮を剥いて食べます。そして、その場所に食べるものがなくなると次のエサ場を求めて飛び立ちます。

家庭でいう「フォージング」は、野生の鳥が得るエサのように、そこにエサがあることを見せつつも、わざと食べにくくしたり、一気に食べられないようにして、食事に時間がかかるようにすることを指します。食べたいものを見つけたとき、それを食べるために鳥は必死に頭を使います。当然、時間もかかります。家庭内のフォージングは、食環境を少しだけ野生に近づけることで、過食・飽食から遠ざけようという考え方です。食欲を満たすと同時に、食べられた喜びや達成感も感じてもらうことがフォージングの願いです。

食べにくくする道具

フォージングを目的につくられた道具を「フォージングトイ」と呼びます。名前は、ただ食べにくくするのではなく、鳥たちが遊びながら、考えて工夫することで食べ物を得ていくことを目的とする道具としてつくられたことに由来します。

透明な球形のボールにいくつか小さな穴が空いていて、鳥が回すと少しだけエサがこぼれ出るようにしたものなど、さまざまなフォージングトイが販売されています。

そうした市販品を利用することもできますが、自作ももちろん可能です。さまざまなフォージングトイを日々、製作し、鳥に与えている飼育者もいます。
　次はどんなかたちのものをつくって食べてもらおうかなど、鳥と競いあうように楽しむことも、鳥とのあいだのよいコミュニケーションとなります。
　フォージングは太らせないための手段としてとても有効ですが、「あまりに食べにくいもの」や「食べ尽くし、中味が空になって出てこなくなったもの」に苛立ち、ストレスを溜める鳥もいますので、トイの選択や与え方は、ともに暮らす鳥の性格も加味して行ってください。
　溜めたストレスから、腹立ちまぎれにほかの鳥のケージに入り込んで暴食するようなことなどあれば、本末転倒です。

　エサ入れの中に透明なビー玉を何個か入れ、食べ物を口にする際は、それかき分けて下のシードやペレットに舌を伸ばさなくてはならないようにするというのが、家庭でできるもっとも簡単で安全な「食べにくくする方法」です。ビー玉なら取り出して簡単に洗うこともできるため、清潔を保つのが容易というメリットもあります。

さまざまなフォージングトイ

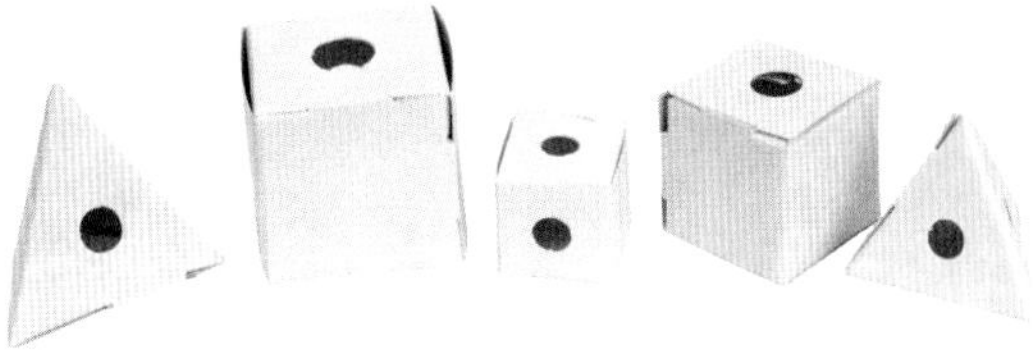

紙箱のフォージングトイ。接着剤不使用でかじっても安心。

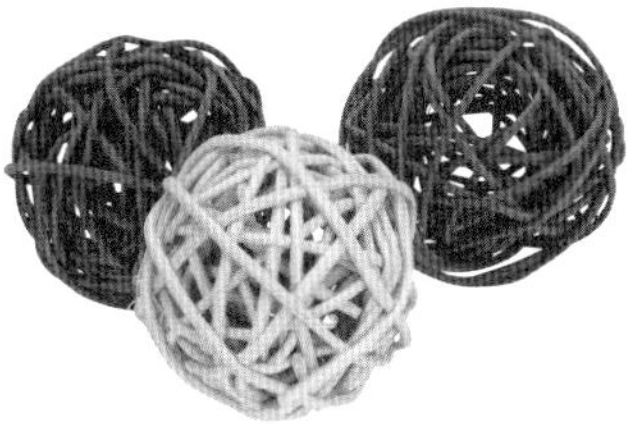

ラタン製。転がしたりかじってフォージングできる。

プラスチック製。中のご飯が見えてやる気アップ。

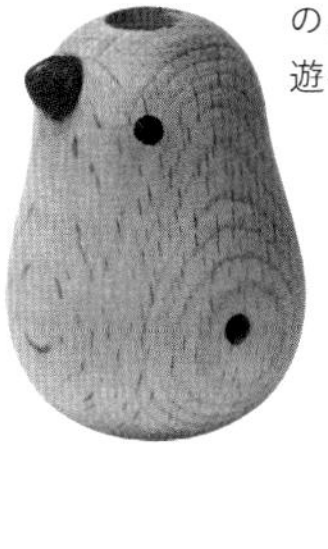

起き上がりこぼしのようにつついて遊べるタイプ。

国内海外のさまざまなメーカーがフォージングトイを開発しています。

7-10 痩せる理由

食べなくなる理由と限界体重

オカメインコが食べなくなる理由は、心に由来すること、体に由来すること、環境ストレスに由来することに大別できます。が、環境からのストレスは体と心の両方に作用して、それぞれの機能と状態に影響を与えるため、おおむね体と心の問題に絞ることができます。

健康なオカメインコの体重は80～110グラムほどです。体格にちがいがあるため一概にはいえないのですが、平均的な体格の鳥が60グラムを切るようなら危険水準。45グラムになると、生命を維持できる限界と考えてください。そんな状況になる前に、痩せる原因を突き止め、適切な治療を行わなくてはなりません。

心の問題

鳥の専門医からも、オカメインコはメンタルが弱いとよくいわれます。治療のために入院させたものの、慣れない環境と不安からまったく食事ができなくなり、痩せてしまうケースもあります。

ショップやブリーダーから引き取られたあと、見なれない環境が不安を誘い、拒食に近い状態になるオカメインコも多数います。そうしたケースでは、とにかく安心できる環境をつくり、食べだすのを待つしかありません。

大切に思っていた人間や仲間の鳥との死別は、オカメインコの心にも重大なストレスを残します。食欲を大きく落とし、免疫力を下げてしまう鳥は多数います。老鳥で最後の一羽になってしまった場合など、老化が一気に進み、あとを追うように亡くなるケースも少なくありません。

大好きな人間が結婚や進学で家を離れ、それが原因となって食欲を落とすこともオカメインコにはあります。人間が寂しさをおぼえるような

家にはほかにも仲間がいる、ということを実感させることも、食欲不振から心身が立ち直るきっかけにはなります。

状況は、オカメインコの心にも強く影響すると考えてください。

体の問題

オカメインコが食欲を落とす病気、体重を落とす病気はとてもたくさんあります。たとえば、口腔内で真菌や細菌が繁殖し口内炎を起こす、内臓のどこかに痛みがある、食べ物が消化管を通過する速度が落ちたことで食べたい気持ちが減る、腫瘍が消化管を圧迫しているなど、重篤な病気から些細なことまでさまざまな病状が食欲に影響をします。

消化管の吸収能力が落ちて、食べても栄養が摂取できなくなるケースもあります。ヒナであれば、多くは投薬で比較的容易に治すことができますが、老いて衰えた鳥では、治療自体、困難なこともあります。

環境ストレスでもある「冷え」も食欲の敵です。体が冷えただけで消化器の機能が弱まり、食欲が落ちることがあるからです。そうした状況で吐き気がでて、食欲はあっても食べられないケースもあります。

飼い主はまずしっかり温め、早めに鳥が専門の獣医師の診察と治療を受けてください。寒さからの吐き気で食べられない鳥も、温めつつ処方された吐き気止めを飲ませただけで回復することがあります。

いずれにしても、獣医師と手を携え、できる手をすべて打ち、心身を回復させる努力を続けることがとても重要です。

一線を超えると、体重を戻すことができなくなります。そうなる前にできる手をすべて打たなくてはなりません。

7-11

食べてもらうためにできること

気持ちを支え、はげます

口内炎や吐き気など、喉や体のどこかに痛い部分やトラブルを抱えている場合、治療が不可欠です。食べると痛い、食べようと思っても気持ちが悪いと感じた鳥は、食欲が減退するからです。

獣医師に診せ、治療が始まったら、体が治るのを待つあいだ、飼い主は心と体を甘やかしてください。

他種より依存心が強い鳥が多いオカメインコにおいては、声をかけ続け、なでてはげますことが大事になります。そして、それ以上に効果をもつのが「そばにいること」です。

些細な病気を鳥は気にしませんが、空腹なのに食べることができない自分の状況は異常と感じます。本能的に、命に関わる事態と感じるからです。自身の未来はイメージしませんが、不安のような気持ちが生まれて、心細くなります。

だからこそ、はげましには意味があり、効果があります。

薬が効いて症状がよくなりつつあるタイミングでそばにいてくれることに安心感を得て、飼い主の態度や言葉が心に届くと、それに強い治療の効力があったとオカメインコは錯覚します。安心感を強め、うれしい気持ちをもちます。それが、「食べよう」という気持ちを誘発します。

そのタイミングで、ふだんはほとんど食べさせてもらえない麻の実などが与えられると、「食べたい気持ちが回復したことに対するご褒美」

なるべくそばにいて、いつもよりたくさん声をかける。食事は鳥の目の前か見ている場所でする。などが有効な手段となります。

と勝手に感じてくれることもあります。日常は与えていない食べ物を、問題ない量だけ与えることも心が弱った鳥のはげみとなり、いつもの状態に戻るための梯子になります。

葉物のサラダなど、オカメインコが食べても問題のないものを自身用に盛りつけたお皿から取って与えることも有効です。「いっしょに、おなじものを食べる」というのは、予想以上の強いはげましになります。

食べている時間は起こしておく

古い飼育書には、食欲が落ちているときは、「食べたくなったときに食べられるように、夜も明るくしておく」という記述がよく見られますが、本当に食べられなくなったオカメインコに強い効果は期待できず、かえって体力を奪ってしまうことがあります。

ただし、あと一口だけ食べようか……というそぶりが見えたときは、深夜でも照明は落とさず、食べるのにまかせてください。1グラム食べるのに1時間かかってしまったとしても、鳥の食べたい意思を尊重してください。そこで食べた1グラムが、最終的に元気を取り戻すため、命をつなぐための一押しになるかもしれません。

ほかの鳥の力を借りる

仲間が隣で食べる姿を見せるのも効果的です。群れの生き物である鳥は、おなじ小群れの一員であるほかの鳥が食事をする姿を見て、「食べること」が誘発されます。

文鳥などの異種の鳥でもかまいません。またふつうに食べるようになるために、借りられる力ならなんでも借りてください。

家にほかにも鳥がいたなら、ケージを並べ（近づけ）、食べている様子を見せるのも効果があります。同種がベストですが、他種のインコでも、文鳥などでも、心のはげみになります。

Column

群れの鳥はいっしょに食べたい

大好きな人間の姿が見えないと、食べなくなる鳥がいます。文鳥などでは少ないものの、オカメインコではときおりそうした話を聞きます。家にいたノーマルのオカメインコ（オス）もそうでした。

日々の暮らしでは、たとえ姿が見えなくても気配で相手が家にいることがわかります。その場合は、いつもとかわらずふつうに食べます。しかし、仕事などで外出すると、帰ってくるまでなにも食べずにじっと待っていました。

おなかがすかないわけはありません。それでも食べないのは、食べる気にならないからです。「食べろ」という本能の命令よりも、「食べたいと思わない気持ち」が勝った結果です。

そうした状態を「分離不安」と獣医師はいいます。大声で呼んだり、まとわりついたりすることが一切なく、ふだんはクールで、ただ「姿が見えないと食べない」だけでも分離不安なのだそうです。

オカメインコも群れで暮らす鳥です。群れの仲間はおなじタイミングで移動し、おなじ場所でおなじものを食べます。

野生のオカメインコの日常の群れはあまり大きくなく、血縁関係にある者も多いといいます。つまり、多くは顔見知りで、個体をちゃんと識別していると考えられています。巣立ったあともしばらくのあいだ、多くの鳥は親に食べ物をねだりますが、オカメインコは他種よりもその期間が少し長めという報告もあります。そんな性質も影響してか、好きな相手がいる空間でないと食べたくなくなる個体もいるようです。

帰ってきた大好きな相手の顔を見たり、声を聞いたりすると、一瞬で自分が空腹であることを自覚し、猛然と食べ始めることもしばしば。家族などに聞くと、玄関の前に立った瞬間に気配を感じて食べ始めることもあったようです。

巣引と繁殖

Chapter 8

8-1

巣引は本能

繁殖は鳥しだい

この子のヒナが見たい。子、孫と、命の系譜をつなげてあげたい。そう思うことがあります。ヒナから育てた鳥だった場合、何年も十何年も前の姿や温かさ、匂いを懐かしく思い出し、もう一度、子育てがしたいと思うこともあります。

もともと生き物には、子孫を残したいという本能があります。野生の場合、その本能に導かれて毎年おなじ時期に巣づくりを始めます。

が、たっぷりと愛情を注がれ、人の手でヒナから育てられた鳥は、人間への愛着が強くなりすぎたり、つがいの相手として人間を選ぶなどして、同種との繁殖に意識が向かず、抱卵・育雛に辿り着かないことも多くなります。

こうしたケースでは、ヒナを見るのは難しいと考えてください。鳥たちにもそれぞれ意思があるので、無理強いはもとより不可能。仲のよい相手とカップリングを試みても、オス・メスともにその気がなければ、子育て（＝巣引）には至りません。あきらめ、これまでどおりの生活を楽しむことがいちばんでしょう。

意外に柔軟な鳥も

しかし、オカメインコの心は人間が思うよりも柔軟で、いちばん好きな相手は飼い主であったとしても、それはそれとして、成り行きもふくめ、本能のままに仲のよい相手と交尾をすることもあります。そして、有精卵ができてしまうこともあります。

目の前にある卵を現実として、自然に受け入れるオカメインコも少なくありません。また、メスが産んだ、あるいは自分が産んだ卵を見て、ヒナを孵さねばという本能のスイッチが強く入ることもあります。鳥が増えても問題がなければ、その子育てを見守ってあげてください。

生まれたあとのこと

ヒナを孵すということは、数週間後に、最大で5羽以上、鳥が増えることを意味します。増やしても問題のない状況であり、親鳥自身もヒナを孵したいと強く思っているようなら、そのまま繁殖させるのもいいでしょう。ただし、育雛中のトラブルや、成長後のヒナのこともあわせて考えておく必要があります。

孵化するまでは、基本的に親にまかせます。飼い主は、親鳥たちが落ち着いて抱卵できるように、騒がしくせず、人の出入りを減らすなど環境を整えて孵化を待ちます。

孵化後もしばらくは親鳥にまかせることになりますが、突然、飼育する気を失ったり、体調不良などによりヒナが放り出されてしまう可能性もゼロではありません。そうした際に、どう対応するかも考えておきましょう。

手乗りの鳥にする場合、いずれ親から離して人間が給餌をする必要があります。そのための器具を早めに揃えておくと、まさかのときにも安心です。

また、ヒナが育ったあと、そのまま家で飼い続けるか、だれかに譲渡するかどうかも考えておかなくてはなりません。後者の場合、個人であっても「動物取扱業者」と法的に見なされます。

生まれたヒナを継続的にだれかに譲渡、販売する意思がある場合、動物取扱業者の登録が不可欠。それを怠ると違法となるので注意が必要です。詳細は「第一種動物取扱業者の規制」を示した環境省のホームページで確認をしてください*。

*「第一種動物取扱業者の規制」ページ
https://www.env.go.jp/nature/dobutsu/aigo/1_law/trader.html

8-2

巣箱の設置

巣箱かそれに代わるもの

巣箱か、それに代わるものがまず必要になります。が、人との生活になじんだ鳥では、いわゆる巣箱にこだわらない鳥も少なからずいます。

ケージの床で卵を産み、そのまま抱卵に入ることもあります。そうした鳥に対しては、少し大きめの紙製のお菓子の箱などを巣の代わりにすることも可能です。床材は、キッチンペーパーなどが利用できます。

過敏な鳥、神経質な鳥は、自身の姿を隠してくれる巣箱が適していますが、初めて巣箱を見た鳥は警戒し、近づかない傾向がありますので、巣箱を使って繁殖させる場合は、交尾する前からケージ内に巣箱を入れ、なじませてください。

なお、小さなケージにはオカメインコ用の大きな巣箱は入らないため、最初から465タイプ（114ページ参照）などの大きなケージで過ごさせておいてください。巣箱は木製が適しています。巣箱の入り口などをかじって広げたりします。その際にでた木屑が、巣材としても利用されます。

巣箱

かつては横置きのものもありましたが、近年、オカメインコ用の巣箱として売られているものは縦型が多いようです。

人によく馴れているオカメインコの場合、少し大きめで丈夫な紙製のお菓子の箱なども巣箱の代わりになります。細かいことを気にせず、そこで卵を抱く様子も見られます。

8-3 子育て上手なペアとは？

まかせて安心なペア

子育てが上手な鳥と、そうでない鳥がいます。最初こそ勝手がわからず失敗したものの、繁殖を繰り返すうちに上手くなる鳥もいます。野生でも、初めての繁殖は苦労が見えます。一方、最初から上手に子育てができる鳥も少なからずいます。

子育て上手と評価されるのは第一に、身体上の問題から成鳥まで育つことのできない鳥を除いて、ヒナが必要とする食べ物を適切なタイミングで適切な量を与え、多くのヒナを無事に大人へと育て上げるペア。

ふだんからとても親密に見えていても、仲よしカップルがみな子育て上手な母親、父親になれるわけではありません。

オカメインコの多くはオス・メスが交代で卵を温めますが、初めての繁殖で心に力が入りすぎるのか、気負ったように、より長く卵を抱きたがるオスもいます。それも個性なのでしょう。

抱卵時は、卵を体の中央付近に集めて上に座り、ムラなく全体に体温を伝える必要がありますが、そうしたオスでは、お腹の下に卵があるという事実に満足し、はみ出して外気温にさらされている卵に気がつかなかったり、気に留めないことがあります。結果的にヒナの成長が止まり、死んでしまうことになります。

飼い主が早めに気づき、はみ出た卵を目の前にもってくると慌ててお腹の下に押し込みますが、抱卵は親鳥にまかせるのが基本であるため、「どうして外に出た卵に気がつかないの」など、ときにやきもきしながら見守ることになります。

繁殖が下手な理由

だれもがもっている本能だとしても、育雛に向かう気持ちはホルモンの分泌量にも左右されるため、すべての鳥でおなじように現れるわけではありません。また、資質的に育雛が特に下手な鳥もいます。人間に器用・不器用があるように、オカメインコにも器用・不器用と下手・上手があります。

本質的に不器用な鳥では、生涯ずっと下手ということもありえます。それでも多くの鳥は経験から学び、少しずつ上手くヒナを育てられるようになっていきます。

子育てにおいては、自分が育てられたときの記憶も大事になってきます。そこに、自身が育雛する際の大事なヒントが隠れています。早い時期に親から離された鳥は、親に育てられた経験が不足して、最後まで親がめんどうを見た鳥に比べて子育てが下手になる傾向も見られます。

オカメインコの場合、親からエサをもらっているぎりぎり最後の時期に巣から出して、親の給餌と人間の挿し餌の両方で育てても、早めに親から離したヒナとあまり変わらないレベルで人間に懐きます。また、兄弟といっしょに育つと、他者との距離感も自然に学べるため、できだけ長く親元でほかのヒナたちとともに過ごさせたいところです。

野生において、最初の繁殖期につがいの相手が見つからなかったオナガなどのメスは、両親のもとに留まって「ヘルパー」として次の育雛に協力することがあります。そうした行為は、おなじ親から生まれた兄弟の生存率を上げるだけでなく、自身の繁殖の成功率を高めることが知られています。

家庭では、生後半年～2年の時期に、ほかの鳥の子育ての様子を見るだけで経験値が上がることがあるようです。視覚的なものもふくめ経験が重要ということです。

親に育てられ、親の子育てがしっかり刷り込まれた鳥、ほかの鳥の子育てを見て育った鳥は、そうでない鳥に比べて子育て上手になる傾向があるようです。

8-4 産卵から孵化まで

産卵サイクルと抱卵のスタート

オカメインコは1日おきに産卵します。48時間が目安ですが、サイクルは個体によって少しずれていて、実際は45~50時間ほどです。1日おきにおなじ時間に産むメスもいれば、少しずつ時間が早まったり、遅くなったりするメスもいます。

いつ抱卵を始めるかも個体差、カップル差があります。オカメインコは最初の卵を産んだ時点ではすぐに抱卵を開始せず、2~3個産んでから抱き始めると解説する書籍も多いのですが、最初の卵を産んだ時点で抱卵のスイッチが入ってしまい、すぐさま卵を抱き始める親もいます。

ヒナの誕生は産卵サイクルをなぞるため、こうしたケースで5個の卵から5羽のヒナが孵った場合、最初のヒナと最後のヒナでは、約一週間分の体格差ができます。巣上げ*のタイミングも、ヒナごとにずらす必要が生じます。

オカメインコはオス・メスが交代で卵を抱きますが、抱卵の始めの時期は、おもにメスに卵を抱いてもらい、自身はせっせとごはんを食べてはメスに吐き戻して与えるオスもいます。先にも紹介したように、逆に、「卵を抱け」という本能の命令が強すぎて、とにかく自分が抱きたくてしかたのないオスもいて、メスを戸惑わせることもあります。

オカメインコの卵の重さは4グラム弱。産卵直前の母鳥は自身の基礎代謝分+5グラムほど食べて、体内に卵をつくります。発情サインののち、急に4~5グラム体重が増えた場合は、お腹に卵がある可能性があります。産卵直後は卵重分の体重が減るため、産卵が続くあいだ、メスには大きな体重変動が見られます。

抱卵期間

卵の数は3~7個ほど。一般に、

＊人間の手による育雛に切り替えること。

最後にメスが産んだ卵は小さめで、栄養面も問題があることが多いため、育たなかったり、育っても体が小さかったりします。途中で孵化が止まってしまうこともあります。

せっかく孵化するところまで成長しても、卵から出ることができずに力尽きることもあります。慣れて経験を積んだ飼育者なら孵化を手伝うこともできますが、すべてが上手くいくとは限りません。

卵の中のヒナは、人間のへそにあたる部分から伸びた血管を細かく分岐させ、卵殻膜の内側に網の目のように血管を張りめぐらせて、その血管を通して呼吸をしています。孵化直前にその血液を体内に戻し、へその穴をふさぎます。その後、肺呼吸へと切り替えますが、それが上手くいかずに死亡する例もあります。

無精卵かどうか、無事に卵の中でヒナが成長しているかを確認したくなるのも飼育者としては自然な気持ちですが、頻繁に卵をさわって確認すると、神経質な親の場合、それがストレスになって抱卵を途中でやめてしまうことがあります。そのため、卵の確認――検卵の頻度は、親鳥の性格に合わせて行ってください。有精卵であることが確認され、無事に育っているようなら、あとは親にまかせておくのが無難です。

ヒナの保温

誕生直後のヒナの体はほぼ無毛で、自身で体温調節をすることができません。そのため親は、孵化の直後からほかのまだ孵っていない卵といっしょにヒナを温めます。

オカメインコはオス、メスともに腹部に無毛部があり、その皮膚を卵に押しつけることで熱を伝え、中のヒナの成長を促します。より効率的に卵やヒナを温めるために、腹部中央に向かって生えている周囲の羽毛を引き抜いて広く無毛領域を露出させる親鳥も見られます。

突然、ケージの床で卵を産み、抱き始める鳥もいます。こうした落ち着いたタイプの鳥なら、市販の巣箱を入れず、お菓子の箱などにキッチンペーパーを敷いた簡易な仮巣箱でも抱卵し、ヒナを孵すことも可能です。

8-5

羽毛が生え揃うまでの子育て

孵化時は目が開いていない

孵化したばかりのヒナは約3グラム。親の体重の30分の1ほどです。それがわずか2〜3週間で急成長して、親の体重を超えるほどになります。それもまた、親の献身的な給餌があればこそです。

目が開くのは、生後7〜10日ほどの時期。ただし、目が開いても数日間はよく見えていません。そのかわり、耳はしっかり聞こえています。

孵化前、卵の中から、か細い声が聞こえてくることがあります。その時点でヒナの耳は聞こえています。それを知っている親鳥が、卵に向かって小声で囁くように鳴くことがあります。誕生前のヒナは、そうしたことを通して親の声を認識するようです。

静かな部屋で抱卵している場合、卵の中のヒナの声がかすかに耳に届くことがあります。そのときは近くで、「無事に生まれてきてね。待っているよ」など、そっと声をかけてあげてもいいでしょう。あなたの声も卵の中のヒナの耳に届き、親の声とともに心に刻まれるはずです。

親と共同育児をするメリット

その家に留まり続けるにせよ、だれかに譲渡されるにせよ、生まれたヒナはその後も人間と暮らしていくことになります。そのため、人間や親以外の鳥とも上手くやっていけるコミュニケーション能力を身につける必要があります。

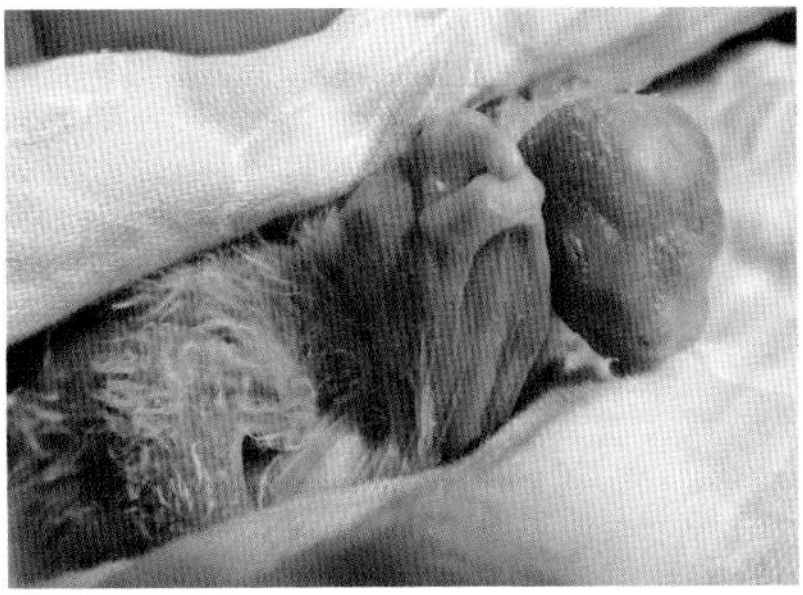

まだ目が開いていないヒナ
ニワトリのヒヨコなどとちがい、オカメインコのヒナは誕生直後から10日ほどは目が開いていません。目が開いてもしばらくは、よく見えていません。

生後2〜3週目になると、風切羽や尾羽、冠羽になる羽芽《うが》も伸びて少し鳥らしくなり、体重も親に近づいてきます。大胆なヒナは、巣や親以外にも関心を持ち始めるようになります。このくらいの時期になると、早く孵化したヒナから順に、あるいはまとめて巣箱から出してプラケースなどに移すことができます。

この時点で、親鳥のタイプは2つに分かれます。巣箱から出しても自分の子という認識をもち続け、そのまま給餌をしてくれるタイプと、子育てにリセットがかかり、抱卵・育雛する以前の気持ちに戻ってしまうタイプの2つです。後者の場合、人間が親に代わって挿し餌を続けることになります。

もちろん、巣から出しても一生懸命ヒナに給餌を続ける親も少なくありません。その場合、親鳥にまかせる部分はまかせつつ、人間は手伝えることをします。人間がヘルパーとなって育雛を手伝うイメージです。

親自身も人間の手で育てられた鳥だった場合、人間が育雛を手伝うことにもあまりストレスは感じたりせず、自然に受け入れることが多いようです。

前後して生まれた兄弟たちとともに、親と人間の両方から食べ物をもらったり、さまざまな世話をしてもらうことで、人間ともほかの鳥とも上手くつきあうことができるようになることがわかっています。

家庭での暮らしによくなじむ落ち着いた鳥に成長してほしいという願いがあるなら、コミュニケーション能力の向上という点からも、このかたちの育雛を推奨します。

ものごころつく前から親鳥と人間の両方から世話を受け、兄弟もいっしょに育った場合、安定した性格の鳥に育つことが多くなります。

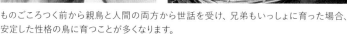

8-6 育雛時のトラブル

育雛放棄

1羽、2羽ならまだがんばれるものの、4~5羽が孵り、生後10日から2週間も経つと、ヒナが1日に食べる食事の量は膨大になり、「もっと食べたい」要求も増すため、延々と続く給餌に完全に疲れ切ってしまう親鳥も少なくありません。

鳥の場合、明日はもっと大変になるにちがいないなど、先のことを予測したりはしませんが、今の時点でもう体力的にも限界……と感じることはおそらくあります。

野生の鳥のケースもふくめて推察するなら、辛いから逃げたいと思うのではなく、このままヒナの世話を続けると自分の命が危険になるという生存本能からの警告が、親鳥に育雛回避を決断させると考えられます。

もちろん、はっきりとわかる理由もなく子育てをやめてしまう親もいます。しかし、親にどんな事情があるにせよ、ヒナからすればそれは重大事件。食べ物をもらえない状況が半日以上続くと命に関わります。そのため、親が育雛を放棄したことに気づいたときは、あいだを空けることなく、人間が親の仕事を引き継いで給餌をしなくてはなりません。

人間を例に、少し休むとふたたび育雛をしてくれるかもしれないと考える飼育者もいますが、多くの親鳥はいったん飼育を放棄すると、ヒナから完全に意識が離れ、育雛に戻る

親が育児を放棄する理由はさまざまです。いずれにしても、人間が育雛を引き継がないとヒナの命に関わります。

ことはありません。ほとんどの場合、一人餌になるまで人間が挿し餌を続けなくてはならなくなります。

食事を与えすぎる、与えない

ふつうであれば、食べ物がほしいと訴えるヒナの声に反応して、親は吐き戻して食べ物を与えます。しかし、卵から孵ったあとも、卵を抱いていたときのように、ただ温めるだけで食事を与えない親もいます。

逆に、「とにかくヒナに食べ物を与えねば！」という使命に燃えて、ヒナの消化限界を超えてもエサを与え続けて、ヒナが食滞を起こしてしまう例もあります。親からすれば、愛情のままに食事を与えているだけなのでしょうが、そうした行為はエサを与えない親とおなじくらい危険なことでもあります。

まだ幼いヒナの給餌は親にまかせたいところですが、食事を与えなかったり、与える量の加減がわからず、多すぎたり少なすぎたりする親の場合、早めにヒナを親から離す必要もでてきます。

親がヒナの筆毛を抜く

とにかく世話を焼きたいという気持ちから、ヒナの後頭部や首筋、背中に生えてきた羽毛や筆毛を抜いてしまう親がいます。根底にあるのは愛情で、虐待や攻撃ではないのですが、そうした少しだけズレた愛情もヒナを傷つけてしまいます。

羽毛を抜くのはオスに多く、抱卵中のメスに対しても、エサを吐き戻して与えつつ、羽毛を抜いたりします。本鳥は羽繕いをしているつもりで悪意はまったくないのですが、結果的にメスは、後頭部を中心にどんどん羽毛を失っていきます。それとおなじことをヒナにもしているわけです。

羽芽《うが》が伸びてきたヒナ

ツルツルの皮膚でなくなったことに違和感を感じるのか、やっと生えてきたヒナの羽毛を抜いてしまう親もいます。ひどい場合は、早めに親元から離すことも検討します。

ヒナの突然死

初めての巣引で、育てているヒナが急死すると、飼い主は少なからぬショックを受けます。それが卵から育てる人生初のヒナならば、なおさらでしょう。

死に慣れてほしくはありませんが、育雛に臨む際には「死を受け入れること」に慣れる必要があります。

体や遺伝子に問題があって成長できない幼いヒナは、野生でも、飼育下でも死んでいきます。それを止めることはできません。それも自然のうちと理解してください。

本能的に親鳥は、人間以上にヒナが成長することの難しさを知っているので、その死もありのまま受けとめ、忘れていきます。亡くなった子ではなく、生きているヒナを大人に育てることにもてる力のすべてを注がなくてはならないからです。

部屋の温度管理のミス

夏にさしかかる時期は問題が少ないものの、寒い時期に育雛する場合は、部屋の温度を高めにしておいてください。完全に親の羽毛の下にいる時期はまだいいのですが、少し大きくなって親からはみ出る大きさになったとき、1羽または2羽では体温の維持ができず、弱ってしまうことがあります。

また、大人もヒナも乾いた空気が苦手です。冬場の育雛時は特に、加湿にも気をつかってください。

羽毛が生え揃うと大人の鳥と見分けがつきにくくなりますが、中味はまだヒナ。免疫力も抵抗力も成鳥に比べて低く、些細なことで体調を崩します。特にオカメインコの若鳥はそうで、生後2~8カ月くらいの時期は温度と湿度を管理して、寒いと感じないように、乾燥していると感じないようにしてください。

Column

親からもらう腸内細菌

食べ物以外の恩恵

親に育てられている鳥たちは口移しで食べ物をもらって成長します。が、その際に親から移動するのは食べ物だけではありません。食べ物とともに、親の口腔内やそ嚢にいる、悪さをしない常在菌もヒナの体に移ります。

生き物は数多くの細菌と共生していて、体表にも口の中にも、胃腸にも大量の常在細菌がいます。近年になって、健康な生活と長寿において、消化管内部の細菌（腸内フローラ）が大きな影響を与えることがわかってきました。体調が向上しない鳥に対し、健康な同種のフンを体内に入れて腸内環境を整える試みも始まっています。

親に育てられているヒナは、日々の暮らしの中で親のフンをかじってしまうこともあります。糞食することで、はからずも、そこから親がもつ腸内細菌が体内に移動します。それよって自然に腸内環境が整い、健康な若鳥になる例もたくさんあります。親に育ててもらうメリットは、そうした見えないところにもあるということです。

一方で、親がウイルスや菌、寄生虫をもっていた場合、それがヒナに移る危険もあります。ヒナを孵し、それを売る立場にいる人間は、衛生管理も徹底して、丈夫で元気をヒナを出荷することを続けていってほしいと強く願います。

エサと同時に、親がそ嚢や口腔内にもつ細菌もヒナに移ります。それがヒナのそ嚢や口腔内の細菌バランスをよい方向に整えることが期待されます。

オカメインコの心理を理解する

Chapter 9

9-1 オカメインコが教える鳥の心と感情

凛々しい鳥

なにをしていても、あまり表情が変わらない野生の鳥。感情が見えにくいその顔は、体を軽量化していく進化の過程で、表情をつくる顔の筋肉を大きく減らしたことに由来します。そんな鳥の顔が、人間にはずっと凛々しく見えていました。

鳥の顔の中で、唯一、大きな筋肉が残っているのが、クチバシまわりです。生きていくために不可欠な「ものを食べるための筋肉」は、軽量化の対象にならなかったため、今もしっかり残っています。鳥はその筋肉を使って口を大きく開け、怒りや威嚇の表情をつくっています。

ナワバリや結婚相手をめぐってだれかと争ったり、威嚇をすることが鳥にもあります。恐怖の表現はおもに声が使われ、敵を見つけた際や敵に襲われた際には、「恐怖の叫び声」をあげながら逃げますが、ヒナやつがいの相手が襲われそうなときや、実際に襲われているときは、恐怖を抑えながら、大きく口を開けた怒りの表情で威嚇したり、果敢に相手に反撃したりします。

しかし、こうしたかたちで表現される怒りや恐れの感情は、ただの原始的な反応と見なされ、検証されることもないまま、鳥には感情がないと長く考えられてきました。

鳥たちにも豊かな心がある

それが近年、大きく変化しました。感情は人間固有のものではなく、動物にも鳥にも存在するという考えが、専門家の主張を通して浸透してきたからです。

生き延びることが最優先の野生では、さまざまな感情が生まれても、心に長くは留まりません。外に向かって発信されることもなく、ただ消えてゆきます。メスやナワバリをめぐって争ったり、敵を威嚇する際に、怒りや恐れを感じ、大きく表情を変えたとしても、それさえ刹那ののちに過去になります。そうしたこともまた、人間の目に鳥の感情が見えていなかった原因の一端でした。

オカメインコと生活を始めると、彼らの感情の豊かさ、表現の豊かさに驚かされます。暮らしの中で見せる感情表現から、人間に匹敵する感情があることを実感します。さらには、おなじ状況でも、だれもがおなじ感情を見せるわけではなく、そこにも個性が影響を与えていることを知ります。

そんなオカメインコが、野生の鳥の心や感情をより深く理解するための足掛かりをくれるかもしれません。

たとえば野生の鳥でも、明日まで命をつなげられる食料を口にすることができたとき、心の深い部分にほっとする気持ちや幸福感が浮かんでいるかもしれません。そんな可能性を、オカメインコの感情表現を通して推察することができます。

感情を伝える生き物

人に馴れたオカメインコの場合、怒りも恐怖も喜びも、みな顔や声や挙動に出ます。たとえば、うれしくて、つい踊ってしまう鳥もいます。彼らが見せる気持ちの表現から、目の前の鳥が今、どんな感情をもっているのかわかります。人間――特に子供が、どんな気持ちのときにどのように感情表現をするのか思い出し、比較してみることで、よりはっきりわかるようになります。

一方、オカメインコも、暮らしを通して人間の感情が少しずつ読めるようになっていきます。

人間とオカメインコがたがいに感情や気持ちを読み取り、相手を尊重しつつ、上手く伝えることできるようになった先に、人とオカメインコが幸せに暮らしていくための理想のコミュニケーションがあります。

優しい顔

9-2

表情やしぐさから見える豊かな感情

感情は隠せない

オカメインコも喜びます。経験から、次に起こることが自分にとっての「よいこと」であるとわかると、「期待」する気持ちも生まれます。

とまり木上での左右の軽快ステップなど、期待は傍目から見ても「ワクワクしています」ということが伝わってくる挙動として表に出ます。

実際にうれしいことが起こると、喜びのあまり、とまり木の上や床で、伸び上がったり身を沈めたりするような「謎の踊り」を見せてくれることもあります。小さな子供が全身で喜びを表現するのに似ています。

逆に、期待どおりのことが起こらないと「失望」もします。ときに失望は怒りに変わり、期待をもたせた人間や、まったく関係のない第三者(人間、鳥)に当たることもあります。八つ当たりです。

長くいっしょに過ごしてきた大切な相手が亡くなった場合、消沈したように元気がなくなります。悲しいという気持ちが鳥にもあるかどうかはわかっていませんが、寂しさは感じ、それがストレスにもなります。

とまり木で見せる謎の踊り

人間の子供のように、オカメインコの中にも、うれしいことがあると踊ってしまうタイプの鳥がいます。

なんとなくうれしそう。

怒り

怒っているときは、大きく開けたクチバシに加え、目に怒りが宿り、顔全体が怒りに満たされます。声と表情から、怒っていることがはっきりと伝わってきます。それは多くの鳥に見られる怒りのポーズです。

なお、不満が爆発するなどして本気で怒っている場合、温和といわれるオカメインコでも、クチバシで咬まれて出血することがあります。

怒りはもっとも原始的な感情とされ、多くの動物がもっています。野生の場合、怒りの表情はメスやナワバリをめぐる争いの際などに見られますが、ただその際も、相手に対する憎しみの感情などはなく、怒りを招いた状況に対して、人間がもつような「憤慨する」という感覚もあまりありません。相手を恨むという気持ちも、野生の鳥にはありません。

鳥の怒りの表情は家庭でもよく見かけますが、人間がその本当の気持ちを把握するのはなかなか困難です。怒りの表情の裏側にある気持ちは実はさまざまで、単なる反射的なものだったり、本当はあまり怒っていないけれど、ここは怒っているようなポーズをつくらなきゃだめだと感じているときも、クチバシをカッと開けた怒りの表情を見せるからです。

繊細で臆病なオカメインコは、初めて見るものには大抵、驚き、警戒する様子が見られます。初対面の人間などに対し、半ば反射的に威嚇の表情を見せることもあります。

オカメインコの威嚇は、少し身を低くし、羽毛を膨らませて、ゆっくり左右に体を揺らします。ときに、「ふっ　ふっ」という声も聞きます。身を低くしてクチバシを開けただけの簡易の威嚇もあります。人間から見ると「かわいい姿」にしか見えませんが、これがオカメインコの正当な威嚇術です。

威嚇は「そばに寄るな」の警告で、

威嚇は強がりと思ってください。

少しふくらむのも、左右にゆれるのも、少しでも自分を大きく見せて威嚇効果を高めたいという気持ちのあらわれです。ふっ、ふっ、という息にも、相手を怖がらせたい意図があります。

怒った顔はすぐにわかりますが、怒りの程度はさまざまです。

「それ以上近づいたら襲いかかるぞ」という意思表明でもあります。ただし、実際に襲いかかってくることはほとんどありません。襲いかかったとしても、多くはただのポーズであり、相手にケガを負わせるようなこともほぼありません。

オカメインコの威嚇の背景にあるのは「怖い」という感情がほとんどですが、したいことを邪魔されたくなくて、近づけた手や顔に向かって威嚇の表情をつくる鳥もいます。その場合も、お願いだから自分に近づかないでと願いながら、怒りに似た表情を見せるだけです。

腹が立つこと、嫉妬の怒り

自分が攻撃されたときや攻撃されたと感じたとき、野生の鳥も家庭内で暮らす鳥も本気で怒ります。加えて、家庭で暮らすオカメインコは、なにかが上手くいかないとき、または、だれかが自分よりも「いい目」にあっていると感じたときに人間のように怒りを感じ、腹を立てます。それは飼育下ならではの怒りです。

その状況が続くあいだ怒りは続き、しだいに怒りはヒートアップしていきます。堪忍袋の緒が切れると、怒りの原因となっている相手を攻撃したり、第三者に八つ当たりをしたりします。

オカメインコは自分と他人を比較する心をもちます。飼い主が自分以外の鳥と長時間、楽しそうにしているなど、だれかが自分よりも優遇されているのを見たときに感じる怒りの正体は「嫉妬」です。そこには、悔しいという気持ちも含まれています。

不安と寂しさ

表情にはあまり出ませんが、仲間がいない寂しさも感じています。寂しさは不安ともつながっています。

もともとオカメインコは群れで暮らす鳥。家庭には基本的に捕食者はやってこないとわかっていても、自分以外の鳥がいて、だれかが先に危険を感じて警戒の声を出せば、自分もふくめて助かる可能性が高まることを知っています。裏を返すと、自分しかいない場所では死につながる危険性が高まると本能が告げ、それが無意識に不安を呼ぶわけです。

平安がいちばん

家庭で暮らす鳥にとっての幸せは、ちゃんと毎日かまってもらえて、苦痛も不安もなく、好きな相手と過ごす日々がこれからもずっと続いていくこと。それが願いでもあります。そんな状態にあるとき、オカメインコの顔は静穏です。平和を感じつつ、なでてもらうなどすると、絵に描いたような幸福な顔になります。

愛されているという実感をもち、自分の気持ちと人間の気持ちが相互に伝わっていると、人間とオカメインコ、どちらの脳にも幸せホルモンのオキシトシンが分泌されます。幸福感は両者のあいだで循環します。

野生の鳥の顔が緊張感のある「凛々しい顔」だとしたら、家庭の鳥は平和を享受する「穏やかな顔」と評することができそうです。

冠羽に見える感情

オカメインコの感情が如実に出るのが冠羽。胸にある感情は、すべて冠羽にでます。冠羽に現れる気持ちを隠せるオカメインコはいません。

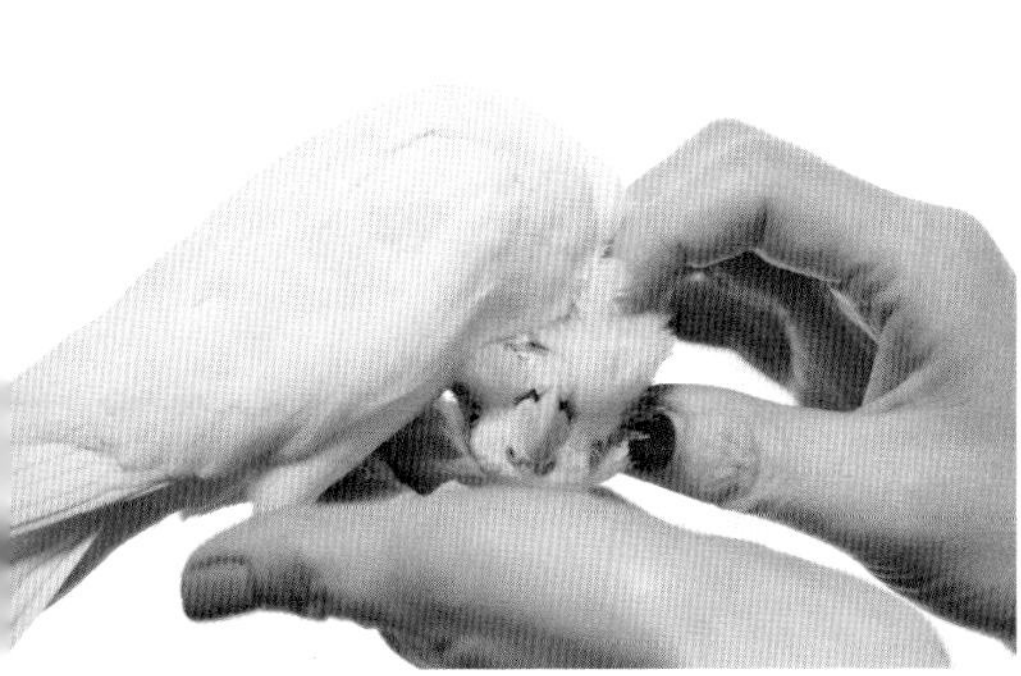

オカメインコがなでてほしいと頭を押しつけてくるのは、なでられることで幸せを感じたいと思ってやるケースもあるようです。

人間では表情と目に現れる感情が、オカメインコの場合、冠羽に出ると考えてください。人間でいう「目は口ほどにものを言う」ではなく、「冠羽は口ほどにものを言う」です。

　もっともよくわかるのが、「恐怖」です。冠羽が限界まで立ちます。その状態のときに目を見ると、人間の瞳に映る恐怖とおなじように、そこに恐怖があるのがわかります。

　警戒感をもつだけでオカメインコの冠羽は立ちます。そんな冠羽のときに目を見て、瞳に恐怖の色がなければふつうの警戒とわかります。

　鳥にとっての不安は、生死に関わるような状況になるかもしれないという予感が生みます。敵が見えたなど、不安を感じる状況はあらかじめ遺伝子に刻まれていて、経験がそれを強化していきます。不安があるとき、冠羽は立ったり寝たりします。冠羽が立たなくなってやっと、不安が消えたことを人間は悟ります。

　不安ではなく、「どっちがいいかな」など、心に迷いや葛藤があるときも冠羽が動きます。歩みの途中でなにかを見つめながら立ち止まったオカメインコの冠羽が動いているのを見たら、どうしようか迷っていると思ってください。

オカメインコの冠羽

冠羽は感情のバロメーターです。

オカメインコの冠羽の変化

9-3 個性のちがいの例

行動に出る個性

臆病と評されることが多いオカメインコも実はさまざまで、大胆な鳥もいれば慎重な鳥もいます。幅広い思考と行動の幅をもつのも、オカメインコの魅力のひとつです。

ある状況の際に取る行動も大きくちがっています。目的がおなじでもおなじ行動を取るわけではありません。もともとの性格に、経験からの思考が加わるからです。

たとえば、隣の部屋に大好きな人間がいて、自分のことを呼んでいたり、そこに美味しいものがあるとわかったとき。「隣の部屋に行く」ということがまず彼らの頭に浮かびます。それは決定事項です。でも、部屋を隔てる襖やドアが閉まっていて、4センチメートルほどの隙間だけが開いていたとしたら?

ここで個性がでます。こうした状況で実際に見られた行動をもとに、個性の幅を紹介してみましょう。

現れる判断

自身の飛翔のコントロールと空間把握の能力に絶対の自信をもっている鳥が、翼をたためば通り抜けられる幅と判断した場合、ふつうに隙間に向かって飛んでいって、隙間にさしかかった瞬間だけ、ぴったり翼を身に寄せて飛び抜けます。

見事な判断ではありますが、ほんの少し翼の筋肉に入れる力をまちがえたら、大きな事故にもつながりかねない行為です。それでもその鳥は自分がミスをするなど片時も疑いません。

その瞳からは、「ボクは絶対に失敗しないから」という、ドラマの主人公のような声が聞こえるようです。人間と同様、経験が自信をつくります。

慎重な性格で、常に安全なやり方を選択する鳥もいます。歩いて行け

ばケガをする心配もなく隣の部屋に行くことができると判断した鳥は、部屋を隔てる襖やドアの少し手前で床に降り、そこからトコトコ歩いていきます。「リスクは回避」、「急がば回れ」という意識です。実際、飛び抜けた場合と数秒しかちがいません。そして、格段に安全です。それが、その鳥の選択でした。

人間を利用するという選択

人間を使うことも選択肢のひとつです。人間を信頼し、依存もしている鳥は、なにかあれば人間を頼ればいい、もしくは人間を上手く使えばいいと思います。

　そうした鳥たちは、「ねえ」というニュアンスの声で、近くの人間に呼びかけます。「なに?」と人間が呼びかけに応じると、「ここを開けて。あっちに行きたいの」という感じの声で、襖やドアの開放を促します。

　仕草や声のニュアンスから「開けてほしい」という意図を汲んだ人間がそのようにすると、あとは歩いていったり飛んでいったりします。人間を使って目的を達成してしまうわけです。

　さらにそこから「漁夫の利」を得る鳥もいます。自身はなにもすることなく、先の鳥が人間に開けさせたドアを通って隣の部屋に向かいます。

　このようにオカメインコは、目的が共通する特定の状況に対しても、さまざまな思考をめぐらし、さまざまな判断をして、異なるアプローチをします。

　自分に対する自信と、ふだんの人間との関係も加味して対応します。そんな行動のすべてが、それぞれの鳥の「個性」といえます。

　なお、安全に対する考え方は加齢によっても変化していくようで、二十歳に近づくなど、オカメインコとしても高齢になるにつれ、無謀さは減って、慎重になっていきます。

隣の部屋に行くためのさまざまな判断の例

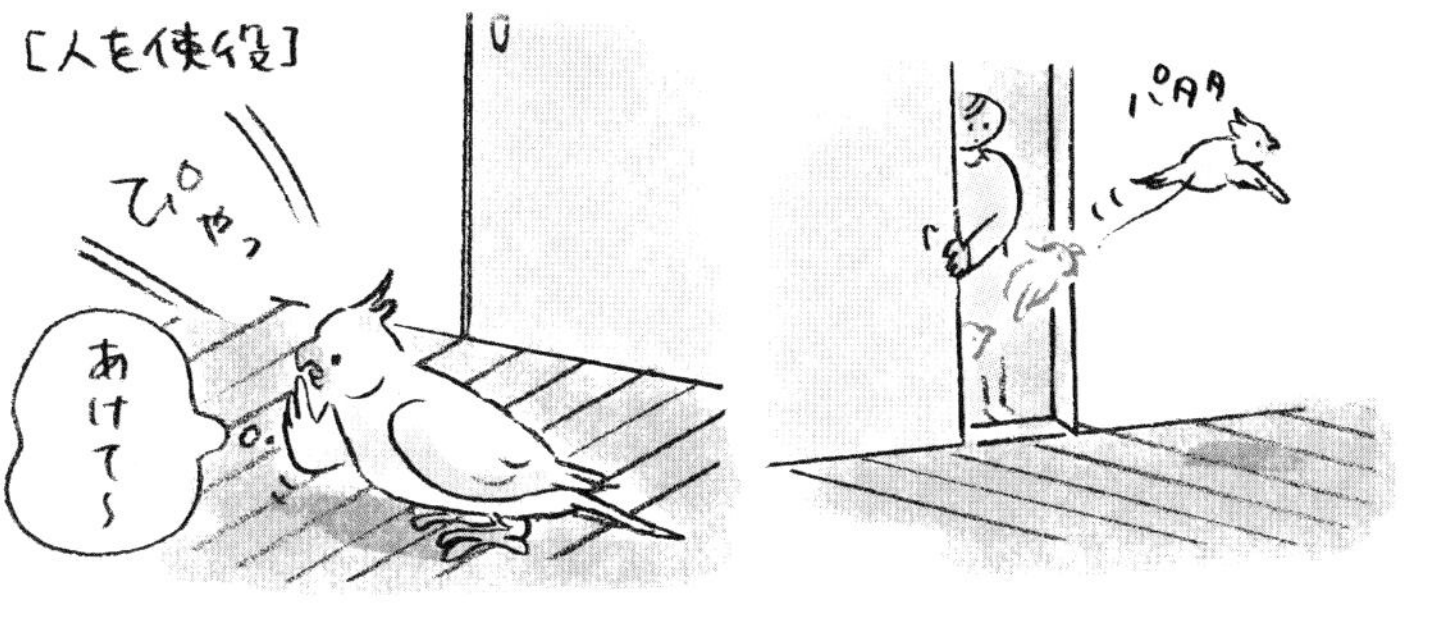

飛んで行く。歩いて行く。人間に隙間を広げてもらい、飛んで行く、歩いて行く。個々がちがう判断をするところも、人間とよく似ています。なお、ここで挙げた例は実話です。

9-4 思ったことを実行

人間の子供のように

大人は頭に浮かんだことをいきなり実行したりしません。本当にそれをしてもいいのかなど、さまざまなことを考えてしまうからです。

逆に小さな子供は、頭に浮かんだことを思いつくままにやってみたりします。大人はその様子を見て、「無垢」あるいは「無謀」といったりしますが、ときにそれを羨ましく思ったりもします。

インコやオウムの行動原理も子供とおなじで、「頭に浮かんだことをやる」です。なかには、どうしようかと逡巡する慎重な鳥もいますが、若いオスでは特に、心に浮かんだことを衝動のまま実行してしまうものが少なくありません。

それが祟って、食べてはいけないものを口にして病院に搬送されることもあります。ちょっと目を離したすきに、本の表紙や壁紙をかじって壊す事件も頻発します。いずれも、彼らにしてみれば、ただ心のままにやってみただけにすぎません。

オカメインコには衝動的な行動をする可能性が常にあることを心に留めておいてください。それをすると飼い主から怒られるということは学習しますが、その心に善悪の概念はありません。その鳥が関心をもつものをあらかじめ知っておいて、してほしくないことをしそうなときは、彼らが楽しいと思う、やってもかまわない代わりの行動を提示してください。いずれにしても、放鳥中は絶対に目を離さないことが大切です。

9-5 行動や表情から気持ちを察する

気持ちのままに

放鳥時、オカメインコは行きたい場所に行き、やりたいことをします。飛ぶことが大好きで、まずはたくさん飛びたい鳥は、ケージを出ると部屋の中を何周も飛び回り、それから行きたい場所に行きます。

好きな人間のそばにいたいと思ったなら、そばにきます。肩や頭に飛んでくるのは、ただ好きな人のところにいたいという理由のほか、いっしょになにかをして遊びたいという思惑もあるようです。

近くでもっと声が聞きたい、長くなでてもらいたいほか、飼い主が今していることや、作業や遊びのために手にしているものに興味をおぼえてやってくることもあります。好きな人間とおなじことをしたい、自分もしてみたいと思うこともあります。

たとえばスマートフォンを触っていると、オカメインコに限らず、多くの鳥が関心をもって、上に飛び乗ってきます。パソコンのキーボードを叩く指を見て、自分も、というようにクチバシでキーボードの端を叩いてくることもあります。

ホームポジションは好きな人の上

目的があって肩や頭に止まった場合は、そのあとに必ず、次につながるアクションがあるので、それを見きわめ、「いっしょに遊びたい」などの意思がオカメインコに見えたときは、できる範囲で、遊びや目的の行動につきあってあげてください。「この人はちゃんとしたいことを理解して、つきあってくれる！」と実感したなら、それは飼い主に対する信頼の向上につながります。ゲーム的に表現するなら、「オカメインコの飼い主の評価が1、上がった」という状況になります。

好きな人の肩や手や頭の上に座って満ち足りた気分になっていたなら、穏やかな表情をして、冠羽がぺったりと寝ているはずです。

頭の上に止まるのは、高い場所が落ち着くということもありますが、多くは次の行動のためのステップです。肩や手に乗り、そこから動かないのは、それ自体が目的で、そうしたかったからと考えてください。

幸せなときを増やしたい

オカメインコは退屈が嫌いで、楽しいことが大好きです。飼い主のまねも彼らにとっては楽しいこと。個体によっては、おなじことをすることで高い満足度が得られます。心に幸福感も生まれているようです。

オカメインコの中にも他者（ほかの鳥、人間）と距離を置きたがる鳥がいますが、多くのオカメインコにとって好きな相手との直接的なふれあいは、メンタルを維持するために不可欠で、そうした接触が日常の一部になっている場合、それがなくなると精神的に弱ってきます。

オカメインコは人の手の指などに頭をコツンとぶつけて、なでてほしいと主張しますが、それは幸福感を得ると同時に、人間でいうところの「心の栄養を補給するため」でもあると考えてください。

そうした接触の延長で、文鳥が手のひらを求めてそこに潜り込むように、なでられたついでに手の中に座り込む鳥もいます。嫌がることもなく、保定されているような位置にぴったりはまっているなら、それはそ

保定に近いかたちですが、本人が自然にすっぽりはまっています。リラックスした、楽しそうな顔です。

の鳥にとって楽しいことと思っていいでしょう。

怒った顔

さまざまな場面で鳥の怒った顔を見ます。オカメインコも例外ではありません。しかし、人と暮らす鳥の「怒ったような顔」には、実は多くの示唆が含まれています。

だれかになにかをしてもらったとき、「もう少しこうならもっといいのに」と思うことが人間にはありま す。オカメインコもそうです。思ったことを即実行、即主張のオカメインコの場合、こうした場面で「そうじゃない。修正しろ！」と主張します。それが「怒ったような顔」です。

つまり、このケースでの怒ったような顔は、怒りではなく「文句」。それも、思ったようにしてもらうための方向性の修正リクエストと考えてください。オカメインコは日常的に、いろいろ微修正を求めています。

それがわかると、怒ったような顔がもつ意味もより深くわかるようになるはずです。そして、想像力をもってその顔の意味を考える習慣を身につけることで、より深くその鳥のことが理解できるようになります。

とはいえ、彼らの主張のすべてを聞くことはできません。もちろん、オカメインコ自身も実はそれをわかっています。怒ったような顔で修正を要求しても、その要求が必ず通るとは思っていなくて、内心では「ひとまずいってみただけ」ということもあります。

声の大きさにも意味が

怒りの顔で主張した際には、多くの場合、声も伴います。オカメインコとの暮らしに慣れてくると、その声から、より細かいニュアンスも読み取ることができるようになります。

怒りの顔と声を受けて対応した際、意図とちがうことをすると、「ちがう！」というように声を荒らげます。何度主張しても思い通りにならないと、その状況に腹を立てたように声が大きくなってきます。それはまるで、「ちがうっていってるでしょう！」とでもいうかのようです。

多くがこのパターンを踏襲するため、オカメインコとの暮らしに慣れるにつれて彼らの主張の意図がよくわかるようになっていくはずです。

9-6 オカメインコの声による主張

声は心の反映

鳥が危険をまわりに教えたり、感じた恐怖を伝えるのは、おもに声。命の危機の際、声は悲鳴になります。

家庭でも、「怖い」と感じたオカメインコは悲鳴をあげます。本能的なものですが、飼い主に対する「たすけて！」という信号もそこには含まれています。

ほかに「痛い」や、「どうしよう」という焦りも声に出ます。たとえばパニックで翼が部分的にケージの網の外に出てしまい、自分では戻せなくなったときなどは声に焦りが出ます。飼い主が素早くそれに気づけば、大ケガをする前に救助することが可能です。

オカメインコが家庭内で日常的に発する声は、不満や怒りの表明、好きな相手に関心をもってもらうためのものなどですが、機嫌がよかったりうれしいことがあった際に、無意識的に出る声もあります。人間がつい鼻唄を歌うようなケースです。オスがおぼえている口笛のまねをしたり、歌ったり、人の言葉を発したりするのも、多くはご機嫌の現れです。

先にも解説したように、不満があるときは、怒りの顔とともに怒りの声をあげます。主張が伝わらないときや、伝わっても思い通りにならないとき、声は大きくなっていきます。気の短い鳥の場合、人間の怒声のような大声になることもあります。

オカメインコは特に用事がなくても、「ねぇ」というかんじの声で人間に呼びかけることがあります。それは、届いた自分の声に反応を返してくれることを期待しての呼びかけです。好きな人間がちゃんと自分のことを好きでいてくれることを確認するときなどに発します。

オカメインコにとって声は、コミュニケーションのツールであり、自身の状況をまわりに伝えるための重要な道具でもあるということです。

9-7 感情表現の下手な鳥もいる

主張できない気弱な性格も

　オカメインコにも気の強弱があり、押しが強い鳥、弱い鳥がいます。

　好きな人間とまったりすごしていたとき、ほかの鳥が乱入してきて、追い払われてしまうことがあります。気の弱い鳥は、「今は自分が飼い主と遊んでいるの！」と思っても、やってきた鳥に強く出ることができません。ならば、この鳥が行ってしまうまで待って……と思っていると、次々とほかの鳥がやってきて飼い主と遊び、気がつけば放鳥の時間が終わっていることもあります。

　本当は飼い主には「もっとかまって」、ほかの鳥には「あっちに行って」と言いたくても、それが言えないこともあります。このケースも人間とおなじで、強く主張してこない鳥だからといって、なにも感じていないわけではありません。性格的に強く出られないだけで、本当はほかのオカメインコのように、いろいろ考えたり感じたりしています。

　大切な時間を奪われ、それでもなにもできず、人間でいう「悲しい」という感情をもっているかもしれません。本当はもっとかまってもらえるはずだったのに……なども。

　いつも不遇に見える鳥、主張してこない鳥に対しては、できればほかの鳥から見えない場所でこっそりふれあいをしてください。じっくり、まったりした時間をつくることで、これまで見えてこなかった性格やその繊細さが見えてくるかもしれません。そういう時間もきっと必要です。

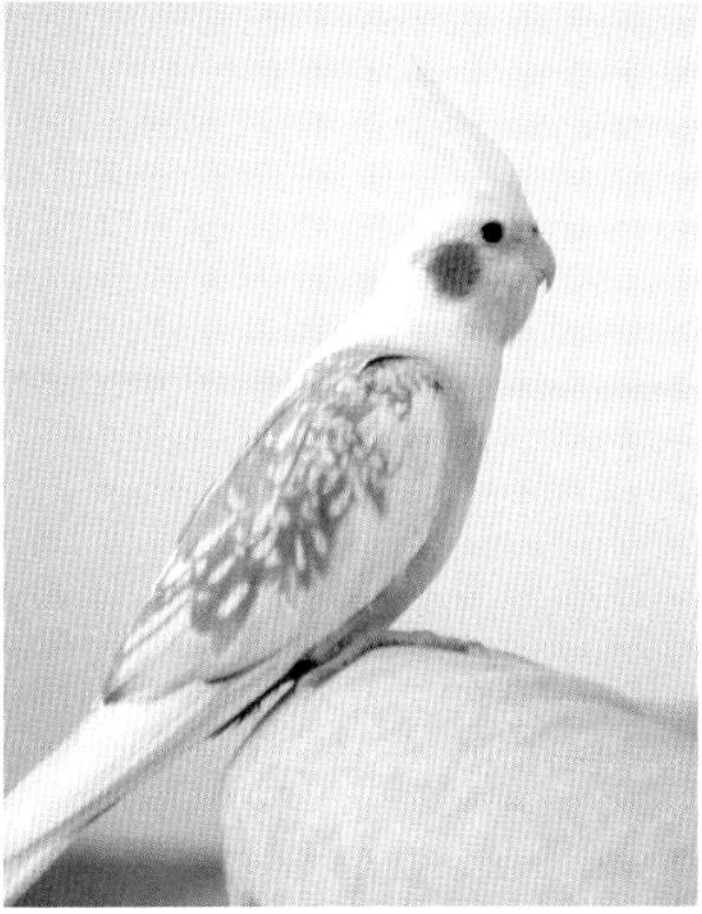

9-8 呼び鳴きが止まらない

問題行動と決めつけない

人の姿が見えなくなると、大きな声で叫ぶように鳴く「呼び鳴き」。インコによくある問題行動とされますが、本質的に「呼び鳴き」は鳥の問題ではなく、人間の育て方の問題です。

呼び鳴きは「分離不安」が根底にある、「ひとりにしないで」という主張です。必死に飼い主を呼ぶ鳥の心の底には、「死の恐怖」やそれに類する恐れが存在しています。しかしそれは、すべてのオカメインコにあり、克服が可能なものです。

巣立ちのときがきたら、野生の親鳥は「ここからは一羽で生きていきなさい」とヒナを突き放します。人間が育てている場合も、一人餌になる前後から孤独に慣らし、一羽になって不安を感じても必ず人間が来てくれるわけではないことと、暮らしている家が安全な空間であることをあわせて学習させる必要があります。

大切な巣立ちの時期、不安や寂しさを感じて人間を呼んだとき、すぐに目の前にやってきて安心させると、「呼べば人が来てくれる」と学習して、大人になっても同じことを繰り返す鳥になってしまいます。これが、ヒナの時期の「育て方をまちがえた」という状態です。

そうならないように、なにごとも常に自分の思い通りにはならないことや、ときに我慢も必要であることを、あえて突き放すことで教えます。

まだヒナなのにかわいそう。とは思わないでください。これはオカメインコの成長の儀式であり、そうすることで精神的にバランスが取れた大人になります。

大人の体に成長させることも大事ですが、同時に心も大人へと成長させる必要があります。大人になってからの呼び鳴きの修正は難しいため、ヒナの時代にしっかり教えてください。

9-9 かじりたい気持ち

かじりたい生き物

インコやオウムは、ひとことでいえば、「かじるために生まれてきた生き物」です。生まれた直後から亡くなる直前まで、なにかをかじっています。

かじる理由や目的をまとめると、だいたい次のようになります。

1. ただなんとなく
2. それがなにか知りたい。好奇心
3. ストレス解消
4. 巣など、生活空間を整える

目の前のものがなにか知りたいオカメインコは、怖いものでなければ、ひとまずかじってみます。かじると同時に舌が触れるので、かじったものの味や食感や材質がわかります。幼い時期からそうやってかじってみることで、世界を広げていきます。味が悪いと感じたものや硬くて上手くかじれなかったものは、のちのち敬遠されるようになります。

見ただけでそれがなにかわかる木や紙は、警戒することなくかじります。イライラしているときなど、紙製品や木製品をかじって壊したりすると落ち着いてきます。そうすることがストレス解消になるとわかってかじっていることもよくあります。

こんな性質をもった生き物ですから、放鳥中は基本的に目を離さず、しっかり見ていてください。大事なものをかじられて後悔しないためでもありますが、危険なものを飲み込むような事態を回避するためでもあります。

オカメインコはかじることで世界を広げていきます

9-10 精神的なストレスを感じたとき

なにがストレス？

オカメインコが感じる精神的なストレスには、飼い主に対するストレス、おなじ家で暮らすほかの鳥や動物に由来するストレス、それ以外のストレスがあります。

一羽で過ごしたい鳥のケージにほかの鳥を入れるのは、人間が想像する以上のストレスです。イヌやネコがおなじ部屋にいることに大きなストレスを感じている鳥もいます。

大嫌いな人間が毎日自分に接してくるのも、もちろんストレス。過去に小さな子供にぎゅっとにぎられたことがトラウマになり、小さな子供が視界に入るだけで恐怖やストレスを感じるケースもあります。

ストレス解消のためにすること

疲れるくらい部屋を飛ぶことや、自身で羽繕いをしたり、つがいなど仲のよい相手に羽繕いをしてもらうこともストレス解消につながります。

加えて、先にも少し触れたように、インコやオウムはほかの鳥にはない独自のストレス解消法があります。それは、「かじる」ということ。気が済むまで一心不乱にかじることが、ストレス解消につながります。

かじりやすく安全なのは木や紙など。かじるための専用おもちゃとして、コルクや縒《よ》った井草なども販売されています。紐やタオルなどをしきりに咬む鳥もいます。紙や木ならばかじったものを多少飲み込んでも基本的にフンとともに排出されるため問題がないのですが、布や紐などの繊維は消化されず、そ嚢や腸を詰まらせる可能性があります。

特にストレス解消でかじっている場合、長時間に渡ってしきりに咬むため、最終的にそれなりの量を飲み込んで、健康を損なう可能性があります。そのため、飲み込んでも問題のない紙や木に取り替えましょう。

9-11

寂しさは苦しさ

寂しくて太る

好きな相手がいない、帰ってこない。呼んでも来てくれない。そばに行きたいのに、自分はここ（ケージ）から出られない。見える場所にいるのに、自分のほうをまったく見てくれない。呼びかけても返事がない。

そうした状況で同種の鳥も異種の鳥もいなければ、オカメインコの心は不安と寂しさで弱ります。それはストレスであり、苦痛でもあります。ほかに鳥がいなくて、人間とも距離があるという状況は、孤独で、なにかあっても頼れる相手がいないことを意味します。

さらに、気を紛らわすことができるおもちゃなども与えられていないと、自分の心とただ向きあうことしかできません。人間なら、だれかに会いに行ったり、散歩をしたり、ネットにアクセスするなど、気分を転換する方法はいくつもありますが、ケージからでられないオカメインコにはそうした手段がありません。

かまってもらえない。寂しい。そういう心理状態になったオカメインコは、食欲が落ち、体重が落ちて弱っていくか、食べることだけを唯一の楽しみとして過食に走り、激しく太ってしまうか、そのどちらかになる例が多く見られます。いずれにしても健康を害し、短命につながります。

オカメインコが「愛情」を必要とする鳥であることを理解したうえで、寂しさを感じさせない暮らしをさせてください。寂しさは人間が思う以上に、オカメインコの心にダメージを与えます。

9-12 複数羽暮らしの心理

ほかの鳥との関係

オカメインコも群れの鳥ですから、自分以外の鳥が家にいると安心します。セキセイインコなど他種がいるだけでもうれしさを感じますが、行動パターンがわかる同種なら、安心感はさらに強まります。

3~5羽以上いると、仲のよい鳥と、それほどでもない鳥ができてきます。が、たとえ好きではなくても「嫌い」という感情はあまりもたないため、小さな群れとして、上手く暮らしていくことができます。

好き、嫌いに関わらず、オカメインコはほかの鳥のことをよく見ています。見えない場所にいても、声や立てる音で相手がなにをしているのか察することができます。先にも解説したように、オカメインコは自分の気持ちを隠すことができないため、怒っていれば怒声が聞こえてきますし、うれしいと感じていれば、歓喜の声も聞こえてきます。

慣れないと、人間にはちがいの聞き分けが難しいのですが、「うれしい」と「楽しい」では、少し声の質がちがっています。完全に個人的な

感情であるほかの鳥の「うれしい」の声にはそれほど強い反応を見せないものの、「楽しい」の声が聞こえ、その近くで飼い主の声がした場合、近くに行って確認したい衝動が生まれます。なお、メスよりも他者の動向に関心をもちがちなオスに、この傾向が強く見られます。

それは、「ほかの鳥がおもしろい遊びを見つけたなら、それに参加し

たい」という気持ちや、「自分以外の鳥が、自分から見えないところで好きな人といっしょの時間を過ごすなど、絶対に許せない」などの気持ちなどに由来します。いずれにしても、楽しい気持ちの発露である「歓喜」の声は、ほかのオカメインコを惹きつけます。

それには、相手と自分を比較する心をもっていること、「家で最優先されるのは自分であってほしい」という願いや「嫉妬の感情」をもっていることも大きく影響しています。

聞こえた声の原因が楽しい遊びだった場合、そのままいっしょに遊び始める例もよく見られます。こうした行動が、オカメインコのオスたちが集団になる遊びの大きなきっかけになっています。

飼い主の取り合い

その家で暮らすオカメインコ全羽が、程度の差はあっても飼い主のことが大好きな場合、だれかがなでてもらっているのを見た瞬間、「自分も」と、その人間のもとに殺到し、頭の押しつけあいになる光景もよく見られます。

気が強い鳥の場合、先に到着して飼い主になでてもらっている鳥を押し退けるようにして自分をなでるよう促す例もよく見ます。一方、人の手に頭を押し当てつつ、「まだ？」というように上目づかいでチラチラ見上げるケースもあります。交代してくれるまで無言の圧力をかけ続けるのも立派な戦略です。

人の手許にオカメインコたちが集まってくる時間は、優先されるのはだれかという点で鳥たちの力関係が見える瞬間でもあります。人間にもわかりますし、鳥どうしもあらためて実感します。なお、自分が後回しになって腹が立っても、自分の番がまわってきてなでてもらうと苛立ちは霧消するので、恨みや怒りを引きずることはありません。

9-13 比較する心と羨望

ほかの鳥と自分

先にも解説したように、オカメインコには自分と自分以外の鳥の状況を比べようとする心があります。根底にあるのは、自分がいちばんでいたいという思いです。内にもつ独占欲が、その気持ちを強めます。

大好きな人間にいちばん愛されるのは自分でありたい。オカメインコは、ほかの鳥種よりもその気持ちが強いようです。特にオスがそうで、独占欲や嫉妬心を隠そうともしません。メスはどちらかといえば控え目ですが、強く愛情を求めるものもいます。

嫉妬心が強い鳥は、好きな人間とのあいだで十分なスキンシップをもち、満足してそこを離れたとしても、ほかの鳥がなでられている姿を目にした瞬間、「そうしてもらうのは自分だけ！」とでもいうように、怒りを湛えた目で現場に駆けつけ、なでられている鳥を追い払ったりします。ただし、ともに育った仲のよい鳥に関しては、寛容さを見せることもあります。

気の弱さなどから、ほかの鳥に対して強く出られない鳥もいますが、そうした鳥でも、心の底で嫉妬の炎を燃やしていることがあります。それが日常になると、ストレスが澱のように溜まり、心身の不調を呼ぶこともあります。

そうした鳥に対しては、ほかの鳥から見えないところで、こっそり二人（ひとりと一羽）だけの時間をつくってスキンシップをします。そうすることで心を満たし、平穏を取り戻すことができます。

食べ物から「ひいき」を知る

興味深いのは、複数羽が飼育されている家の多くのオカメインコが、放鳥時、遊びに夢中になって「家」を留守にしている同種のケージにこっそり入り込み、中の配置を眺めつつ、エサを食べて内容を確認する例があることです。食べてみて、自分のケージとおなじであることがわかると満足したような顔で出てきます。おなじなら、怒りは湧きません。

食べているものを確認することで、そのケージの鳥が自分よりも「よい目」にあっていないことが確認できます。こうした行動も、自分と他者を比較する心があればこそです。

物理的にひいきにされている鳥は見ればわかりますが、食べているものは、実際に食べてみないとわかりません。住民のいない留守のあいだが、恰好の確認タイムとなります。問題ないと思った鳥は、心に平安が広がります。

羨ましい気持ち

ほかの鳥と自分を比較して、相手の方が待遇がよいと感じると、なによりも先に怒りが湧きます。オカメインコに、おなじ家で暮らす鳥を羨む気持ちはほとんどありません。

一部のセキセイインコは、オカメインコと初めて出会ったときなど、頭頂を飾る、動く冠羽を見て、「羨ましい」に相当する思いをもつこともあるようですが、オカメインコが「羨ましい」という気持ちをもつのは、基本的には同種や他種の鳥ではなく、人間に対してです。

自分には触れることが許されていないものをさわっているときや、自分は禁止されている食べ物を美味しそうに食べているときに、興味とともに「羨ましい」という感情が湧くことがあるようです。

そうした気持ちはほかの気持ちと同様、すぐに消えてしまいますが、羨ましいと感じた対象のことは記憶の隅に残り続けます。そしてある日、人間が目を離した隙に、「チャンス」と感じて、さわってみたり、食べてみたりします。ときにそれが危険な事態も招くことは、よく知られたとおりです。

Column

ライナスの毛布

離れたくないもの

オカメインコの心に「所有する」という意識があるのかどうか、まだよくわかっていません。ただ、一部の鳥には、幼いときからずっと触れてきたものの中に、それがないと不安になるほどの特別な愛着を感じる、いわゆる「ライナスの毛布」が存在するのは事実のようです。

スヌーピーのキャラクターで有名なマンガ『ピーナッツ』に登場する少年ライナス・ヴァン・ペルト。彼が肌身離さずもっている毛布から、手放せないほどの強い愛着を向けられるものを「ライナスの毛布（安心毛布）」と呼ぶようになり、心理学用語にもなりました。

うちにいたノーマルのオスは、幼鳥期からなぜか緑色のはさみがお気に入りで、亡くなるまでの22年間、毎日それを眺め、足で踏んで、幸せそうな顔をしていました。奪うと必死に追いかけてくるので、飛び回ってケージに帰らない日は、「これがどうなってもいいんだな?」と、はさみを人質（?）にして呼び寄せ、捕まえてケージに戻すというずるいこともしました。

文具のはさみはオカメインコには重いため、持ち歩いたりはできなかったものの、「必ずいつもそこにあるもの」として「自分のもの」という意識はもって暮らしていたようです。

おそらく刷り込みのようななにかだとは思いますが、特定のものに対して強く愛着をもつようになる詳しいメカニズムはわかっていません。それでも、彼の意識を構成するものの一部であったことは事実です。

お気に入りのはさみを踏むメイ。

上手なコミュニケーションのしかた

Chapter 10

10-1

コミュニケーションは不可欠

群れの鳥である意味

群れをつくる鳥はいつも、群れの中にいるほかの鳥の存在を感じながら暮らしています。仲間の姿が見え、その声が聞こえると安心します。

群れの仲間は、危険な敵を見つけたときや自身が襲われたとき、悲鳴をあげます。それは仲間に対する警告となります。一方で、つがいでもないかぎり、そうした鳥を心配する気持ちはありません。だれかが襲われているとき自身は安全なので、逆に安堵します。そういった意味で、群れは「保険」でもあります。

大きな群れをつくる鳥の多くは、あまりまわりの鳥を個体識別していません。コミュニケーションもゆるく、多くは行動をともにするためのものとなっています。

しかし、オカメインコは少しちがいます。

つがいの相手や自身の子、近隣の家族が集まった小集団が群れの基本単位であることから、群れのほとんどが顔見知りです。

こうしたオカメインコの群れのメンバーの多くは、たがいの声が届く範囲内にいて、それぞれの行動を把握しながら暮らしています。一般的な鳥の群れに比べて、物理的な距離も心の距離も近い生活です。

もちろん他種と同様、ほかの鳥が発する声は重要な情報源であり、食べ物を見つけたときに発せられる声など、日常的に耳に入ってくる声や羽音を聞いて状況を把握したり、声に反応したりすることも、彼らの生活の一部、コミュニケーションの一部となっています。人間に飼育されているオカメインコも、そうした感覚を人間の家庭に持ち込んでいます。

対鳥、対人関係

家庭内にいるほかの鳥については、声や挙動から、なにをしているのか理解します。どんな性格で、どんな行動をする鳥なのか、自分への関心をふくめて把握していきます。

　人間に対しても同様で、出会ったときから、どんなリズムで生活し、どんな性格で、自分にどんな感情をもつのか理解しようとします。

　家庭内のものの配置も、そうした人間の観察を通して自然に心に刻まれていきます。もともと好奇心の強い鳥種ですから、人間という種自体に興味をおぼえるオカメインコも少なくありません。

　インコやオウムの多くは、人間が行っているコミュニケーションにも目を向けます。人間のコミュニケーション方法を知ることは、人間のもとで暮らしていくために、とても重要だからです。


　ヒナで迎えられた鳥からすれば、人間は親のかわりに育ててくれた相手。育つ過程で希望の伝え方や「イヤ」の伝え方など、人間とのスムーズなやりとりを学習していきます。手伝って、遊んで、などの「思い」の上手な伝え方も学習するようになります。

コミュニケーションの目的

　人と暮らすオカメインコのコミュニケーションの目的は、大きくは2つあります。ひとつは、人間の家での暮らしを円滑に進めるためのもの。もうひとつが、「自身の心をよい状態に保つための交流」としてのコミュニケーションです。ともに、とても大切なものです。

　異なる集団に加わって生きていく際には、その集団のやり方に合わせて自身本来のやり方を変えていく必要がありますが、メンバー全員が顔見知りで、ほとんどが目に入る場所にいる家庭での生活は、もともとの暮らしに準じるものでもあるため、オカメインコにはこの点での戸惑いはあまりありません。

10-2 相互コミュニケーションの第一歩

ただあたりまえに

多くのオカメインコは、ヒナから若鳥の時期に家庭に迎えられます。

この時期のオカメインコの心は特に柔軟なため、人間の暮らしに合わせることは、それほど難しくはありません。数日、とまどいがあったとしても、「この人間は親のかわり」と自身を納得させられたなら、あとは悩んだりしません。

ヒナや若鳥は、「ごはんをちょうだい」、「食べたくない」、「調子悪い」、「遊んでほしい」など、自身に備わったやり方で要望を人間に伝えます。そうした要望や、体を通しての状況の伝達は、まちがいなく飼い主に伝わります。

鳥たちは、上手くいっていることについては悩まない傾向があります。伝えたいことは伝わっているのだからそれでいいと、特にヒナは簡単に納得します。幼く柔軟な心に「種の垣根」は、もとより存在しません。

また、生活を始めてまもなく、人間も自分たちとおなじように声や挙動で気持ちや状況を伝えあっていることに気づきます。うれしさや怒りなど、感情をもっていることも。そんな感情が宿る人間の心も「あたりまえのもの」として自然に受け入れます。人間の心も自分たちの心に近いという実感も、「あたりまえのこと」として受け入れていきます。

オカメインコの努力

人間もオカメインコも、怒りや不満は顔と声の両方に出ます。喜びはともに声に出て、ときに全身で表現されます。それらは瞬時に相手に伝わります。

ほどなくして、人間の顔には大きく変化する「表情」があることにも気づくようになります。人間どうしは、かけあう言葉に加えて、顔に浮かんだ表情を見て、相手の感情や心の状態を察しているらしいことも理解します。

そうした様子から、顔の表情やその変化もコミュニケーションツールであることを知った鳥は、人間の表情の意味を理解しようとします。オカメインコにとって、声の質や調子から感情を読むことは難しくないため、声をたよりに人間の表情の意味を少しずつ把握していきます。

うれしいとき、喜んでいるとき、幸せを感じているとき、どんな顔をするのかわかると、自分がなにをすれば人間が喜ぶのかがわかり、さらには人間がうれしいと感じたとき、自分に「よいこと」をしてくれることがあることも知ります。そこから、人間を喜ばせたり、うれしくさせることは、自分にとってプラスになると悟ります。

このようにしてオカメインコは、対人コミュニケーションのスキルをアップさせていきます。それは自然の流れであり、半ば無意識の努力で、オカメインコ自身には、おそらく努力をしたという感覚も苦労した感覚もありません。

人間の感情や意図を上手く読み取れるようになったオカメインコに対し、今まで以上に仲よくなったとか、上手くコミュニケーションを取れるようになったと人間は喜びます。

しかし、そうしたコミュニケーションを支えているのが、オカメインコ側の見えない努力のおかげであることに多くの飼い主は気づいていません。オカメインコの気持ちを理解するための努力が不足している飼い主も多く見られます。この時点で状況は、とてもアンバランスです。

鳥たちは人間の表情を読めるようになり、それを対人コミュニケーションに活かしています。が、一方で人間は、まだまだ努力が不十分です。

10-3 人間にできること

心を知る努力を

種を超えたコミュニケーションでは、相手と自分（人間）とで伝え方や感じ方が大きく異なることも多いため、まずは相手のやり方を学び、それぞれの「ものさし」を合わせる必要があります。

オカメインコは意識することもなくそれを行っていますが、人間——飼い主の多くは、彼らほど、相手のやり方を学んでいません。

そうした意識を変え、オカメインコの体や心理の理解を深めてはじめて、両者のコミュニケーションは次のステップに進むことができます。

オカメインコの挙動や顔つき、冠羽などから彼らの心理を読み解く方法は前章で解説しました。そうした情報も参考に、オカメインコの表情と表現をじっくり見て、その背景にある心理がつかめるように自分自身を訓練してみてください。

たとえば、怒っているように見える顔。先にも解説したように、おなじような顔でも、怒りの程度にちがいがあります。

ふつうに怒っているのか、すごく怒っているのか。条件反射的なものだったのか。怒りはただのポーズで、本当は怒っていないのか。ただの「ノー」なのか。状況から気持ちを予想し、その後の行動から本当の心を推測してみてください。

繰り返すうちに微妙なちがいが見えてきて、正解率が上がってくるはずです。

観察して推測

次にしてほしいトレーニングは、

放鳥時、オカメインコをじっと観察して、瞬間瞬間、なにを見ているのか理解することです。

オカメインコもほかのインコやオウムも、なにかをする際には必ず対象物を見ます。その視線から、どこに行くつもりなのか予想してください。また、行った先でなにをする気なのかも予測してください。

特定の対象で遊ぶことが好きな鳥なら、目的地にあるなにかを使って遊ぶことが目的かもしれません。いつも見ていると、どこに行ってなにをする気なのかわかるようになってきます。

目的のものに触れているときの気持ちも推察してください。満足したのか、もっとちがうなにかを求めているのか、なども。

見つめていると、視線が合うこともあるはずです。目が合うと考えを変え、当初の目的地でなく、あなたのところに飛んで来ることもあります。その場合も、なにをするために飛んで来るのか推測してください。なでてほしい、ただの踏み台として頭や肩に止まりたい。肩から腕を伝ってテーブルに移動したいなど、いろいろあります。

いっしょになにかをして遊びたいと考えたケースもあります。手の中にあるスマホに興味があって、その上に止まったり、そこに映った映像や画像を見たいのかもしれません。

オカメインコは一羽一羽、異なる個性をもちます。思っていることや感じていることは個体によってちがっています。個性も加味して、その鳥がしたいこと、感情の傾向などをつかんでみてください。

こうした訓練によって鳥の心の理解が深まってくると、今まで見えなかった気持ちも見えてくるかもしれません。

鳥がなにかしているとき、なにを考えて、どんな気持ちでいるのか想像する習慣をつけると、鳥たちへの理解度が深まります。

10-4 安定した心の交流の先

基本コミュニケーションの先へ

オカメインコと人間がともに、声や挙動から相手の気持ちを読み取れるようになって、十分なコミュニケーションが成立。さらに、人間の家での暮らしにも不安がなくなると、オカメインコが求めるコミュニケーションはひとまず完成します。

ここまでくると、明日もきっとおなじような日になって、この先もこんな日が続いていくという確信がオカメインコの心に刻まれます。それは安定感であり、人間が感じる平和や幸福に近いものと推察できます。

しかし、ここが終着点ではありません。コミュニケーションはこの先も続いていきます。おたがいのことがさらによくわかり、愛しくなる可能性があります。

完熟の関係

長い時間をともにすごした夫婦には、短い言葉やアイコンタクトで多くのことが伝わる例もよく見られますが、同様のことがオカメインコと人間のあいだにも成立します。そして、さらにわかりあい、「阿吽《あうん》の呼吸」になるように、日々の暮らしの中、すり合わせは続きます。

オカメインコの側には、そこに「もっと」が加わります。

もっと楽しくする。新しい遊びや、楽しみを見つける。この相手（人間）についてもっと知る。ふだんの遊びなどにおいて、どこまで許されてどこから禁止されるのか、「線引き」のラインを確かめ、それを変えることができるか確かめる。

そんな動きが出てくるのも自然なことです。

また、そうしたやりとりを通して、さらにおたがいの理解や信頼が高まっていきます。その先に、オカメインコにとっての幸福な生涯が見えてきます。

10-5 オカメインコは「かけひき」をする

もっと!

人間とオカメインコ。おたがいに慣れてきて、相手に要求する方法もわかってくると、「もっと」という欲も出てきます。

たとえば人間は、口笛が吹けるようになってほしい、知的なゲームにも挑戦してほしいなどと考えたりします。そのための訓練方法を調べたり、トレーニングの教室を探してみたりすることもあります。

オカメインコは、新しい楽しみや、今よりももっとたくさんかまってもらう方法などを模索し始めます。そして、ほかの鳥よりも長く、密度高くかまってもらうために、実力行使的にいろいろ要求をしてきたりもします。

やりたい事柄について、どこまでなら主張が通るか知ることも、オカメインコにとっては大事なこと。なので、その線引きのラインの確認もします。

いってみただけ

少しずつ、自分に許されること、してもらえることを増やしていくための「かけひき」もします。線引きのラインを知るためのやりとりの中、おそらく無理だろうと思うことをあえて要求することもあります。最初から多くは期待していないので、ダメといわれても心にダメージはありません。

思いがけず要求が通ると、「よし

っ」と感じます。それはおそらく、人間が「ラッキー」と感じるような感覚なのだと思います。

一方、これで遊びたいと思ったものに対して、「だめ」と飼い主から制止された際、代わりとして、それに近い、ちがう遊びを提示されることがあります。やってみると意外におもしろく感じられ、これからも遊びたいと思えた場合、それは新たな楽しみとなります。

仮病もあります

とにかく、ほかのだれより自分を見てほしいオカメインコは、手段を尽くして「かまって」攻撃をします。

ときおり目にするのが、食欲が落ちて食べられなくなったときに心配して、ずっとそばにいてくれたことから学習し、「食べないとかまってもらえる」と思い込むこと。飼い主が不在のときなど、食べずにいて、心配してくれるのを待ちます。

病院で検査してもらってもどこにも異常がなく、飼い主がそばについていると機嫌よく食べたりします。そうした鳥に対して獣医師から「仮病」の可能性が指摘されることがあります。

好きな相手の姿が見えないと分離不安から食欲がなくなり、次に姿が見えるまで何時間も待ち続ける鳥もいて、そうしたケースと混同されることもありますが、別物です。ただ、いずれにしても、そばにいることが心の薬であることは確かで、一定量食べるまでそばについて満足させることも大切です。

かまってほしくて仮病をつかう心理は、同様のことをする子供の心理に近いものです。ただ、オカメインコの場合、好きな相手の気を引くために食べるのを止めていると、本当に具合を悪くすることもあるため、少しだけ注意が必要です。

食欲がないんです…
悪いところはなさそうです
分離不安もしくは…仮病かもしれません

10-6 心の交流は個性にあわせて

すべてがおなじではない

個性のちがいは、コミュニケーションに求めるものにも出てきます。人の手で育てられたオカメインコでも、すべてが手乗りになるわけではありません。自我がしっかりするころに、人と距離を取るようになる鳥もいます。

育てられ方の問題から人間が苦手になる鳥は一定数いますが、もともとの個性から、一羽で過ごすことを好み、平均的なオカメインコのように人と深く接することに重きを置かない鳥もいます。

そうした鳥の場合、人間の好き嫌いは関係なく、人やほかの鳥と距離をとって暮らすことで心が落ち着きます。指や肩には乗るものの、人間の指が体に触れることを極端に嫌う鳥もいます。それも個性です。

平均的なコミュニケーションができないことで、育て方が悪かったかもしれないと自分を責める人もいますが、それは不要です。自身もその鳥も責めたりしないでください。

ともに暮らすオカメインコが、飼育者が頭に描くコミュニケーションの枠に入らない鳥で、人間と距離を空けることで満足しているのなら、ほかの鳥とはちがう意識をもつ個体として、その気持ちや生活スタイルを尊重してあげてください。

離れた場所で一人遊びしつつ、人間やほかの鳥を見て幸福を感じている鳥もいます。声をかけあうだけで満足するオカメインコもいます。スキンシップが多いことが唯一の理想とは決めつけず、その鳥にあったコミュニケーションをめざしてください。

ふれあいがあまりできないことに自身が不満を感じたとしても、オカメインコがそう感じていないのであれば、そういう暮らしの選択もありと、自分を納得させてください。

10-7 「遊び」も大切

家庭で遊びが開花

オカメインコも遊びます。放鳥の時間は、好きな場所で好きなことができる時間であり、仲のよい相手や飼い主と遊べる時間でもあります。

インコやオウムは元来、遊びを楽しむことができる高度で柔軟な脳をもっています。しかし、捕食される側の彼らは、野生では敵の警戒や食料確保など、基本的な生活でいっぱいで、遊ぶ余裕はありませんでした。

家庭で暮らすようになるとそれが一変。日々の暮らしの中にできた遊びの時間は、オカメインコの生活において不可欠なものとなり、大きなウエイトを占めるようになります。家庭内で暮らすほかの鳥とのやりとりや人間とのやりとりにも「遊び」は含まれています。

コミュニケーションの中核に

いっしょに遊ぶことで、相手がどんな性格で、どんなふうにふるまうのかわかります。数時間遊んだだけで、社会性の有無もふくめ、おたがいの反応もわかるようになります。

延々と繰り返される遊び。これもまたオカメインコが望むコミュニケーションです。

楽しく遊べる相手に対しては親近感も湧きます。それが「好き」という気持ちにつながることもあります。

つまり「遊び」は、家庭という環境において、とても有効なコミュニケーション手段でもあるということです。

もちろんそれは、人間とのあいだ

でもいえます。遊びたいおもちゃをもってきて、これでいっしょに遊ぼうと促したり、人間そのものをおもちゃやアスレチックジムがわりにして遊んだりもします。そうした遊びを通して、オカメインコは人間のことが、人間はオカメインコのことがわかるようになっていきます。

テーブルからなにかを落として人間に拾わせ、それをまた落とす。そんなことを延々と繰り返すことも、オカメインコには楽しい遊びです。そんな遊びのあとには、人間に対して楽しいことにつきあってくれたという好印象が残ります。「遊ぼう」という促しは、「あなたとコミュニケーションがしたい」という主張と考えてください。

人間とオカメインコとのコミュニケーションにおいても遊びは、とても有効な手段といえます。

遊びもきっかけ

遊びは、自身が楽しむことが第一の目的ですが、ほかの鳥と連れ立って遊ぶことで、感じる楽しさが何倍にもふくらむ体験すると、オカメインコも人間と同様、「仲間と遊ぶっていいいな」と思うようになります。おそらくそれは野生にはない連帯感です。

遊びは、いっしょに遊んでいる相手との距離を近づけてくれます。遊びを通した密度の高い接触は、相手の性格や考え方などを短時間で理解させてくれます。遊びは相互理解のための時間を、大幅に短縮させてくれると思ってもいいでしょう。

仲よくなった鳥どうしは、ケージから出たタイミングで合流し、連れ立って歩き回ったり、いっしょになにかをかじったり、同時に飼い主にちょっかいをかけてみたりします。そうした行動も、仲間どうしの心の絆を深めることに役立っています。

10-8

言葉や口笛を教える

言葉は苦手です

おしゃべりが得意なオカメインコはほとんどいません。1歳未満のときは少し話したけれど、2~3歳になるとまったく話さなくなったという話もよく聞きます。大人になっても言葉を話していたなら、それは特別な才能をもった個体だと思ってください。

脳がまだ柔軟で、多くのことが吸収できる生後2~6カ月の時期に、人が話すのを見ておもしろいと感じ、チャレンジを決意したオスの鳥だけが言葉を口にするようになります。

言葉を話す鳥は、舌と気管と鳴管を上手くコントロールして「人間の言葉に聞こえる音」をつくりますが、舌をふくむ口腔内の構造が人とオウムではかなりちがっているため、話すには少なからぬ努力が必要です。

オカメインコの鳴管はセキセイインコほど発達していません。そんなオカメインコが人間の声を発するのは、実はとてもすごいことなのです。

人間の言葉を話したくなる気持ちの根源にあるのは、人間のように話してみたいという純粋な思いと、話せるようになれば、好きな相手ともっと仲よくなれるという思いです。そこに、ほめられたいという願いが加わることもあります。

懸命な修練なしには達成できないことなので、話せる鳥は力一杯ほめてあげてください。ほめられるとうれしくなって、さらに練習を重ね、レパートリーを増やしていきます。

言葉を話せる条件

オカメインコが人間の言葉を話せるようになるには、「本鳥が話したいと思うこと」（意思）、「舌・気管・鳴管が上手く操れること」（才能）、「できるまで時間をかけて努力できること」（忍耐）が条件です。

加えて、オカメインコの鳴管や口

腔の構造は、人間の言葉をつくるよりも口笛をまねるほうがずっと簡単なため、生後まもない時期に絶対に口笛を聞かせないことも条件です。

なお、口笛に関しては、一部のメスにも可能な鳥がいます。

ピピピピッピィ
ピ～ピュッ
ピョョッピッ♪
アレンジきいてるねぇ～

言葉や口笛を教える方法

言葉は、おぼえたい鳥だけがおぼえます。その鳥の意思に反して教え込むことはできません。また、言葉を発する鳥も、耳にした言葉の中で、口にしたいものだけを口にします。

最初に口から出る言葉は、とても曖昧な音です。おなじ言葉を人間が正しい音で何度も聞かせることで、耳にした言葉をもとに、自分の言葉を修正して、より正しい発声ができるようになっていきます。

眠る前にもごもごとなにかいう声を聞くことがありますが、それは人間の幼児の喃語《なんご》のようなもので、言葉の練習にあたります。

どうしても教えたい言葉がある場合、それを繰り返し聞かせることで記憶させることはできます。ただし、口にするかどうかはその鳥しだいです。

口笛の音をまねさせたい場合、生後2～6カ月ほどの時期に、まねしてほしい曲を何度も吹いて聴かせ、記憶させます。記憶した曲を自分でも発してみたいと思った鳥は練習を重ね、少しずつ正しいメロディで吹けるようになっていきます。

ただし、正しいメロディが聞ける期間は予想外に短いかもしれません。やがてアレンジを楽しむようになり、どんどんオリジナル要素を加えていって、いずれ原曲とは異なる曲につくりかえてしまう例をよく見るからです。

10-9 どこまでわかっている？ 言葉の意味

意味を知る方法

オカメインコも、よく耳にする人間の言葉を記憶し、意味をふくめて理解することができます。ものの名前や色、形状、挨拶や呼びかけの言葉など、本気でおぼえようと思ったなら、数百の言葉をおぼえることはおそらく可能でしょう。

しかし実際には、ほとんどのオカメインコが積極的におぼえようとするのは多くても数十の単語です。

特定の時間帯と、人間の特定の行動が結びついた言葉は、おぼえやすいことがわかっています。たとえば、毎朝、「おはよう」という言葉とともにケージのカバーが取られ、好きな人間の顔を見るとしたら、「おはよう」は「朝」を意味する言葉で、一日の始まりと結びついた単語として脳に刻まれます。

同様に、「おやすみ」は「夜」と結びつき、「一日の終わり」を示す言葉として、眠る時間になったことを伝える単語として脳に刻まれます。

出かける飼い主と結びつく言葉「バイバイ」も、手を振るジェスチャーとともに記憶されます。

意味をふくめて理解しているからこそ、夜、眠らせるためにケージにカバーをかけた際、「おはよう」と中から声に出す鳥もいるわけです。「まだ遊びたい」、「朝だからカバーを外して」、「顔を見せて」という気持ちが、そうした言葉には込められています。

色は理解しやすい

ゲーム的にオカメインコになにかをさせようとするとき、「赤いの」や「青いの」と言いながらその色のものを見せていると、よく見ているものを見せていると、よく見ている色の名前をおぼえ理解します。色の見分けは鳥たちも日常的に行っているため、それを示す言葉と結びつけて記憶するのは難しくないようです。

かつて海外で行われたヨウムの理解や学習の研究においては、三角形（△）や四角形（□）、丸（○）などの意味と言葉を合わせて教え込むことも可能でした。三角形や丸など、オカメインコは言葉を発して教えてくれたりしませんが、形状を理解しておぼえることは十分に可能でしょう。

名前がもつ意味

自分の名前は、もちろんしっかり認識しています。同時に、自分以外の鳥の名前も脳に刻まれていきます。飼育されている数が多い場合、親しい鳥と、嫌いな鳥の名前を中心に記憶します。嫌いな鳥の名前をおぼえるのは、その名が独占欲とも密接に関わってくるからです。

自分の名前が呼ばれるとき、呼んだ人間の意識が自分に向いていることがわかります。それはうれしいことです。

自分以外の名前が呼ばれることはあまりおもしろくないことですが、呼ばれた名前が親しい鳥である場合、多少の不満は感じても怒りを感じることはあまりありません。

逆に、嫌いな鳥の名前が頻繁に呼ばれると、沸騰するような怒りを感じて、自由に動ける放鳥時だった場合、その鳥または名を呼んだ人間を攻撃することがあります。嫌いな相手が優遇されるのは、オカメインコにとって許せないことのようです。

10-10

オカメインコはほめられたい

うれしさが行動の基本

人と暮らすオカメインコには、楽しい時間、心地よい時間を過ごしたいという希望があります。なでられて感じる快楽は肉体的な気持ちのよさであり、ご褒美をもらったり、特別扱いされたり、ほめられたときにうれしいと感じるのは、心の快楽です。うれしい時間を増やし、楽しい時間を増やす。若鳥から老鳥まで、そのための努力は惜しみません。

えらいね。すごいね。かわいいね。という言葉が聞かれるときには、同時になでられるなどの物理的な気持ちよさが加わることも知ります。

ほめられる→いいことがある

そんな学習もします。心地よさやうれしいことを増やすために、ほめてもらおうともします。ゆえに、なにかをさせたいときや、ほかのことに注意を向けたいときは、「ほめる」ことも有効な手段になります。

あなたを喜ばせたい

オカメインコには、大好きな人間を喜ばせたい気持ちもあります。その背景にあるのは、ほめられたい気持ちや、「かわいい」といってほしい気持ちです。

オカメインコのそうした心は、死ぬまで変わりません。そんな気持ちへの寄り添いが、円熟期のコミュニケーションの重要な核になります。

かわいいねー…
えらいね！
うれしい！うれしい！ほめてもらった♪

10-11 なにかさせたいとき

できることを広げていく

生物は基本的に、自分の興味が向くこと、自分がしたいことしかしません。オカメインコもそうです。

遠まわりに見えますが、なにかをさせたい場合、まずはその鳥の興味や関心の幅を広げることから始めるしかありません。

毎日接していると、それぞれにやりたいこと、興味を示すものがあることに気づきます。それに近く、まだ関心を示していないものを見せながら、人間がさわり続けたり、やって見せたりします。興味がわくと、「自分も」というかんじでさわってみるようになります。

若い時期から日々、鳥の関心の幅を広げるように飼い主が促すと、さまざまなものに関心をもつ、いうなれば趣味の広い鳥に育ちます。もちろん自分で見つけた遊びや楽しみも、そこに加わります。

飼い主も参加できるものなら、いろいろいっしょにやってみてください。それも両者にとって、好ましいコミュニケーションとなります。

複数羽の場合

オカメインコは、ともに暮らすほかの鳥の動向を常に見ています。だれか、もしくはその鳥をふくむ集団が遊びなどに夢中になり、楽しそうな声をあげていたとき、多くはそれに無関心ではいられません。

声に惹かれ、なにをしているのか見にいって、そのまま遊びに加わることもよくあります。複数羽がいると、それぞれの興味がほかの鳥にも自然に伝播するため、興味の幅、やってみたいことの幅が倍々になって、それぞれの心に広がっていきます。それはとても好ましいことです。

集団で遊ぶのはおもにオスで、メスは積極的でないことも多いのですが、興味に抗うことができず、つい

仲間の存在は、興味の幅を広げるにはうってつけです。

その場に加わってしまうメスもいないわけではありません。

教えるにあたっての注意

クリッカー・トレーニングなどを通してオカメインコになにかを教える方法は、それだけで一冊の本になるボリュームがあるため本書では割愛しますが、教える際に大事なのは、押しつけるのではなく、遊びの要素も入れて、オカメインコ自身も楽しみながらできることをする、です。

飼い主がやってほしいと強く願っても、そのオカメインコには興味も関心もない、ということもあります。ただし、おなじ家の中にやってほしいことができる鳥がいた場合は、模範としてやってもらうと関心を示すことがあります。さらに、できたその鳥をほめると、悔しくなって、自分だってできると、チャレンジを始めることがあります。そうなったらしめたものです。

なお、鳥のトレーニングには、飼い主側にも一定の知識が必要です。自身の考えのまま、勝手に独自のやり方で始めるのではなく、関係する書籍を読み、教室としてやっているトレーニングの場に参加するなどして、まずは基本となるやり方とリスクを学んでください。そうでないと、思わぬ事故が起こる可能性もあります。

また、おやつ的なものをご褒美に与えて行う訓練には、肥満のリスクが伴うことも知っておいてください。ひとつのことができるようになると、飼い主の側に欲がでます。生じた欲のままに次から次と課題を与え、クリアさせていくあいだに過食となって、肥満が進むかもしれません。

その結果、病院からダイエットを指示されることがあります。が、急にトレーニングがなくなり、課題とされていたことをやっても食べ物がもらえなくなると、その状況にストレスを感じる鳥もいます。

10-12

わかりあえないこともあると知る

すれちがいも

どんな相手とも確実に心が通じあうわけではありません。異種間コミュニケーションの場合、どうやってもわかりあえないことは出てきます。

人間側のスキルや努力、またはその両方が足りず、交流が中途な状況になって、わかりあうというレベルに達していないこともあります。

ともに暮らす鳥に対して、なかなか心が伝わらない、自分に懐かない、鳥からの攻撃が止まらないといったことから、困惑だけでなく、行き場のない不満や怒りを心に溜め込む人もいます。

意思と感情をもった相手とのやりとりです。どんなに努力をしても、上手くいかないことはあります。その場合は、できるだけの努力をし、交流のためのスキルを磨いて、それでもだめなら半分だけあきらめて、おなじ家で暮らしていくための折り合い点、妥協点を探してください。

人間と同様、なにもかも思い通りにいかないと不満を溜め、それがストレスになっている鳥もいます。オカメインコの場合、人間の家で暮らしていくためにさまざまな妥協や、人間の行動や感情を読む努力をして、そこで暮らす術を身につける個体も多いのですが、歯車が噛み合わないように、どうやっても人との暮らしになじめない鳥もいます。

飼い主がピンポイントで絶対に合わない相手だった、というケースも残念ながらあります。その場合も、妥協点を探ることになります。

場合によっては、鳥をよく知っていて、鳥の幸福を第一に考えてくれる専門家的な人にあいだに入ってもらい、ほかの人間が鳥を引き取ることで、両者の心がともに平穏になることもあります。オカメインコと人間がともに幸せであるために、必要時には考えられるすべての手段を検討してください。

10-13

空気の読めない鳥

鳥どうしが苦手？

人間とはよい関係を築けるのに、鳥どうしではコミュニケーションが上手くいかない鳥もいます。

人間の暮らしに暗黙のルールがあるように、オカメインコにも「こういう行動はＮＧ」といったような、種として自然に備わっているルールがあります。そのルールに沿った行動ができない鳥がいます。

人間の場合、だれかとだれかが話しているところに突然割り込んで自分語りを始めるような人は敬遠されますが、まさにそんな行動を取るオカメインコもいます。

相手が自分を嫌っていても、それがわかりません。拒否されても、それが拒否だと理解できず、ストーカー的に相手を追い回したりします。さらには求愛行動を一切することなく、いきなり長い尾羽を踏んで相手を動けなくして背中に乗り、交尾を迫るような行為に及ぶことさえあります。結果、相手からは完全に「嫌い」認定をされます。一言で表現するなら、「空気の読めない鳥」です。

そのだいたいがオスです。それぞれ行動パターンにちがいはありますが、空気を読めないという点はおなじです。全体から見れば少数ですが、そうした鳥はオカメインコの中にも確実にいると知ってください。

ただ、その家の鳥たち全員が20歳を超えて老鳥になると、「あのころはしかたない鳥だったたねぇ」とでもいうかのように寛容の空気が生まれることもあります。不思議さも感じますが、ある意味、オカメインコらしくもあります。

10-14

体に障害がある鳥との交流

すべてが健常とはかぎらない

生まれながらに体に障害をかかえた鳥がいます。病気やケガの後遺症により、体が不自由になってしまった鳥もいます。残り寿命が見えて、ターミナルケアを行っている鳥もいます。自分の体の問題点を知っているがゆえに、消極的になってしまった鳥もいます。

そんな鳥たちも、健康なオカメインコとおなじ心をもちます。体が動かなくても、動かなくなっても、好きな相手（人、鳥）との交流を望んでいます。

体に不自由があるがゆえに、心細さを感じることも多く、人間に対してより深いスキンシップを求めている場合もあります。そういう鳥にこそ、バリアフリーの遊べる場と、コミュニケーションが必要です。

翼を失ったり、足や指を失ったとしても、鳥は今できることを精いっぱいしています。心は不自由になりません。生きているかぎり、楽しみを求め続けます。その願いに応えてあげてください。それができるのは飼い主だけです。

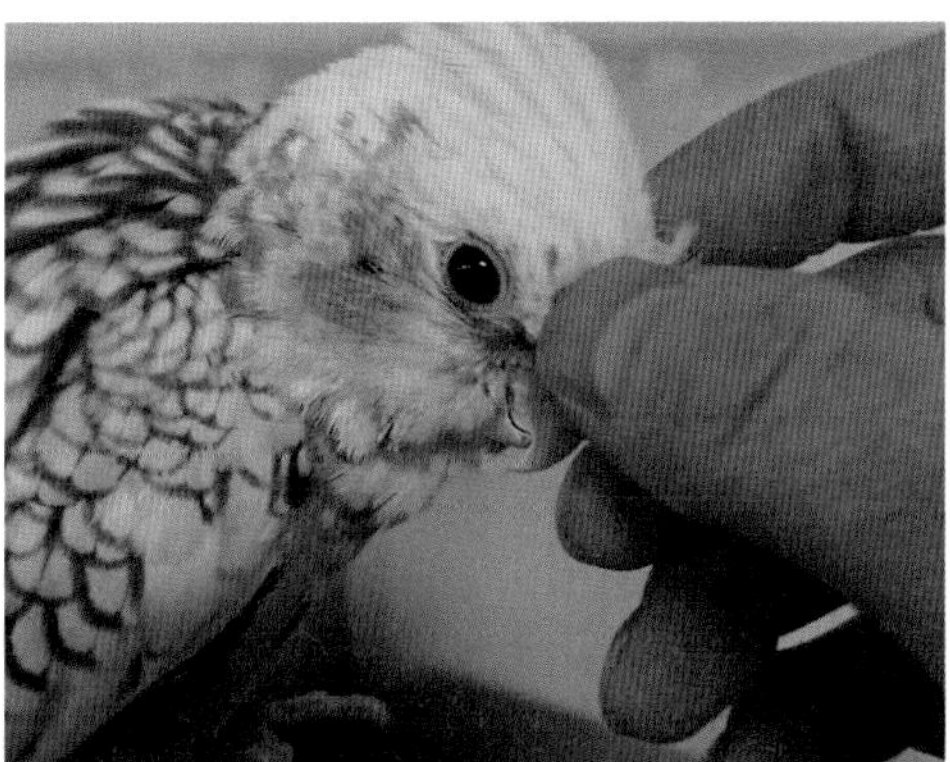

不自由な体を受け入れて生きている鳥たちの心も、健常な鳥と変わりません。愛したいと思い、愛してほしいと願います。たくさんのスキンシップも望んでいます。そんな彼らの心を受けとめてあげてください。

Column

夢の異種間コミュニケーション

オカメインコと人

飼育者の家庭では、人とオカメインコがあたりまえのように意思疎通をしながら、ともに楽しい時間を過ごしています。

オカメインコにはオカメインコの思考があって、好き嫌いもふくめて明確な意思を示します。人間とは異なりますが、明らかに知的な行動も見せます。異種でありながら、人間どうし以上に、たがいにわかりあえているという自覚をもつ飼い主は、とてもたくさんいます。

オカメインコは鳥類で人間は哺乳類。現在、同時にこの地球に暮らしていますが、2億年以上の進化の隔たりがある両者の脳には大きなちがいがあり、異なるやり方で処理がされています。それにも関わらず、近い思考ができ、おなじような行動ができ、おなじような感情をもちます。それがどれだけすごいことかわかるでしょうか。

哺乳類であるイヌやネコは人間とおなじかたちの哺乳類型の脳をもちます。それでも、人間とインコやオウムがしているようなコミュニケーションはしていません。

100年以上も前からSF作品が模索してきた異種間コミュニケーションが、今この瞬間も、あたりまえのように、ごくふつうの家庭で行われているという事実を、私たちは、「実はとてもすごいことに参加している」と自慢していいと思います。

SFが望んだ夢の異種間コミュニケーションが、今この瞬間も行われています。

オカメインコの病気と健康の維持

Chapter 11

11-1

鳥にとって病気とは？

事実のみを受けとめる

生きていれば病気になることもあります。それは、人間も鳥も変わりません。そして生物は、必ず老いてゆきます。

鳥の意識に「病気」と「老化」の区別はありません。体のどこかが痛い、動かない部分がある、目が見えないなどの不具合があった際も、その事実を、ただありのままに受けとめます。そもそも病気や老化という概念をもたないので、「前とはちがう」とは感じても、その状態を病気と受けとめることも、老化と受けとめることも、おそらくありません。

多少の不調は気にしません。じっとしていれば治るものならじっとして治します。治らないとわかったときは、その不具合をカバーできる生き方を試行錯誤して探します。鳥はただ、できることをするのみです。

これまでできていたことができなくなることは鳥にとっても苦痛です。飛べない辛さはことさらかもしれません。それでも未来を嘆いたりせず、動く部位で可能なことをするだけです。

人間を頼る

ただ、甘えることも本性の一部であるオカメインコの場合、「人間を頼ること」も、選択肢として心に存在します。体に本格的な不具合が生じたとき、人間に甘え、依存する態度を示すことで人間の援助が得られて生きやすくなるのなら、多くのオカメインコにはそれも「あり」です。

オカメインコの本能は、「頼れるものを頼れ」と命じます。これは、ずっと人間と距離を置いてきた鳥や、長く荒鳥だった鳥でも同様です。そうした鳥の多くも、不調の際には生まれたときから人に馴れていた鳥のように人に接するようになります。日常的にだれかが甘える様子を見ているケースでは特にそうです。

11-2

オカメインコは隠すのが下手

不調を隠せないオカメインコ

捕食される側の生き物は、野生においてき、敵に病気やケガを悟られないように暮らしています。獲物になるのを回避するためです。もちろんオカメインコにも、そうした本能があります。

あるのですが、日々の生活を見ていると、ともに暮らすオカメインコの違和感にふと気づくことがあります。オカメインコは「どんくさい」という評価をよく受けますが、隠す、ごまかすという点で、ほかの種より粗が見えやすいのも事実のようです。

多くの鳥と同様に、オカメインコも多少の不調は気にしません。表に出さないようにもします。しかし、その鳥がまったく気にしていなくても、毎日接している飼い主には、「どこか変」、「いつもとちがう」と感じられることがあります。

大きすぎることも小さすぎることもなく、人間のそばや肩の上、手の上にいたがるオカメインコは、「理想的」といえるほど観察のしやすい鳥です。顔つき、歩き方、羽毛、目の表情などから、多くの情報が得られます。

それは、オカメインコならではの「幸い」です。些細な変化を見つけるのが得意な飼い主ならば、わずかな違和感から病気の初期症状にも気づくことができるはずです。

早く見つけられれば早く治ります。重篤な病状、手遅れになるような事態も回避できる可能性が高まります。

翼が下がっています。日々の観察がオカメインコの健康を守ります。

11-3

異常を見つける日常のチェック

ふれあいでわかること

ヒナで迎えられることが多いことから、オカメインコの手乗り率は高くなっています。手乗りの鳥は至近距離からの観察がしやすく、その分、そうでない鳥に比べて健康管理がしやすいという利点をもちます。

全身をさわったとき、痛みを感じる部位があると、「痛い」という反応を見せます。手に止まらせて、指が分かれる足の中央部がいつもより熱いと感じられることが何日も続いた場合、足裏に細菌感染があるかもしれません。赤い腫れ（炎症）がないか、黒くなっている部分（タコ）がないか確認してください。いつもよりも握る力、グリップ力が弱いと感じたときも要注意です。体全体に力が入らない様子が見られたら、すみやかに病院へ。

腹部のやわらかい部位にふくらみが感じられた場合、腹壁ヘルニア*、卵塞症（卵詰まり）、卵材性腹膜炎、卵巣・卵管腫瘍、精巣腫瘍、腎腫瘍、肝腫大、腹水、皮下気腫ほか、さまざまな病気の可能性が考えられます。獣医師の診察が必要です。

小さな変化にも気づいてください。オカメインコは観察しやすい鳥です。

爪とクチバシの出血斑

近くで見ると、クチバシや足の表面、爪の状態がよくわかります。メラニンが濃いノーマル系では変化がわかりにくいのですが、そうでないオカメインコであれば、クチバシや爪にできた「出血斑」は一目でわかります。黒い点として現れる出血斑は内出血の痕で、肝機能に問題

＊腹筋が断裂し、そこから臓器が皮下に飛び出している状態。手術が必要です。

がある、もしくは高脂血症が原因と推察されます。同様の状況で、クチバシが伸びてくるケースも見られます。

　なお、パニックを起こして鼻やクチバシを強打したときに、鼻には青痣、クチバシには出血斑そっくりの痣ができることがあります。

　ルチノーやホワイトフェイスルチノーのクチバシは淡いピンク色をしていますが、いつもより白く見える場合は貧血かもしれません。体が冷えて血行が悪化した場合も、クチバシが白っぽくなることがあります。

　クチバシの変形にはいくつかの原因が考えられますが、はっきりとした原因を知るには詳しい検査が必要です。なお、トリヒゼンダニの寄生によってクチバシが変形する「疥癬症」は、オカメインコではほぼ見られません。クチバシ表面がもろくなっている場合は、ほかの病気が疑われます。

　爪の伸びすぎも注意してください。足の大きさに対して細すぎるとまり木を使っていると、爪は伸びやすくなります。自身で爪の長さを確認し、クチバシでかじって適度な長さに調整する鳥もいますが、そうでない場合は、飼い主自身または動物病院などで切ってもらう必要があります。

羽毛の変化

　羽毛の変化は日々の観察では見つけにくいものですが、換羽時には多くのことが確認できます。新たに生えてきた羽毛の色がふつうとちがっ

ていたり、抜けた風切羽にねじれや、途中で成長が止まっている様子、横に線が入るストレスラインが見られたときは異常と考えてください。

なお、成長できず途中で抜けた羽毛は取っておいて、病院の診察時に獣医師に見せてください。抜けた羽毛の羽軸内に出血の痕跡が認められた場合も同様です。ウイルス性の病気であるPBFDでも、正常ではない羽毛が生えてくることがありますが、オカメインコではほとんど見られないようです。

風切羽と尾羽のストレスライン

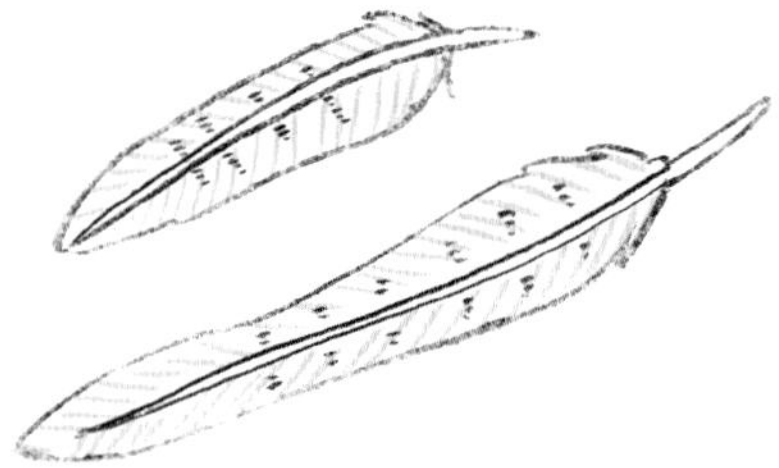

羽毛の組織が一部欠落したことで横に線が入ったように見えます。肝機能の低下などによって起こります。

羽毛を咬んでいるのを見たり、羽毛先端が咬まれてすり切れたようになっているのを発見したとき、換羽でもないのに羽毛が抜けて床に散らばっているときは、その体をよく観察してください。皮膚をかじる「自咬」が見られることもあります。

自分で羽毛を抜いてしまう症例「毛引き」は、心理的な問題が影響していることが多いため、メンタルのケアも重要になります。ただ、体内に痛みなどを感じている部位があり、気を紛らわすために抜いているケースもあるため、原因の解明には獣医師の詳しい診察が必要です。

なお、オカメインコの場合、毛引きは外からは見えにくい脇の下から始まることもあるため、放鳥時には翼を持ち上げるようにして脇を確認してください。胸元や内股、脛部、総排泄孔周囲の羽毛を抜いている鳥もいます。

大切な体重測定

健康な鳥の多くは毎日ほぼ同量のエサを食べ、朝夕の変動と換羽による変動を除けば、ほぼおなじ体重を維持します。

鳥の体重の増減には、なんらかの理由があります。胃腸や口腔内の問題をはじめ、多くの病気において食欲不振が起こり、体重低下が見られます。精神的なストレスや不満がある場合は、逆に体重が増えていくケースもあります。ストレスがない体重増加は代謝の異常も考えられます。

毎日体重を量るのは、体の異常に早く気づいて対応するためです。明らかな体調の悪化があって体重が落ちてくるケース、原因がわからないまま体重が落ちてくるケース、体重が増え続けていたり、平均体重よりも重い状況が長く続いているケースも、獣医師の診察が必要と考えてください。

日常的な健康チェック

ここまであげたもの以外で注意したいのは、以下のような状況です。

◎咳、くしゃみをしている
◎呼吸が荒い、おかしい
◎声がおかしい、かすれている
◎吐き気がある、吐いた
◎短期の症状もふくめて痙攣がある
◎首が傾いているように見える
◎眼球や目のまわりに異常が見える
◎足の皮膚や関節に異常が見える

大きな問題から小さな問題までありますが、「これはおかしい」と思うことがあったときは、ためらわず鳥の病院のドアを叩いてください。

フンの異常を見る

家庭において、体重とともに毎日観察してほしいのがフンと尿（おしっこ）です。正常なオカメインコのフンは、無着色ペレットの場合は薄茶から濃い茶色の塊、シード食ではやや緑がかった茶色の塊に白いペースト状のもの（尿酸）が乗ったかたちになっています。量が多い下の部分がフン、上の白い部分が尿です。

鉛を食べて中毒になった際は鮮やかな緑色になりますが、あまりエサが食べられていないときも緑色が濃くなります。異常を的確に把握するためにも、毎日よくフンを見て、正常な状態を記憶しておいてください。

フンとともに水分が排出され、水分の中にフンがある状態は下痢ではなく多尿。下痢はフンがぐずぐずとくずれている状態です。水分の摂取量が多い個体では多尿でも問題ないと診断されることがありますが、一度、鳥の専門医の診察を受けておくと安心です。下痢の場合も、診てもらったほうがいいでしょう。

なお、ペレット食で、色つきのも

のを与えている場合、ペレットの色素がフンに反映されることがあります。種子食の鳥で、丸いかたちを保った未消化のエサがフンとして排出されたときは、食べ物を擦り潰す筋胃に問題が生じている可能性があります。

鳥の尿――尿酸はふつう白ですが、黄色みを帯びていたら、文字どおりイエロー信号。肝臓に問題があることを示しています。さらに黄緑色になったら血液が壊れる「溶血反応」が起きていると考えてください。緑色は分解された血液の色素成分です。

メスにおいて、フンではなく粘液が排泄された場合、さらに粘液に血液が混じっていた場合、卵管からの卵材漏出や出血が考えられます。

フンの色から知るオカメインコの健康状態

緑色

フンの緑色の成分は胆汁で、消化管を通過する食べ物の量が減ると、相対的に胆汁成分が増えて緑色が強まります。注意したいのが鉛などの有毒な重金属を食べて「重金属中毒」に陥ったケース。重金属中毒でも、濃い緑色のフンをします。その場合、死の危険もあるため、鳥の専門家がいる病院に急いで搬送してください。

黒色

食道から胃の前後までの消化管上部に炎症があり、出血をしている可能性があります。

白色

膵臓の炎症などによってデンプンを消化する酵素が出なくなり、フンの中にデンプンが大量に含まれている状態です。短期間なら心配はいりませんが、継続的な場合、病院で詳しい検査と治療が必要です。

正常なフンと尿

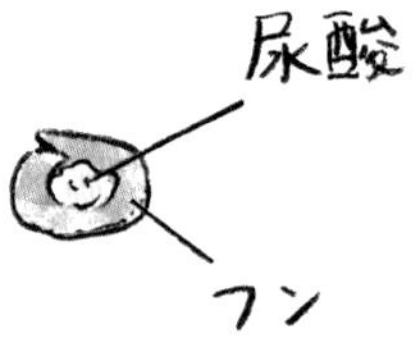

正常なオカメインコのフンは褐色～緑褐色で上に乗る尿酸は白色。

赤色

鮮やかな赤は血液の色。総排泄腔内部、総排泄孔のどこかから出血をしている可能性があます。メスの場合、卵管内の炎症や腫瘍からの出血の可能性もあります。赤に着色されているペレットを主食にしているケースでも赤くなりますが、こちらは心配いりません。

11-4

健康診断のメリット

健康診断の基本

健康診断の目的は、鳥を専門とする獣医師の目で、家庭ではできないチェックをしてもらって、現在の鳥の健康状態を確認すること。

鳥の健康診断は、視診と触診、体重測定、そ嚢の内容物（そ嚢液）と糞便の顕微鏡検査が基本です。基本的な検査をして異常が認められなければ、安心して暮らしていけます。

最初の健康診断の触診では、羽毛の状態を診たあと、足と翼を中心に、全身の骨格と筋肉に構造的な問題がないことを確認し、遺伝やヒナの時期の栄養状態の影響を強く受ける骨格のサイズも確かめます。あわせて、胸筋――胸の筋肉の量を見ることで、痩せているか太っているかを調べます。

現在の肉づきと体重が適正なら維持、外れているならもっと食べさせるようにとか、ダイエットさせるようになどの指示が出ます。

現在の健康状態をベースに、生活の指針となるアドバイスがもらえたり、その鳥の適正な体重が聞けることも健康診断の大きなメリットです。

安心するための検査

鳥クラミジア症（人間での病名はオウム病）など、人にも鳥にも感染する病気は人獣共通感染症と呼ばれます。鳥クラミジア症の病原であるクラミドフィラ・シッタシを保菌した鳥が家にいて、それに気づかずに過ごしていると、ほかの鳥にも人間にも感染を広げる可能性があります。

新たに迎えた鳥の初めての健康診断で、ほかの鳥に感染させるような病気も寄生虫ももっていないことが確認されれば、先住鳥がいる場合も、不安なく接触させることができます。鳥クラミジア症などがないことがわかれば、人間もふつうに暮らすことができます。万が一、病気が見つかった場合も、投薬による治療が可能

健康診断が大切なのは、人も鳥もおなじ。

で、完治後は暮らしの安全と安心が保証されます。

鳥に有害なウイルスや鳥クラミジア症の病原の有無は、血液やフンにふくまれる病原の遺伝子をＰＣＲ法で調べ、確認します。

費用はさらに増えますが、血液検査をして血液や肝臓ほかの内臓の状態を詳しく調べてもらうこともできます。レントゲン検査では骨格についてより詳しく調べられるほか、内臓の状態もわかります。「バードドック」という名称でこうした検査のフォーマットをもつ動物病院もありますので、必要に応じて依頼をしてください。

獣医師は定期的な健康診断を勧めます。今が健康でも、半年後、１年後もおなじ状態が維持されるかわからないからです。定期的な検診で病気の症状を早めに見つけられれば、病気があっても早期の快癒が期待できます。

カルテがつくられる

鳥も生き物ですから、いつ病気が発症するかわかりません。病気になると飼い主の心が焦ります。通院の経験がないと、どこに鳥を診てくれる病院があるのか、その病院の獣医師のスキルがどのくらいなのかわかりません。当然、迷います。病院の情報を調べているあいだに病状が悪化することだけは避けなくてはなりません。

健康診断はこの点もクリアしてくれます。過去に健康診断を受けた病院があれば、迷わず予約を入れることができます。予約の際に、搬送するまでにすべきこと、できることを聞くこともできます。

過去に健康診断で訪れたことがある病院には、その鳥の「カルテ」があります。過去の病歴から、現在の状態についても推理がしやすくなり、治療方針が立てやすくなります。

11-5 オカメインコの病気

人間とおなじだけ病気はある

手と翼のちがいはありますが、人も鳥も、ともに四肢をもち、脳、心臓、胃や腸、肝臓、甲状腺、精巣や卵巣など、おなじ臓器をもちます。加えて、共通する遺伝子をもち、近いホルモンや脳内物質をもちます。おなじ臓器が類似した病気を発症することもあります。

一方、翼、羽毛、クチバシ、尾脂腺などは人間がもたない組織で、これらに特有の病気もあります。未知の病気もまだまだあるでしょう。つまり、鳥にも人とおなじくらいの種類の病気があると考えてください。

治せる病気も増えてきましたが、手術については体の小ささゆえに不可能なものが少なくありません。

肥満は万病のもと

オカメインコの病気について解説する前に、人間と鳥に共通する問題にも触れておきましょう。さまざまな成人病を生む大きな原因にもなっている「肥満」についてです。

肥満の鳥は、人間とおなじように高中性脂肪血症、高コレステロール血症*、高血圧、糖尿病などを発症し、動脈硬化や心臓疾患に至ることもあります。ただ、鳥の糖尿病については人間の糖尿病とはメカニズムの異なるものがあり、まだよくわかっていません。

肥満は脂肪肝を始めとするさまざまな肝臓疾患と、それに伴う全身疾患を引き起こします。肝機能の低下は大切な換羽にも影響を与え、換羽

＊高中性脂肪血症、高コレステロール血症を合わせた呼び名が高脂血症。

肥満は多くの病気のもと。肥満が見え始めたら獣医師の指導のもと、食事療法でダイエットです。

のサイクルの乱れや羽毛の変形、変色の原因にもなります。

もともと鳥は高血圧で、オカメインコも人間の高血圧領域の血圧をもちます。そこに血中の高いコレステロールや高い中性脂肪が加わることで、人間の数倍もの速度で動脈硬化が進行します。体内の主要な動脈のほか、脳血管にも動脈硬化が見られ、動脈硬化はさらなる高血圧も招きます。こうした負の循環が老化を早め、突然死の一因にもなっています。鳥においても肥満は敵と強く認識してほしいと思います。

鼻腔、上気道の病気

細菌や真菌により、鼻腔から喉にいたる上気道に生じる炎症が鼻炎や副鼻腔炎です。くしゃみや鼻水が見られるケースもあります。人間でいう「風邪」のような症状ですが、人間ではウイルス性が8〜9割であるのに対し、鳥では細菌か真菌が主原因となります。

肺と気嚢の病気

グラム陰性菌などの細菌やアスペルギルスなどの真菌、マイコプラズマやクラミジアの一種であるクラミドフィラ・シッタシなどが肺や気嚢に入り込むことで肺炎や気嚢炎が起きます。病原の種類、患部の広がりによって、呼吸障害のほか、くしゃみ、咳が見られることがあります。

挿し餌中のオカメインコでは、誤嚥あるいはチューブの挿管ミスにより、エサが気管から肺へと流れ込んで肺炎を起こすことがあります（誤嚥性肺炎）。

気嚢は通常、レントゲンには写りませんが、肺炎と同様、炎症を起こしていると肺の後方の気嚢（後胸気嚢など）を中心に白く写るようになります。

なお、気嚢には血管がほとんどなく、経口や点滴による薬剤が届きにくいことから、治療にはネブライザーも併用されます。

目の病気

白内障はおもに老鳥において見られます。しかし、老化の早い個体においては、10歳未満でも発症し、失明に至ることがあります。

ビタミンD_3の摂取を目的に紫外線ライトが使われることも増えていますが、ケージの真横にライトが取りつけられ、鳥の目に直接、光が入っている状況で、白内障が悪化する例が見られます。紫外線ライトを使用する際は、必ず直上から光が当たるように設置してください。

ほかに、結膜炎、角膜炎、瞬膜炎、眼瞼炎なども起こり、複数の症状が同時に出ることもあります。治療は抗生物質の点眼剤で行います。

足の病気

踵から趾にいたる足の関節や足の裏（足底部）に痛み、炎症、変形などの症状を起こす病気としては、趾瘤症（バンブルフット）、痛風、関節炎などがあげられます。

趾瘤症では、足の裏にできた傷口から黄色ブドウ球菌や大腸菌などが侵入して悪化。使っているとまり木が硬いと症状がさらに悪化し、痛みにより、とまり木に止まれなくなったり、地上での歩行が困難になることもあります。患部深部にできた繊維が趾を動かす腱に絡み、まったく指が動かなくなる症例もあります。

痛風は尿酸とナトリウムが結びついた尿酸塩の結晶が足や趾の関節部に瘤をつくり、痛みで歩けなくなる病気です。痛風は心臓を包む膜「心膜」や肝臓や腎臓の周囲など内臓にも起こります。痛風は腎不全などの腎臓疾患が原因で、「高尿酸血症」が引き金になります。

生殖器の病気

セキセイインコほど多くはありませんが、オカメインコにも精巣腫瘍があります。メスでは卵管や卵巣に腫瘍ができることがあります。

生殖器の病気で多いのは、メスの産卵に絡んだトラブル。卵詰まりとも呼ばれる卵塞症、無理にいきんだことで総排泄孔から卵とともに総排

＊本書他所でふれた病気については、重複の回避、およびスペースの関係で、本項では割愛させていただきました。

泄腔が反転して飛び出した総排泄腔脱、卵管口が緩んで卵管が反転して飛び出した卵管脱などがあります。

総排泄孔から赤い臓器が飛び出ている場合は、暴れたりかじったりしないように注意しつつ、ワセリンを塗ったり、塗れたガーゼなどを使って飛び出した臓器の乾燥を防ぎながら、急いで病院に連れて行ってください。

骨の病気

産卵過多のメスにおいて、ビタミンD_3やカルシウムの摂取が不足することで生じるのが骨軟化症です。おもに脊椎や足の骨に変形が見られます。高齢鳥では、継続的に負担がかかり続ける関節部が変形してくる変形性関節症もあります。

腫瘍

細胞分裂時のエラーの蓄積によって起こる「がん」は、すべての臓器に生じる可能性があります。胃がん、尾脂腺のがん、皮膚がん、精巣や卵巣のがんのほか、骨や気嚢に生じるがんもあります。

鳥が若くて体力があり、手術が可能な部位であれば外科手術による切除が行われますが、切除不能な部位は、そのまま様子を見るしかできません。人間の肘や手首にあたる翼の部分に骨肉腫などの悪性腫瘍ができた場合、若い鳥ならば断翼が選択されます。

尾脂腺がんは、尾脂腺を摘出する外科手術によって治療します。がんの手術の中では鳥の体の負担が少なく、術後の経過もよいとされます。

尾脂腺を切除したことで、そこから出る脂を全身の羽毛に塗れなくなりますが、オカメインコの場合、脂粉がそれを補うことから、撥水の状態をふくめ、全身の羽毛に深刻な影響はないようです。

皮膚や尾脂腺にできる扁平上皮がんは、手術で取り去っても再発することがあり、手術をした方がＱＯＬが下がって寿命が縮む可能性もある場合や老齢のオカメインコでは切除を推奨しないこともあります。

自身の皮膚を傷つけてしまう自咬症の鳥では、何度も傷つけた場所ががん化した例もあります。

11-6 家庭でできる対処

心配性のほうがいい

食べない、ふくらんでいる、ぐったりしている、咳をしている、呼吸に異音が聞こえる、出血がある、フンがおかしい、痛そうなところがある、皮膚がおかしい、歩けない、ぶつかって骨折した、火傷をした、油の中に落ちて油まみれになった。

これらは実際にあることです。

軽い病気やケガなら、安静にするだけで、特別な対応が不要なこともありますが、病院への緊急搬送が必要な事例はその何倍もあります。

飼い主の経験の少なさや判断の甘さから、手遅れになってしまう鳥は跡を絶ちません。あと1日だけ様子を見たいという判断が生死を分けることもあります。

愛鳥の命を救うには、しっかり鳥を診てくれる信頼できる病院と獣医師を見つけておくことが大切です。主治医がいれば、「病院に行く」という判断もしやすくなるはずです。

生き物と暮らしている場合、少し神経質で心配性な方が長生きにつながると思ってください。慌てて病院に連れて行った際、「大丈夫。放置しても問題ないですよ」と言われるかもしれません。「この薬を飲めばすぐに治ります」と言われるかもしれません。逆に、「連れてきてもらってよかったです。明日になっていたら手遅れだったかもしれません」と言われるかもしれません。

専門家に診てもらわないと詳しい状況がわからないことも多いのです。問題があった場合もなかった場合も、その鳥に対する的確な診察と適切な助言は飼い主に安心を与えます。今の状況から考えられる今後について、熟考する時間もできます。

できることは保温！

繰り返しになりますが、鳥が不調に陥った際、飼い主がすべきことは、

よく使われている
ヒーター。

一にも二にも「保温」です。不調の鳥は体温が低下する傾向があります。病院に行くにあたっても、家で待つ時間と移動の時間、どちらもしっかり温めてください。

十分な保温ができたかどうかで、その後の経過が大きく変わるかもしれません。熱中症で体温が上がりすぎたケース以外は、とにかく温めてください。

保温のしかたについては6章に掲載しました。なお、書籍などに保温は30度が目安とあったとしても、鳥が実際に感じている寒さは体調にも大きく影響されるため、まだ不足かもしれません。30度にしてもふくらんだままで寒そうにしているときは、32〜33度に上げて様子を見てください。ポイントは、鳥が寒がらない温度に設定する、です。

なお、鳥が願う十分な温かさを提供するためにも、平時から保温具を複数用意しておき、組み合わせて使うことで何度になるか、事前に確認しておくことを勧めます。

レンタル酸素ハウス

肺の障害などにより十分な酸素が取り込めないケースでは、肺が機能を取り戻すまでの数日から数週間、地上の大気よりも高い酸素濃度で過ごさせる必要があります。

そうした際は、居住空間の酸素濃度を上げられるレンタルの酸素ハウスが便利です。

酸素ハウスイメージ

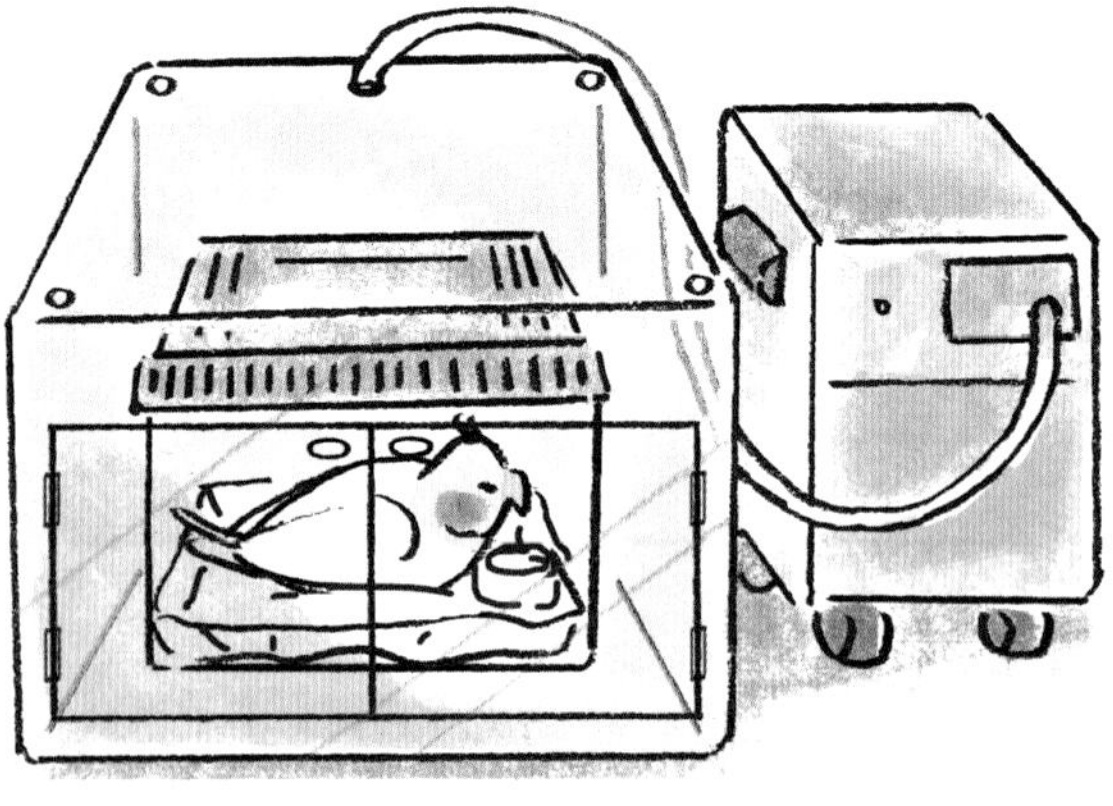
酸素濃度を上げた空間で一息ついて、体調を回復をしてもらうための設備です。

11-7 起こりうるケガ

出血

オカメインコで起こりがちな出血を伴うケガは、パニック時、ケージに翼を打ちつけてできる裂傷です。翼の骨の先端部分、初列風切の生え際の内側をぶつけることが多く、その部位の皮膚が裂けて出血することがあります。ときに翼を広く濡らすほどの出血も見ます。

その際、風切羽もよく抜けますが、パニックを起こした鳥の翼にかかる力はだいたい、羽軸に対して直角方向となるため、ただ羽毛が抜けるだけでなく、初列風切の生え際の皮膚が裂けることがあります。

小鳥の血液量は、体重の約1割。100グラムのオカメインコでは、10グラム（10cc）ほどと計算できます。短時間で全体の2割を失うと危険な状態になりますが、パニックで失われる血液は概ね0・4cc以下。命に関わる事態はまれです。ただし、成長途中の羽軸が途中で折れるなどして出血が止まらない状況になると危険な事態も予想されるため、病院での止血処置が必要となります。

翼や脚の骨が折れたりせず、出血が止まってさえいれば病院に連れて行く必要はほぼありませんが、打撲が心配な場合は診察を受けてください。その際、羽毛についた血液の洗浄もしてもらえるはずです。

パニック以外では、爪切りの際に深爪をして出血が見られることもあります。その際は、クイックストップなどの止血剤があれば、すぐに血を止めることができます。なお、クイックストップはケラチンでできている爪およびクチバシ先端の止血専用ですので、皮膚の裂傷などに塗り込むのは止めてください。

ほかには、ラブバードなどのケージに止まった際に趾を咬みちぎられる事故もありえます。日光浴をしていてネコやカラスに襲われることもあります。その場合、軽症でも傷口から細菌が侵入する可能性があるため、鳥専門の病院にすみやかに搬送し、処置を受けてください。

全身打撲と骨折

パニックによる骨折は多くありませんが、床にいるのに気づかずに踏みかけたり、蹴り飛ばしての骨折はときおり見られます。ドアなどに挟まれる骨折事故も跡を絶ちません。

踏んでしまったケースでは、途中で鳥に気づいて飛び退いたことで骨折には至らなかったものの、皮下に青黒い内出血が見られる全身打撲が報告されることもあります。

一見、無事な様子でも、思わぬ部位が骨折していることもあるため、踏まれたケースは病院に連れていき、レントゲンを撮って確認すると安心です。その後の対応については獣医師の指示に従ってください。

事故後、食欲不振が見られた場合も、獣医師から必要な指示を仰いでください。

なお、骨が皮膚を突き破って飛び出している開放骨折は緊急手術が必要です。ふつうに折れている場合も、放置すると本来の位置とはズレてつながってしまうため、手術をふくむ骨の整復処置が必要になります。

火傷

調理に使った鍋に触れての火傷、ケージの暖房に使っているヒーターに触れての火傷のほか、あまり高温にならないはずのヒーターや使い捨ての簡易カイロの上に長時間いたことによる低温火傷も報告されています。

火傷の治療は基本的に人間とおなじで、最初に十分に冷やすことが大事ですが、火傷した部位に細菌感染が生じることもあるため、痛みをふくめ、問題がなさそうでも、一度は鳥専門の獣医師の診察を受け、指示を聞いてください。

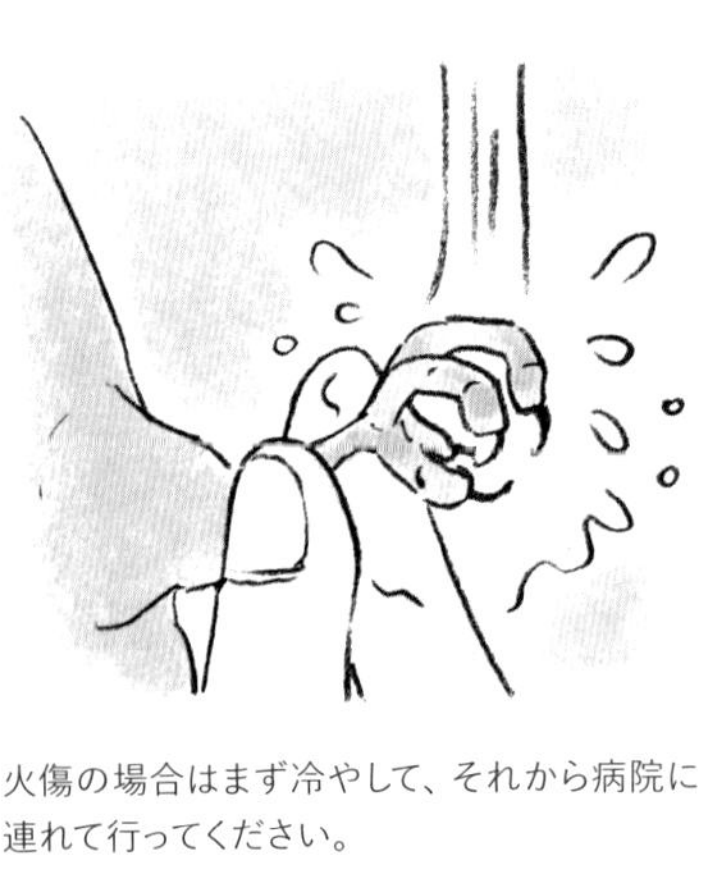

火傷の場合はまず冷やして、それから病院に連れて行ってください。

11-8 病院への連れて行き方

冷えないように

体調が安定していれば、搬送はキャリーや小さなケージでも問題ありません。一方、具合が悪く、ふくらんでいるときは、保温しやすいプラケースの方が安心です。

ケージやキャリーで移動する場合、風を通さず保温効果の大きなバッグなどに入れて運んでください。プラケースを使う場合も、寒い時期と、電車などが強く冷房をかけている夏場は、ケースの中が冷えないように注意する必要があります。使い捨てカイロをプラケースに貼ったり、少し熱いお湯を満たしたペットボトルなどをいっしょにバッグに入れるなどして、適温を維持してください。

移動手段は適切に

あまり多くはありませんが、電車や自動車に乗ると、酔って吐いてしまう鳥もいます。酔いやすい体質とわかっている場合は、なるべく酔いにくい手段で移動してください。

なお、自身で車を運転して病院に連れて行く場合は、心配だったとしても頻繁に鳥を見たりしないように、また移動中の保温のためにも、しっかりとしたバッグの中に入れて連れて行くようにしましょう。

不安の中で運転をすると、どうしてもふだんよりも注意力が散漫になります。できれば運転は家族や友人にまかせ、鳥を入れたバッグを膝の上に置いて、有言・無言のはげましに集中するのが無難で安全です。

自動車や電車の揺れで車酔いをする鳥もいます。

11-9 病院で行われる検査と治療

安静だけでは治らない

安静にしていれば自然に治る病気もありますが、自身の治癒力、免疫力だけでは治せない病気もあります。

何週間かじっと耐えれば自身で治せる病気だったとしても、合った薬を使えば1～3日でよくなることもあります。痛み止めや吐き気止めなど、投与後、直ちに効果を発揮する薬もあります。

合った薬は病気を治すだけでなく、闘病中の鳥のＱＯＬを維持し、気持ちを向上させます。

検査と治療の基本

病気に対しては、どこが悪いのか、なにが原因なのか、どのくらい悪いのか、といったことを検査して、必要な処置、対応をしていきます。

健康診断で来院した際は、寄生虫や真菌、細菌の有無、消化の状態などを調べます。採取した血液の生化学的な検査を行って臓器や血液自体の状態を知るほか、遺伝子検査をすることでウイルスや細菌、クラミジアなどの感染状況を調べることもできます。

健康診断は飼い主の希望をもとに内容が決まりますが、基本診断で問題が見つかった場合は、追加の検査が行われることもあります。

ケガについては、状態を確認して治療をしていきます。骨折、打撲、火傷など、それぞれの状況に合わせて、内科的・外科的な治療を行います。出血を伴うケガでは出血の状態を確認し、止まっていないようであれば、まずは止血から行います。

出血多量により、生命の維持に問題が生じる可能性があると判断された場合は、血圧を維持するために、同種の鳥から「輸血」が行われることもあります。鳥にも血液型はありますが、異なる型が体内に入っても人間のような酷い拒絶反応は起きないことが知られています。

糞便とそ嚢の検査

鳥の状態を把握するための基本は、糞便と「そ嚢液」の検査です。病気で搬送された際も健康診断でも最初に行われます。

初めての病院で診察の予約をする際は、糞便とそ嚢の検査の可否を聞いてください。鳥を見られる病院かどうか、そこから判断できます。両検査ができないと言われたら、ほかの病院をあたってください。

糞便はフンと尿の色や状態を視認したのち、顕微鏡で消化管の寄生虫、消化の状態、細菌のバランス（腸内フローラ）などを見ます。胃など、消化管の上部での出血も糞便検査から知ることができます。

食道の途中にある、食べ物を一時的に溜めておく場所であるそ嚢内に生理食塩水を入れ、それを回収した液を顕微鏡で見ることで、トリコモナスなどの原虫や、カンジタなど問題のある真菌を確認できます。喉や口腔、鼻腔に由来する炎症性細胞も確認できます。

血液の生化学検査

赤血球、白血球、血糖値、中性脂肪、コレステロールなどのほか、ミネラル成分の濃度もわかります。わずかな血液からも人間とおなじような検査が可能で、得られたデータから血液の状態、肝臓や腎臓などの状態を知ることができます。

おもな飼い鳥については、血液検査の項目ごとに正常値の範囲が数値としてわかっているため、それらと比較することで病気が推察できます。なお、オカメインコの場合、右の頸静脈からの採血が一般的です。

レントゲン撮影（X線検査）と超音波検査

レントゲン検査では、骨の状態だ

けでなく、心臓や肝臓などのやわらかい組織の大きさや位置、腫瘍の有無などを知ることができます。メスでは発情の状態が確認できることもあります。このほか、設備のある病院では、必要に応じて超音波を使った検査やCT検査も行われます。

薬剤感受性検査

オカメインコが感染する可能性のある細菌や真菌は無数にあります。体力、免疫力が落ちたときには、どこにでもいる身近な菌にも感染する可能性があります（日和見感染）。

また、ある細菌に感染しているこ とが予想されたとしても、その菌が耐性菌で、通常の抗生物質が効かないこともあります。

そうした際に、体内の病巣にいる細菌や真菌の種類とそれに効く抗生物質や抗真菌剤がわかれば、ピンポイントで効率的な治療を行うことができます。

ネブライザー治療

気嚢を使った呼吸は哺乳類の呼吸よりも効率的ですが、全身に広がった気嚢の奥にアスペルギルスなどのカビ（真菌）などが入り込むと治療が難しいという欠点ももちます。肺や気嚢に炎症が生じた際は、菌に合った抗生物質を霧状にして吸わせる「ネブライザー治療」が行われます。

肺の機能が落ちて酸素が十分に取り込めず、血中酸素濃度が落ちている場合は、酸素量の調整ができる容器に入ってもらって回復を待ちます。このケースは入院となります。

注射（補液）

抗生物質、痛み止め、ビタミン類、ブドウ糖など、必要な薬剤の注射も行われます。注射は肩部に打たれることが多く、薬剤を混ぜた補液剤を皮下に注射して吸収させます。点滴と呼ばれることもあります。

強制給餌

食欲をなくした鳥、自力で食べられなくなった鳥には、パウダーフードを直接そ嚢に入れる強制給餌をします。体重を維持し、体力を落とさないための行為です。

11-10

入院のこと

入院する状況とは？

入院が必要となるケースとしては、次のようなことがあげられます。

◎食欲不振、脱水、呼吸不全など、集中的な治療が行われないと命に関わる状態の場合

◎手術が必要で、準備や術後管理に入院が不可欠な場合

補液、強制給餌、ネブライザーなどを一定時間ごとに行う必要がある場合、通院ではなかなか対応できません。また、重篤なケースでは、数時間目を離すだけで急変の可能性もあるため、専門家の目による経過観察が必要と診断されることもあります。

特に食欲がない場合の強制給餌は大切で、そのまま1日～数日、食事ができないと命に関わります。食べないことを軽く考え、様子見をしているうちに手遅れになる例はよくあります。入院して給餌してもらうことで、大きな危険が回避できます。

重金属を飲み込んだケースでは、有害な金属と結合して体外に排出させる効果のある「キレート剤」の一刻も早い投与が必要であり、オカメインコの小さな体では急変の可能性もあって経過観察が不可欠なことから、重篤な重金属中毒は入院させるケースが多くなります。

手術は最終的に飼い主が判断

大ケガした部位の整復や切除、いますぐ病巣を取り除かなくてはならない病気の場合は手術となります。特に前者で一刻を争う場合は、短時間で飼い主が決断を下さなくてはなりません。難しい判断が迫られることになりますが、それでも、なるべく後悔が少ない判断をしてください。

今日、明日、手術をする必要はないが、そう遠くない時期に手術をしないと命に関わるという診断を受けた場合。時間がある分、逆にずっと

悩み続けることになります。

手術には当然ながらリスクがあります。開腹を伴う場合、どんな名医でも、必ず成功するとは限りません。手術をするとして、手術はこの病院でいいかをふくめて、じっくり検討してください。ほかの病院で、病状と手術に関してセカンドオピニオンを聞くのも判断の助けになります。

半日入院という選択肢

オカメインコのメンタルの弱さは折り紙つきです。特に環境の変化に弱く、集中的な治療のために入院させたことで、逆に不調を強めるケースもあります。「半日入院」はそれを回避するための有効な手段です。

日中、強制給餌と補液と、ほかに処置が必要な場合はその処置も受けて、夜は自宅の自身のケージで眠る。移動の疲れを差し引いても、心身の負担が減る個体が多いようです。完全な入院を回避することで気持ちが維持でき、治療にもプラスの効果が期待できる方法となっています。

すべての病院が対応してくれるわけではなく、できた場合も交通費の負担が大きくなりますが、この選択もひとつの手段となります。

飼い主の面会

環境変化に強い鳥でも、入院させると、大好きな飼い主に会えないストレスを抱えて、治療に十分な効果がでないことがあります。人間のほうも、不安と会えない寂しさで体調を崩すことがあります。

そうした状況に対する配慮として、面会を受け入れる病院もあります。愛鳥に会いに来た飼い主は、入院中の変化などを聞くことができます。担当の獣医師は経過の報告をしつつ、今後の方針などを解説します。良くなってきた場合は、退院に向けたスケジュールも話し合います。

オカメインコの場合、面会が大きなはげましになることもあります。

11-11 病気の際のメンタルケア

人が心の支え

病気になり、体の自由がきかなくなると、鳥も、人間と同様に心細くなります。歩けない、飛べないという状況は、鳥を不安にさせます。家庭ではあまり感じることのなかった本能的な死の恐怖が、じわじわと甦ってくるためです。

しかし、そんな状況から自分（その鳥）を助けてくれる者が家庭内には存在します。飼い主です。日ごろから、「かいて」と頭を押しつけていた相手に対し、「たすけて」と態度で示すことにオカメインコは抵抗がありません。信頼関係を実感していたなら、なおさらです。

愛情で結ばれている人間は、病気のオカメインコにとっては物理的な援助者であると同時に、気持ちの支えになる存在でもあります。

つがいの関係にあるオス・メスでは、どちらかの体調が悪化したときや、体に不具合が生じたとき、食事の世話をしたり、羽繕いを手伝ったりします。そばについて、「大丈夫だよ」と態度で示します。

人間をペアと思っている鳥も、不調時はおなじことを期待すると考えてください。正式なペアでなくても、おたがいが「好き」という気持ちで結ばれているなら、心と体を預けることに抵抗はありません。家庭の中で気持ち的にいちばん近い相手が人間ならば、人間に寄り添ってほしいと願うのは、飼い鳥として自然な感情です。

鳥は不吉な未来を想像して動揺す

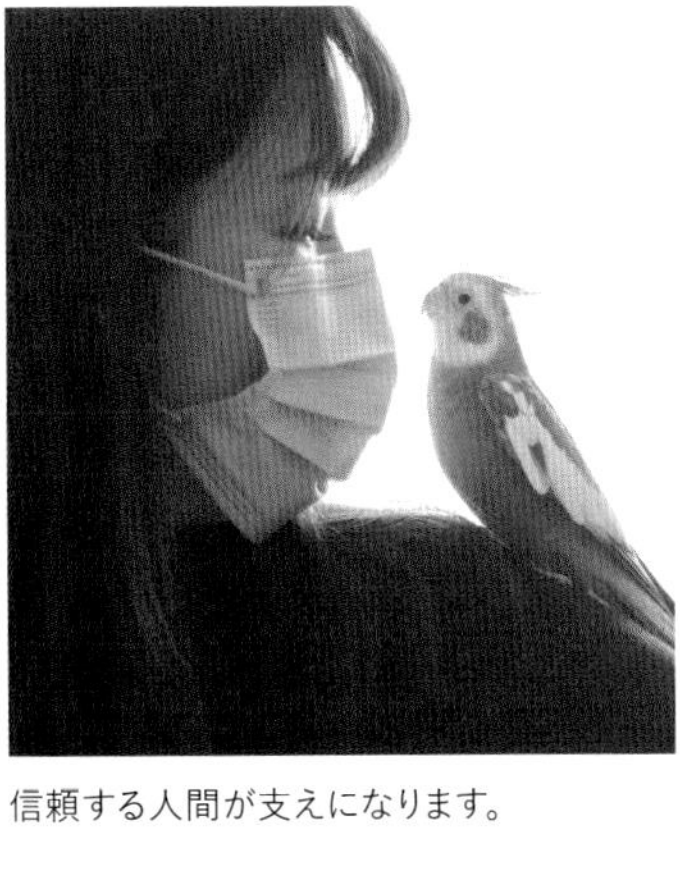

信頼する人間が支えになります。

るようなことこそありませんが、体に不自由さを感じたとき、人間がそれを取り除くように動いてくれたなら、心に生じた本能的な不安は自然に薄らいでいきます。

ですので、いつも以上に、「あなたが大事」という気持ちをもって接することは、体に重い病気や障害を負った鳥にとっては、大きな心の支えであり、「薬」になると思ってください。

たとえば、病気やケガで翼を切断（断翼）をし、沈んだ様子が見えた鳥に対しては、「翼はなくなったけど、今までに近い暮らしができるように全力で支えるから！」という気持ちを、全力でその鳥に示してください。飼い主の思いと献身は、きっと伝わります。

安静期間を守る

気持ちを支えることに加えて、先走る相手の心を抑えることも飼い主の役目となります。

オカメインコには、細かいことを気にしない楽天的なところもあり、少し体調が良くなると、「もう平気。薬いらない。安静はキライ。自由に飛んで遊びたい」と態度で抗議をしてくるようになります。

しかし、それは大抵その鳥の希望的な主張にすぎず、医療的にはまだ当面、安静の期間が必要ということもよくあります。

遊びたいのに自由に遊ばせてもらえないストレスを抱えた鳥に対しては、飛び回ったりする以外の楽しみを提供しつつ、苛立ちをなだめるような精神的なサポートが必要です。

ほかの鳥に感染する可能性のある病気の治療中で、自分だけ出してもらえないことに不満をおぼえ、ストレスを感じているような場合は、ほかの鳥を全員眠らせたあとでいっしょに過ごす時間をつくるなど、生活を工夫してみてください。

以前のように遊ばせるのは完治してから。オカメインコの主張に負けて放鳥すると、結果的に治療が長引くことも多々あります。

11-12 主治医をもつことの大切さ

負担軽減も

繰り返し解説してきたように、病気の徴候を見つけたときは病院へ連れて行ってください。病院でないとできない治療もたくさんあります。

ただし、獣医師の鳥を診る能力は個人差がとても大きいため、評判も調べつつ、自身でしっかり見きわめ、信頼できる獣医師、病院を見つけることがとても大切です。

主治医をもつメリットは、カルテのかたちで過去の治療記録が残っていることで、その鳥の状態が把握しやすくなること。ある症状が心配で病院を訪れた際も、ほかの病気の可能性を排除する「除外診断」がしやすく、よりピンポイントでの検査が可能になります。初めてその鳥を診る病院よりも検査項目が絞れ、早い判断が可能になります。それは鳥の体の負担の軽減にもつながります。

主治医がいる病院なら予約の連絡もしやすく、予約時に十分に状況を伝えることもできます。使う交通手段が頭の中にあることで、緊急時も慌てず通院できることもメリットです。

サブの病院も

主治医のいる病院がメインですが、なにかあった際にセカンドオピニオンが聞ける病院の目星をつけておくことを勧めます。その場合も、しっかり鳥を診てくれる鳥の専門医であることが重要です。

病院には定休日があります。定休日以外に主治医の先生の休診日が設定されている病院もあります。生き物は、いつ病気になるかわかりません。主治医の先生が休みの日に病気にならないとも限りません。

そうしたケースも想定して、緊急時にすぐに行ける近場で、主治医の先生と休日が重ならない病院、獣医師を見つけておくと、より安心して暮らしていくことができます。

11-13 病気にさせない暮らし方

知識を増やす

先天的なケースを除いて、鳥を病気にするもっとも大きな原因は飼育者（人間）にあります。十分な知識をもたず、思い込みや、だれかに伝えられた情報だけをたよりに判断することには大きな危険が伴います。まちがった情報は鳥の健康を損ない、ときに命も奪います。

鳥の飼育に関する情報は、日々、更新されています。特にこの20年は新たな情報が増え、めまぐるしく変化しました。

極端なことをいうなら、今、常識とされていることが来年も常識であるとはかぎりません。

時間が経つと、情報、知識は古くなります。本書でも何度か主張してきましたが、生き物と暮らすにあたっては、食事や健康の維持についても常にアンテナを張り続け、最新の情報を得られるようにしてください。

病気にさせないためには、情報を集め、それを正しく理解して実践することが大切です。飼育者が十分な知識をもつことで、病気は確実に減らすことができます。

外から持ち込ませない

カートやスーツケースを家にあげるときは、タイヤ部分をふくめて全体をしっかり消毒してください。ハトなどがいる駅や道にフンが落ちていたら、鳥クラミジア症の原因であるクラミドフィラ・シッタシがタイヤ部分などに付着している可能性があります。鳥インフルエンザも心配です。

来客が鳥に触れる際も、手洗いを順守させてください。鳥の健康を考えるなら、コロナウイルス禍が落ちついたあとも、家族・友人すべてに対し手洗いを欠かさないよう促してください。ともに暮らす鳥の健康を守るためには、外から病気を持ち込ませないこともとても大切です。

老オカメインコとの暮らし方

Chapter 12

12-1

老化は個体によって異なる

老化が見えるのは何歳から？

足腰、翼、羽毛、目、内臓など、老化は体のさまざまな部位に現れます。ただ、その現れ方は鳥ごとにちがっているため、老化の始まりを一律に評価するのは困難です。

15歳〜17歳で老化が始まる個体がいる一方、20歳を過ぎても老化の徴候を示さない鳥もいます。どこまでが病気で、どこからが老化かの線引きもとても難しく、境界線上にいる鳥については、飼い主や獣医師の主観も判断に影響を与えています。

とはいえ、生物は生きているかぎり確実に「老」に向かって進んでいくため、今この瞬間は老鳥と見なせない鳥であっても、数カ月から数年後には確実に老鳥になります。

オカメインコの加齢は、もともともっている遺伝的な資質と、暮らし方の重ね合わせになります。特に過食による体重増加は確実に老化に影響し、ダイエットさせて適切な体重に戻したとしても、老化は早まると考えられています。ただし、この点でも個体差があり、長期に渡る肥満により肝臓が弱っていてなお、20歳以上まで元気でいる鳥もいます。

老鳥の特徴はこのあと解説していきますが、鳥の場合、ある年齢以降を老鳥と定義するわけではなく、いくつかの徴候が認められてはじめて「老鳥」と認められます。老鳥期は鳥ごとにちがうと考えてください。

17歳で老鳥と見なされる鳥もいれば、22歳ごろに老鳥と認定される鳥もいます。ただ、28歳ごろを過ぎるとほぼすべての鳥に老化の徴候が複数現れるため、28歳以上は確実に老鳥と考えていいでしょう。

なお、外からは見えない体の深部、たとえば消化管や心臓などの臓器でも老化は進みます。まだ若く見えていても、20歳以降のオカメインコの体内では、ゆっくりと老化が進んでいると考えてください。

老後が長いケースも

鳥は一般に青年期が長く、ヒナの時期を過ぎると、見た目も行動もほとんど変化のない時間が続きます。

たとえばセキセイインコの場合、2歳～10歳の時期の変化は微小です。セキセイインコの約2倍の寿命をもつオカメインコでは、短命になる遺伝子をもたず、細菌やウイルスなどにも感染せず、健康に過ごせた場合、2歳～20歳くらいまでほとんど変化を見せない鳥も少なくありません。

鳥の多くは、老化の徴候が見え始めると、そこから急速に老化が進行していきますが、オカメインコの中には老鳥の徴候が見えてからの時間がほかの鳥と比べてかなり長く感じられる個体もいます。

いずれにしても飼い主が、メンタル面のサポートをふくめた適切な管理を行い、体の状態もしっかりモニターして、病気などの徴候も早期に捉えて適切な治療ができたなら、老鳥期に入ってからの時間を平均予想期間の2倍にまで引き延ばすことも可能です。

一般的には、老化の徴候が見え始めてからの生存時間は数年であるのがふつうですが、オカメインコの場合は、目が見えなくなったり飛ぶことができなくなっても、そこからさらに10年以上も生きられる可能性があります。

12-2 オカメインコの寿命

老鳥も増加中

オカメインコは長生きします。虚弱といわれる1歳までの時期を無事に乗り越え、その後も病気やケガに気をつけて、適正体重で生活させた場合、20～25歳以上の年齢を重ねることも可能です。最近は、かつての飼育の目標とされた20歳を大きく越える個体も増えてきました。

ただし、もともともっている遺伝子や、暮らし方が寿命に複雑に影響してくることから、個体によるちがいが大きく、正確な平均寿命はよくわかっていません。

老化の進み方にも個体差があります。老化の進行がゆるやかな鳥では、30歳を過ぎ、35歳に到達することも可能なようで、実際に30歳を超えたオカメインコも見るようになってきました。

40歳を超えるのはかなり難しいとしても、その手前くらいまでは生きるポテンシャルを、種としてもっているのはまちがいないようです。

がんなどを発症する鳥も高齢になると増えてきて、病死が死因のトップになりますが、老いて老衰で亡くなる個体も増えています。今後は、天寿をまっとうして亡くなる鳥がさらに増えてくることでしょう。

長寿の鳥の特徴と生き方

人間と同様、日々を楽しく暮らし、適度な運動をしていることが長寿に結びついています。加えて、バランスのよい適切な食事が大切といわれますが、現在30歳を超えている高齢鳥は、ペレットが普及する以前に生まれた個体で、種子類を主食としてきました。

適切な食事は鳥にとってとても大切ですが、人間がそうであるように、栄養バランスの偏った食事でも長寿でいられる鳥が一部にいるのも事実です。

12-3 老いたオカメインコの特徴

老鳥の体

生物の体も、機械の部品も、永遠に働き続けることはできません。

ずっと使っていると、やがて限界がきて壊れます。壊れる前に、動かしにくくなったり、スムーズに動かなくなることもあります。

たとえば鳥の翼は、二層の胸の筋肉を交互に収縮させることで上げ下げをし、羽ばたいていますが、筋力が衰えると力強く羽ばたくことが困難になり、飛翔力が落ちてきます。

また、翼を持ち上げる筋肉は途中から腱となり、その腱は肩の骨の上をすべるように動いて翼を引っ張り上げていることから、肩に接する腱のすべりが滑らかでなくなったり、腱からしなやかさが失われると、まっすぐ上に翼を持ち上げることができなくなります。

通常、オカメインコの翼は、羽毛の先端がふれあうようにまっすぐ上に伸びますが、老化によってこれができなくなると、飛び立った位置より高く上がることが困難になり、長い距離も飛べなくなります。

この変化は意外に早く、数カ月から半年ほどで急激に進むこともあります。つまり老鳥の場合、これまで飛べていた鳥が半年ほどで飛べなくなることもあるということです。

何度か飛んでみて、上手く飛ぶことができないことを悟ると、鳥の心

まっすぐ飛べなくなるのは老化の黄色信号です。

には不安や恐怖が生まれ、飛ぶことを控えるようになります。よくあることですが、この時期に飛ぶことを止めてしまうと、さらに翼を上下させる筋肉や腱が衰えてしまい、二度と飛べなくなります。

足腰の弱り

翼が弱って飛べなくなるのと並行して、足の曲げ伸ばしをする筋肉や腱にも衰えが見えるようになります。とはいえ、歩行はしにくくなるものの、完全に歩けなくなるほど急速に悪化する例はまれです。一方で、平坦な場所を歩くことはできても、段差のあるとまり木に上がれなくなる様子はよく見られます。

生活に支障が出るなど、これまでの暮らしが維持できなくなった場合は、バリアフリーを意識したケージの改造を検討することになります。

なお、股関節、膝関節の稼働域が狭まり、足で頭や顔が上手くかけなくなると別の問題も生じてきます。

オカメインコは足の爪を使って鼻の穴の掃除をしていますが、これが困難になると細かいエサの粉やゴミなどが鼻に入り、鼻腔内の分泌液とからんで鼻を詰まらせるようになります。そこに細菌などが入り込み、炎症が生じることもあります。

そうなった場合、感染症だけでなく呼吸への影響も出てくることから、定期的に病院に行って鼻通りを良くする処置をしてもらう必要が生じます。

足腰の弱りは単に歩けなくなるだけでなく、こうした二次的な問題を引き起こす可能性があることを理解しておいてください。一見ただの鼻づまりですが、放置すると命を縮める可能性もあります。

目の変化

鳥の場合、音を聞くための細胞（有毛細胞）は再生するため、老鳥になっても耳が遠くなることはあり

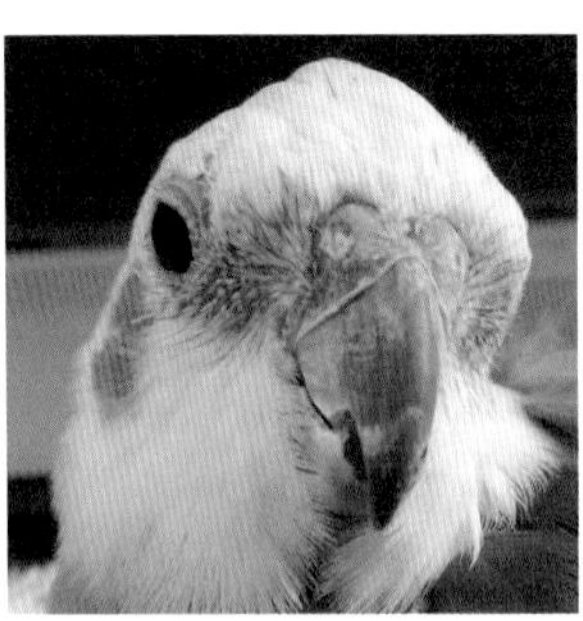

鼻づまり。足の指で鼻を掃除しているオカメインコにとって、足が上がらなくなることは健康上の大きな痛手となります。

ませんが、目は衰えてきます。水晶体が白濁し、最終的に視力を失う白内障は老いた鳥でよく見られます。

鳥の場合、左右のどちらかが白内障になり、時間をおいて別の目も罹患するケースと、残った目は白内障にならないケースの両方があります。

片目が見えない状態になった際、しばらくは距離感などをつかむのに苦労しますが、やがて片目でものを確認することにも慣れ、多くはこれまでと大きく変わらない生活ができるようになります。

なお、ホワイトフェイスルチノーなど、メラニン色素をもたない赤目系の鳥が白内障に罹りやすいことは知られていますが、すべての鳥が発症するわけではありません。

両目とも視力を失って全盲になってしまった場合も、体が位置をおぼえていて、見えていたときと同様の生活を続ける鳥も多く見られます。

白内障の目。

クチバシと羽毛の変化

老化は羽毛の状態にも影響を与えます。若い時期はピカピカの羽毛に包まれていますが、老鳥になるとメラニンが上手くつくられないなど、色ほかの点で質が落ちてきます。また、体が上手く動かなくなると、どうしても羽繕いが不十分になり、ボサボサした感じになってきます。

換羽の周期が狂ってくるケースもあります。なかなか終わらず、だらだら続くこともあります。

老鳥になると、多くの鳥が肝機能を低下させていきます。こうした羽毛の変化も肝機能の衰えと無関係ではありません。ですが、それも鳥としては自然なことであり、しかたのないことでもあります。

肝臓が衰えている鳥では、クチバシが伸びてくる例もあります。おとなしい鳥で、飼い主も切ることに慣れている場合は、飼い主が自分でクチバシを切ることもできますが、難しい場合は、定期的に病院に通って切ってもらうことになります。

オカメインコの体に見られる老化現象

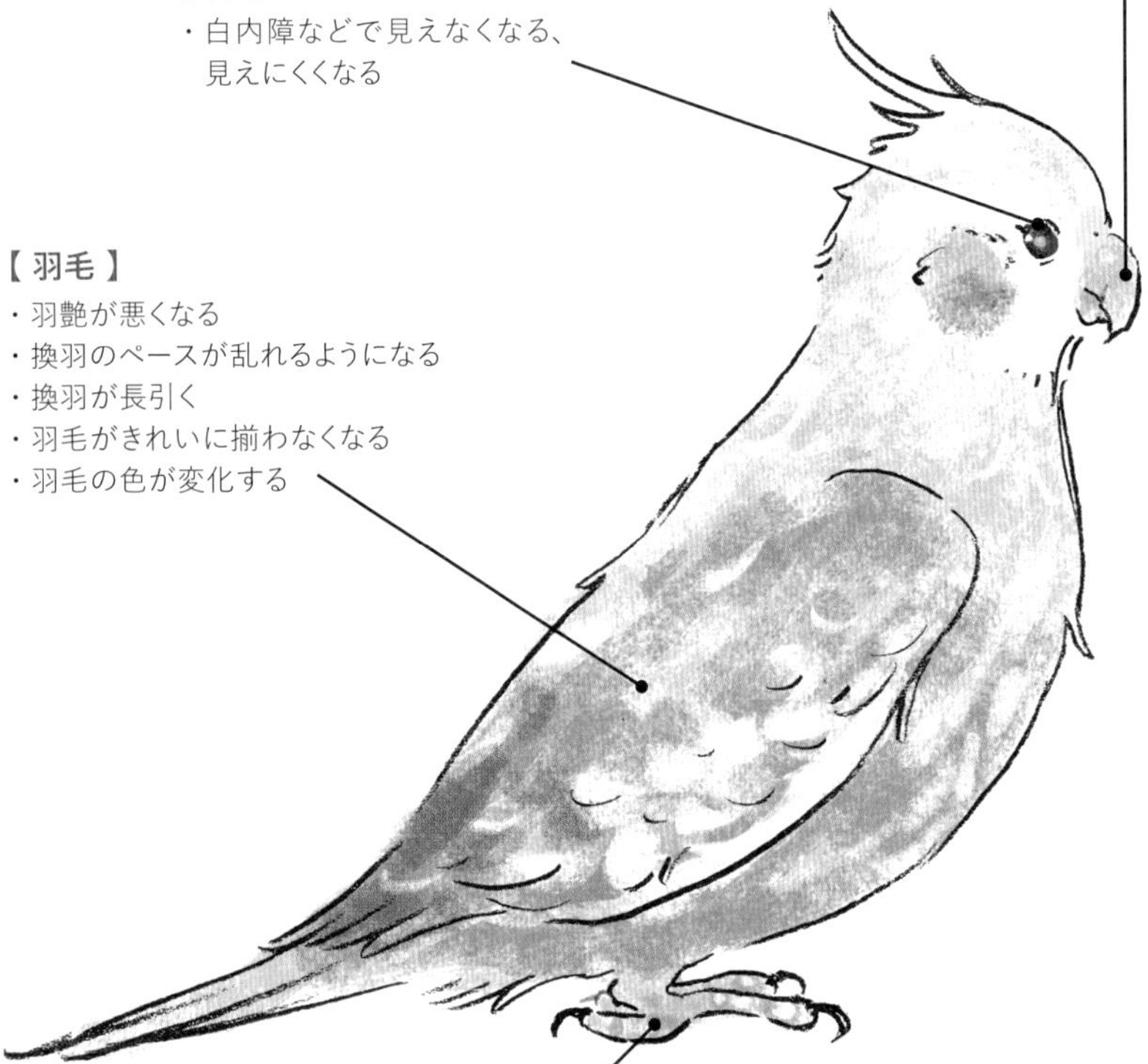
【 クチバシ 】
・クチバシが伸びたり、変形したりする
・クチバシの表面が薄くはがれ、ガサガサになる
・クチバシの色が悪くなる
・白内障などで見えなくなる、見えにくくなる
【 目 】
・換羽が長引く
・羽毛がきれいに揃わなくなる
・羽毛の色が変化する
【 足表面、足の関節 】
・足のグリップ力が弱くなる
・爪が伸びやすくなる

12-4 鳥が感じる体の老化

鳥にとって「治す」というのは、状態が戻るのをじっと待つのが基本であるため、こうした体になってでも治療のためになにかしようとはしません。リハビリによって歩行能力を取り戻せる可能性があることを知るのは、飼い主――人間だけです。

思うように食べられない状況は、消化管の弱りが大きく影響します。若いうちからペレットを食べられるようにしておいてくださいと獣医師が指摘するのは、こうした状況を想定してのことです。

体が重いと感じるようになるのも肝機能の低下が大きく関係していますが、老鳥になると総じて肝機能が落ちてくるため、しかたがないこととされます。

老化による衰え

老鳥が自覚すると考えられる体の変化、および心の変化は、次のようなことです。

○飛べなくなった→不自由、不安（なにかあっても逃げられない）

○歩きにくい→不自由、不安（走って逃げられない）

○体に動かないところがある

○体に痛みを感じるところがある

○目が見えにくい、見えない

○体が重い。少し動いただけで疲れる

○食べたい意思はあるのに食べられない

些細なことは気にせず暮らしている鳥も、複数の老化の症状が出てくると、体の不具合を自覚せざるをえません。動かないところはあきらめ、なるべく使わないようにして暮らしますが、食べないと死んでしまうので、足があまり動かないケースでは、エサ入れの場所まで身を引きずるようにして移動します。床面などでは、翼を前足のように使って体を移動させる姿を見ることもあります。

12-5

老オカメインコが望むこと

感じている体調に答えが

老オカメインコがともに暮らす人間に対してしてほしいと願うことは、前項であげた体の不具合の中にヒントがあります。

人に馴れたオカメインコは、必要なときに必要なかたちで人間を頼ることに抵抗がありません。明瞭な思考として頭の中にあるわけではありませんが、彼らの心が求めるものは、「できなくなってしまったことを上手に補ってほしい」。それが、老いたオカメインコの第一の願いです。

ですので、飛べなくなったり歩けなくなったりして自力での移動が困難になり、心を曇らせている鳥に対しては、人間が彼らの足や翼がわりになることが、ひとつの問題解決の手段になります。

呼べばすぐ来る「タクシー」として、行きたい場所に連れていってくれて、なにかを怖いと感じたときには怖いものを隠したり、怖いものから遠ざかるように自分を運んでくれる。そうした人間の行動は、心に大きな安心感を生みます。

代わりに考えることも重要

問題解決にいたる段階的な思考を彼らはもちません。そのため、それが可能な人間が代わりに必要なことを考え、「これはどう?」と提示することが大事になります。

老化の初期、翼や足が動きにくくなったとき、翼や足の筋肉や腱を無理のない範囲で動かす「リハビリ」をすることで、ふたたび飛べるようになったり、より上手に歩けるようになったりするケースがあることを人間が知っていれば、オカメインコの頭にないリハビリの機会を与えることもできます。結果的に老化を遅らせて、鳥生後期のQOLを維持することができます。

本質は変わらず

人間は大人になっても高齢になっても、少年・少女時代の気質や考え方をずっと持ち続けますが、オカメインコも、ものごころがついて確立された性格や行動のパターンは基本的に生涯変わりません。

オカメインコも、若鳥の気持ちのまま老鳥になります。幼いころからの性格や思考が「変化しない傾向」は、人間よりもオカメインコの方がより強いかもしれません。

年齢や時間の変化を意識しないオカメインコにとって、昨日の自分と今日の自分にちがいはありません。一年前の自分と今の自分にも、ちがいはありません。幼いころからなでられるのが好きで、名前を呼ばれるのが好きだった鳥は、高齢になっても、それが続くことを求めます。

第二に、老鳥が飼い主に望むことは、「ずっと、いつもどおりに」です。老衰や、老化が原因の病気で亡くなる寸前まで、その鳥の気持ちは変わりません。ですので、飼い主はずっと、昔のままの変わらないやり方で接してあげてください。

若いころとおなじように接してほしい！ それも、老鳥の願いです。

心細くはなる

ただ、さまざまな原因から体が動かなくなり、不自由をおぼえるようになると、より多くのふれあいを無意識に求めるようになります。呼べば返事が返ってくる期待も、見える場所、気配が感じられる場所にいてほしいという希望も強まります。それも老鳥の願いと思ってください。

特にスキンシップは大きな安心感をもたらします。大好きな飼い主に長く、優しくなでられているとき、ヒナのころの感覚が少しだけ胸に甦っているのかもしれません。

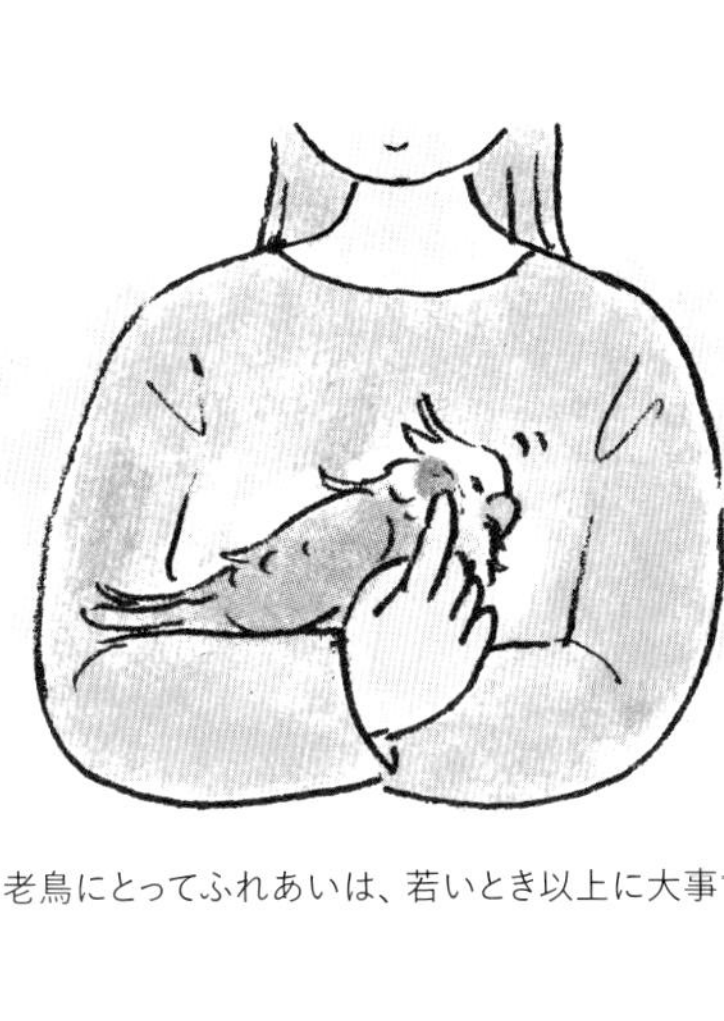
老鳥にとってふれあいは、若いとき以上に大事です。

12-6 オカメインコの老化の進み方

行動に現れる老化

体が動かしにくくなった。動くと痛む場所がある。だるい。いつも眠い。いろいろとめんどうくさい。ただぼんやりしていたい。

体が老化したときに感じることは、人もオカメインコもあまり変わりません。行動が不活発になるのも、そうした体と心の影響です。

物理的に飛べなくなったり、疲れるのがいやで、あまり飛びたがらなくなった鳥は必然的に、遊びに熱中できる場所や、肩や手の上をふくむ人間の近くにいるようになります。

水浴びが好きだった鳥もあまり水浴びをしなくなったり、好奇心旺盛だった鳥もどこかを覗き込んだりしなくなります。ケージから出たがらなくなる鳥もいます。よく声を出していた鳥があまり鳴かなくなったり、呼び鳴きが聞かれなくなるケースもあります。

加えて、眠る時間が増えます。老化が進むにつれて、特になにもすることがないときは、よく眠るようになります。

咬む力が弱まる鳥もいます。筋力

老化が進むとよく眠るようになります。起きていてもぼーっとすることが増えます。

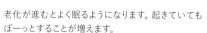

低下の影響でもあり、若いころは簡単に割ることができた麻の実が割れなくなることもあります。

かなり高齢になると食欲も落ちてきます。ゆっくりとした体重の減少が見られることもあります。

老化の段階

老鳥の時期は、次のような3つの段階に分けることができます。

1・老化の徴候が見え始めた時期
2・少しずつ老化が進む時期
3・終末に向かう時期

初期は、飼い主も鳥もほとんど老化を意識しません。ただ飼い主は、今後の変化に備えて、ケージのバリアフリー化の方法などを考え始める必要があります。飼育者にとっては、準備の期間と思ってください。

なお、「この症状から老化が始まる」といったような標準となる老化現象はないため、ふだんからよく観察して、微細な老化の徴候を見きわめてください。

少しずつ老化が進む第2期は、オカメインコの体に不自由さが増えてくる時期でもあります。ただし、例によって多くの鳥は不具合をあまり気にしません。足が上がりにくくなっても、目が見えなくなってきても、なるべくいつもどおりに暮らそうとします。

他種では、老いの気配が見え始めるとそこからの進行が早い傾向がありますが、オカメインコにはあまり早くない個体も多く見られます。たとえば白内障で片目が見えなくなったものの、ほかにあまり症状が出ず、そこから10年生きる鳥もいます。

20歳を過ぎてから「がん」を発症する鳥もいます。高齢になってからのがんも、老化の症状のひとつと考えられています。

3は鳥生の最終ステージです。大きな病気を発症した場合も完治を目指さず、鎮痛剤などで痛みを取るペインコントロールを中心に治療が行われることが増えます。この時期については本章後半の「ターミナルケア」の項も参照ください。

動けなくなった鳥には、クチバシが届く範囲に食べ物や水などを置いて生活をしてもらうことになります。毎日声をかけ、体温が感じられるふれあいを続けてください。

12-7 生活しやすくするための工夫

きたがらない傾向がありますが、目の前に食べ物があると、つい食べてしまいます。その効果が期待できます。

足が不自由になってとまり木生活ができなくなったときは、床にタオルやキッチンペーパーを敷いて、床で過ごしてもらうことになります。敷物の設置は保温もかねています。オカメインコの場合、とまり木に執着しない個体も多いため、床にとまり木に類するものを置く必要はありません。むしろ、シンプルで動きやすいかたちにしてあげてください。

その鳥に合わせた工夫を

老化の出方、進み方は、個体によってちがっています。多くはゆっくり

余生を伸ばす暮らし

生物が生きていくうえで大事なのは、食べ続けること。しかし、足腰が弱った老鳥は、エサ箱まで移動するのも一苦労です。結果、食べる量が減って体重が落ちてきます。放置すると、残り寿命も大きく削いでしまうことになります。

そうならないために、そして食べること以外の生活でも不自由を減らせるように、ともに暮らす飼い主に求められるのが、「暮らしのバリアフリー化」です。

具体的には、高い位置のとまり木を低くする、床の下に台になるようなものを置いて床面を「嵩上げ」して、床から下のとまり木までの距離を減らすなどします。場合によっては、とまり木の位置も下げます。

とまり木の昇降は問題がないものの、微妙に食事量が減って体重が落ちてきた場合は、とまり木の両端にボレー粉入れなどの小さい容器を取りつけ、そこに好きなエサを置くのが効果的です。

動くことがおっくうになった鳥は、強く空腹を感じるまでは、あまり動

り老化が進みますが、そうでない鳥もいます。

ケージや、外で遊ばせる環境の整え方は、それぞれの鳥の状況に合わせて、最適と思えるかたちを選んでください。ポイントは、その鳥になったつもりで、自分ならどうしてほしいか想像することです。現在の体で生活していくためにはどう整えたらいいのか考えてください。

いろいろ考え、想像すると、老鳥には人間の手助け（介助）や気持ちの支えが必要であることにも気づくはずです。

それがオカメインコの老後をよりよくするための大切な点です。メンタル面をふくめ、不自由を感じることなく生きられる環境を整えてあげてください。

事前の準備も大切

たとえば片目が見えなくなり、残った目にも白内障の症状が出始めたとき。何年かすると両目を失明し、いずれは体も動かなくなることが予想されます。そうなる前に、まだ見えている時期に、ケージのバリアフリー化を先行して進めるのも大事なことです。

目が見えなくなっても、鳥はケージ内の配置を体でおぼえていて、苦労なく生活を続けることができますが、目が見えなくなってから慌ててケージ内の配置を変えると、場所がわからず、生活がしにくくなって、ＱＯＬが落ちます。そうならないためにも先手を打つことが大事、ということです。

12-8

ほかの鳥との接触

初老の時期

家にほかにも鳥がいる場合、長くいっしょに暮らしてきた鳥との接触は減らさないでください。オカメインコどうしなら、年齢や状況にあわせたつきあいが可能です。飼い主との過ごし方も仲間の鳥との接触も、変わらず続けることが多くの鳥の望みです。

暮らしの中で「楽しい」と感じられる時間は、老鳥にとって心の潤いとなります。また、そうした気持ちは、幸福をおぼえる脳内物質の分泌も促します。人間がそうであるように、オカメインコの場合も、「うれしい」や「楽しい」が続くことが、アンチエイジングにつながることがわかっています。

体の負担にならないのであれば、ほかの鳥と遊ぶ時間は維持してください。老化が出始めたころのオカメインコの多くには、疲れやすいなどの症状はありません。本鳥の意思にまかせて遊ばせてください。

逃げられない鳥は……

ただ、体に不自由が出てくる時期になると状況は少し変ってきます。ずっといっしょに暮らしてきた鳥はそのままでもかまわないのですが、この時期に、若く好奇心旺盛な鳥を新たに迎えるのは一考が必要です。

若い鳥を迎えるのは、家の中の小さな群れの活性化につながります。それはプラスの変化なのですが、まだヒナの気配を残した若い鳥——特にオスは、先住鳥に興味津々で、どんな遊びをしているのか、どんな鳥なのか知りたくて、いろいろ接触を試みます。それが老鳥の体の負担になることがあります。

若い鳥に対してうんざりするような顔が見られたり、継続的な威嚇が見られたときは、新たに迎えた鳥の心が少し成長して落ち着くまで、放鳥を分けてください。ただし、ケージを隣り合わせに置くことは、若いエネルギーや、よい刺激がもらえるため推奨します。

異種の場合

セキセイインコや文鳥との接触は、相手のキャラクターにもよりますが、避けた方がよいケースが多く見られます。

特に若い文鳥には、相手の状況や気持ちを察することができない個体も見られます。自由に動けない老オカメインコにしつこくつきまとったり、攻撃を繰り返すものもいます。オスのセキセイインコも、メスのオカメインコに執拗に迫る例が見られます。

そうした鳥がいると、楽しい時間が楽しくなくなります。

また、ケージ外でなにか食べさせている際につきまといが起こると、食欲を大きく減退させることにもなりかねません。

上手く相手に合わせることができる鳥ならば接触もありですが、多くはストレス源になってしまうため、放鳥はできるだけ避けてください。

相手につきまとうことを自身の楽しみにしているようなタイプの鳥は、絶対に同時放鳥しないでください。

12-9

心に寄り添う暮らし

だれかの存在を必要とする鳥

オカメインコは、ヒナの時代から老いるまでずっと、心を交わしあうだれかの存在を必要とします。

群れの鳥はもともと仲間と生きるのが常ですが、オカメインコの場合は、他種のように、ただそこにいて顔が見られたり声が聞けたりするだけでなく、物理的なふれあいや気持ちの交換も必要です。

家庭内でもっとも密度の高いふれあいは、おもに飼い主とのあいだで成立します。つがいや特別仲のよい相手以外で「なでて」と頭を押しつけてくるのは圧倒的に人間に対して。成鳥へと育つ過程で、信頼している人間に甘えることは、オカメインコにとって、ごくあたりまえのことになっていきます。

なでられているとき、オカメインコの心は成鳥でもヒナのように「守られている」感覚に浸っていると推察されます。不安があっても、心細くなっても、なでてもらうことで心が落ち着くのは事実です。

飼い主はなでることでその鳥の体温を感じ、なでさせてもらえている状況から自分はこの子に好かれていると実感し、うれしさを感じていますが、その瞬間、なでられているオカメインコも、それと似た喜びを感じています。接触面を通して、幸福感が循環していると思ってください。それがほしくて、「なでて」と主張することもよくあります。

老鳥だからこそ

老鳥になり、体の不具合を自覚するようになると、若いころには感じなかった不安もおぼえるようになります。生存本能とも関わるその不安は、心細さも伴います。

だんだん思うように動けなくなってきたオカメインコは、経験から、人間の手助けがあれば不安が減らせ

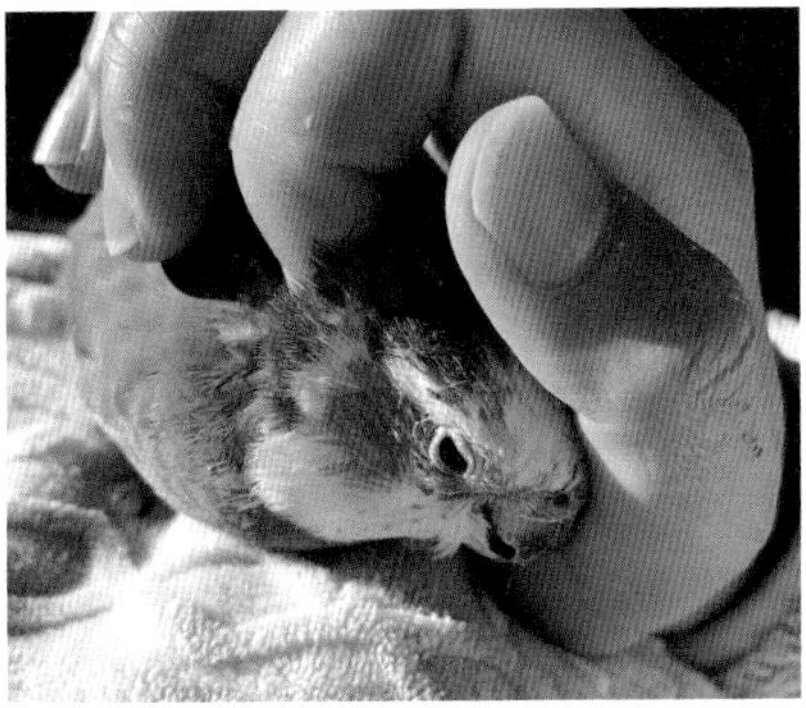

ることを自然に悟ります。

晩年のオカメインコが、若いころよりもスキンシップを求めるようになった場合、行動の背景にあるのは「不安」です。それまであまり人に馴れていなかった荒鳥が急にフレンドリーになるのも、同様の「不安」が背景にあります。

以前よりも甘えるようになったオカメインコは、人間に甘えることを通して、不安な気持ちを解消したいと願っていると考えてください。行動の背景には、安心を得たい心が隠れています。

甘えてくれるようになったこと、いつもよりたくさん甘えてくれることを、人間は喜び、それに応えようとします。それはオカメインコの心にも沿う、正しい行動です。甘えてくる老鳥には、存分に甘えさせてください。

オカメインコは、甘えさせてくれる＝慈しんでくれている、ということも感じています。だからこそ信頼し、甘えます。増す信頼感は、さらに体が不自由になっていく可能性のある老鳥期を乗り越えるために、なくてはならないものです。

ですので、出会った日から少しずつ、よい関係を積み上げてください。オカメインコが感じる「よいひと」になり、それを続けてください。

行動や言葉を通して、ともに好きを伝えあう関係、ともにたがいの心に寄り添う暮らしは、老鳥にとって理想です。そしてそれは、老鳥期に入ったオカメインコの気持ちを穏やかに、そして豊かにしてくれます。

12-10 ターミナルケア

鳥のターミナルケアとは？

ターミナルケアは終末期医療とも呼ばれます。病気に対し、可能な治療をすべて試みたのち、効果が期待できる治療はもう見つけられないと宣言され、余命が想定された鳥が対象となります。

終末期という名称から誤解もされがちですが、「もうできることはないので治療はしない」ということではありません。

治せないまでも、なるべく悪化を防ぎ、痛みがある場合は痛みを取り除いて、最後の最後まで、これまでに近い生活を提供し、心豊かに、その鳥らしい暮らしをしてもらうためにできることをする。それが鳥のターミナルケアの目的です。

特に痛みは生活の質を下げ、寿命を縮める大きな要因にもなります。痛みがあると体力が奪われ、食欲も落ちます。そのため、鳥のターミナルケアにおいては、痛みを弱めたり、なくしたりする、「ペインコントロール」が大事になります。痛む場所がない鳥については生活の質を下げないための対応が中心となります。

痛みがなくなり、不自由なりに体を動かせる状態に戻れば、鳥は本能的にその体でできることをして、最後までいつもどおりの生活をしようとします。そのための手伝いがターミナルケアと思ってください。

老後も心豊かに生きてもらうためには、その鳥が求める暮らしができるように飼い主が考え、対応していくことがとても大切になります。

老鳥のターミナルケア

たとえば「がん」は、細胞の遺伝子に複数の傷がつくことで起こります。老鳥においては、それも老化現象のひとつと獣医師はいいます。

がんに限らず、長く生きると、そのぶんだけ体の組織が劣化して病気になる確率は増えていきます。

しかし、高齢になると手術に耐える体力がなくなることから、麻酔を使った外科手術は極力、行われなくなります。若い時期なら手術で治すことができた病気も、外科的な対応は困難になる、ということです。

手術そのものの危険に加え、入院して手術を受けることは環境変化に弱いオカメインコにとって大きなストレスです。老鳥では、ことさらです。また、術後の痛みについても考慮する必要があります。こうしたこともふくめた総合判断により、手術が回避されることになります。

近年は、人間と同様、年齢の高い鳥では病気と共存することもひとつの選択肢と考えられるようになってきました。無理に手術などをするよりも、しないほうがより長く生きられる可能性もあるからです。

鳥はこういう医療が受けたいとみずから主張したりしません。判断するのは飼い主です。手術を強行する、しない。臨床試験が十分に行われていない新しい治療を受けさせる、受けさせない。

どんな判断、どんな選択をするにせよ、情報収集は不可欠です。深く考え、悩み抜く必要もあります。それは決して軽いことではありませんが、飼い主が熟考の末に判断する以外にないのです。

獣医師との相談も不可欠です。どんな治療をしたらどのくらい生きられるのか、治療中、治療後の暮らしはどう変わるのか、じっくり聞いてください。そして、その鳥にとって最適と思える選択をしてください。

病気にせよ、老衰にせよ、鳥生の終わりが見えた鳥に対して飼い主ができることは、しっかり寄り添うことです。見える場所、気配が感じられる場所にいることはもちろん、声をかけたり、相手が疲れない範囲でふれあう時間を十分に取るなどして、心も寄り添って安心させてください。それがオカメインコの望みでもあります。

12-11 残された鳥のケア

仲間の必要性

15年、20年と長く複数羽で暮らしていて、最後に二羽が残り、そのうちの一羽が亡くなって、ほかに他種の鳥もいない場合。

残された鳥が15歳以下で基礎疾患もない若い鳥だった場合はまだ猶予もありますが、20歳を過ぎていて、肝臓などに基礎疾患があり、その鳥が生まれたときから一度も一羽で暮らしたことがなかったケースでは、緊急の対応が必要になります。

まずその鳥は孤独に慣れていません。気持ちを維持する方法も手さぐりです。人間がそばについていることも確かに薬にはなりますが、同種の存在には替えられません。24時間ついていることも不可能です。

家に自分しかいないことを実感した鳥の心は、ゆっくり弱っていきます。そこでなにも手を打たなければ、失意が生きる意欲の喪失へとつながり、早ければ2~3カ月で後を追うように命を失います。それを止められるのは、ほとんどの場合、同種の鳥だけです。もしもそれが可能なら、新たにオカメインコを迎えてください。

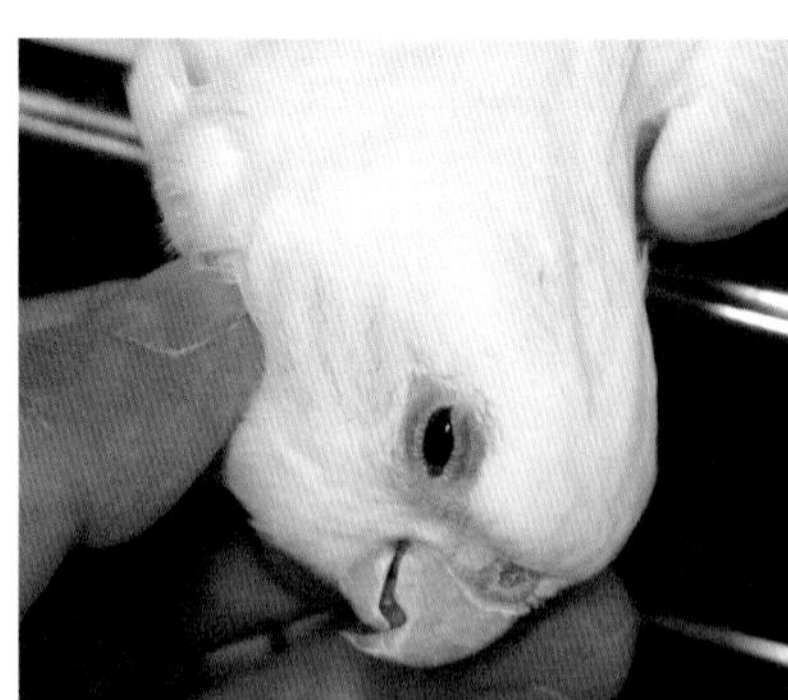

著者宅のルーク。20年いっしょに過ごした相棒が亡くなり、一羽になって、わずか3カ月で逝ってしまいました。

オカメインコは人間が思っている以上に繊細です。生きる意味を失ってしまった鳥を引き止めることは、どれだけ愛情があったとしても、人間には難しいと思ってください。この一カ月で急に老け込んだ、と感じたときには手遅れになっていることも多いのです。

12-12

飼い主が受ける喪失のダメージ

喪失感の大きさ

大型、中型のインコやオウムを除くと、オカメインコよりも長寿の飼い鳥はほとんどいません。しかもオカメインコは、人間の気持ちを察してくれたり、甘えてくれたりと、人間が望む優しいコミュニケーションを実現してくれる特別な魅力ももっています。

その重さも、ぬくもりさえも愛しいと感じながら暮らしてきた人も多いのではないでしょうか。

20年、25年、毎日声を交わしあい、気持ちを交換した特別な相手を失った心は、辛い、という言葉ひとつで表わせるほど単純ではありません。かけがえのない相手の喪失は、張り裂けるほどの苦しみをもたらします。

時間はいつか、悲しみを浄化してくれます。しかし、そこに至るまでには、とても長い時間がかかるかもしれません。

やれることをやれたとき

それでも、老いや病気から目を背けることなく、日々できることを積み重ね、やれることはすべてやれた末の死であった場合、悲しみの質は少しちがってくるように思います。

的確な判断と必要な対応ができたなら、その鳥がもてる最大、最長の時間まで「生」を引き延ばすことができます。同時に、心をしっかり汲み取れたなら、その鳥が望む、その鳥にとって最良の生き方を選ぶことができます。そうして過ごした時間はおそらく、飼い主の心に、がんばって生きた愛鳥への感謝とともに現実と向きあう覚悟を育てます。

悲しみを受け止めるには時間がかかります。しかし、できることはすべてやったと確信がもてたなら、いくつかの季節が過ぎたあとで、これもまた、ひとつの幸せのかたちだったと思えるかもしれません。

12-13 ペットロスになってしまったら

悲しみは自然な感情

愛鳥を失くして悲しいのは自然な感情です。そのオカメインコは、世界でただ一羽の鳥。慈しんで、体温を交換した時間の長さの分だけ、存在感が心に刻まれています。

特に何十年と長生きをしてくれた子との別れは、過ごした時間の重みが重なって、簡単には受けとめきれません。愛した重さは、5年、10年という時間の中で少しずつ希薄になっていくことはあっても、おそらく生涯、消えることはないでしょう。

あなたとその鳥だけの家庭だったとしたら喪失感はひとしおで、もしかしたら、しばらくなにもしたくなくなるかもしれません。休日など、ただぼーっとしていたら何時間も経っていた、という事態もありえます。

翌日になっても体に力が入らず、「風邪」などの理由をつけて有給を取ってしまうこともあるかもしれません。こんなことではダメだと気持ちは焦るものの、それでもなにもできない日が続くかもしれません。

もっとこうすればよかったと後悔に明け暮れることもあるでしょう。

仕事に没頭すれば一時的にでもこの感情と向きあうことを止められるという理由で職場に向かう人もいるはずです。正面から考えることを回避できれば、その瞬間は、確かに悲しみを減らせます。

そんなふうに過ごしつつも、何度も心に揺り戻しが来て、悲しみの海に浮かぶことしかできない日もおそらくあります。

その場合は、無理になにかしようとはせず、あふれる思いも止めようと思わず、いっしょに過ごした時間と、その楽しさを思い出してあげてください。

それも辛いことですが、それはあなたが悲しみと向き合い、受け入れていくために必要なことでもあります。

ほかの鳥の存在が救いにも

ほかにも世話をしている鳥がいる場合、なにもかも放り出すわけにはいかないため、少しだけ心に蓋をして、あるいは歯をくいしばるようにして、日々の世話を続けることになります。世話をしながらいろいろ思い出して辛さを感じるかもしれませんが、そうした日々を積み重ねていくことで、少しずつ気持ちに変化も生まれてきます。

世話をする相手がいることは、実は救いでもあります。ただ、それをあらためて実感するのは、半年〜2年ほど経ったあとになるかもしれません。

25年以上生きた菜摘。亡くなる数日前の写真。

新たな鳥が心を癒すことも

数カ月が経って少し落ち着いたころに新たな鳥を迎えることも、心を鎮める効果があります。

どんなによいと思える鳥がいても、失ったオカメインコの替わりにはならないと思うかもしれません。それはまちがっていません。ですが、すべての鳥はちがう意識をもっていて、ちがう性格をしています。育つあいだの経験も性格形成に影響を与えるため、最初こそ似た性格に見えたとしても、あきらかにちがう意識の個体に育っていきます。

愛情も増えていきます。100あった愛情を鳥の数で割るのではなく、ある鳥に100、ほかの鳥にも100というかんじで、それぞれに振り向けられるものであったことに、ある日、気づくことでしょう。

新たに迎えた鳥が、長くいっしょにいた子とは異なる個性をもった鳥と気づき、この子のこともこの子なりに「愛しい」と思えるようになったころ、愛鳥を失った心の痛みは、痛くはあるものの、懐かしい思い出という側面も得て、心の一部になっていると思います。

Column

夢に見る

あたたかさが手に残る

最初に家に迎えたオカメインコのアル。病気と、投薬の後遺症である肝疾患により、2008年に11歳で亡くなりました。闘病が始まったのは2003年の秋。途中、元気な時期もあったものの、2008年は入院、通院の日々でした。

最後の1カ月はずっと半日入院をさせていたので、電車の定期を買って、朝と夕方、病院に行っていました。看護のため、仕事も1カ月半、止めていました。彼の命には、それだけの重さがあったからです。

9月。家に迎えたおなじ日に、彼は天へと還りました。

忘れることなどできませんでしたが、それからしばらくは新規の仕事、溜まっていた仕事をひたすらこなす日々が続きました。仕事に没頭しているときだけは、少しだけ意識が逸れて、気持ちが楽でした。とはいえ、家のそこかしこに彼の気配が残っていました。

彼が夢の中に出てきたのは、亡くなって数週間が経ったときのこと。いつものようになでてと頭をおしつけてきたので、すっぽりと手の中に置いてずっとなで続けていました。だれよりも大きな頭部の無毛部の皮膚に鼻の頭を押しつけ、その温かさを感じながらなでるのが好きだったので、ずっとそうしながらなでていました。

やがて夢が覚めます。それでも、耳には彼の声が、手には彼の温かさと重さが残っていました。ただうれしくて、悲しくはありませんでした。

アル

あとがきにかえて

オカメインコの目は、とてもよく動きます。

視線を移動させる際、ほとんどの鳥は細かく頭の向きを変えて見ますが、オカメインコはあまり大きくない範囲なら、人間のように顔を動かすことなく、眼球の向きだけを変えて視線を移動させることができます。

つまり、人間のように「チラッと見る」とか、「ちょっとだけ視線を投げる」ということがオカメインコにはできます。そのうえで、ぼくは／わたしは、なにも見ていませんよ、というポーズを取ったりもします。実際は、バレバレなのですが。

もともと好奇心の強い鳥でもあり、興味をもったものを「つい見て」しまうのも、彼らの常です。

怖いけれど見たい。怖いからこそ正体を見きわめないと落ち着かない。そんな習性ももちます。

眼前のものを両眼でしっかり見たいと思ったときは寄り目になります。それも日常です。びっくりして、目をまん丸にするところも、私たちによく似ています。

感情の面でも、オカメインコの瞳はとても雄弁です。おそらく、本人たちが自覚するよりもずっと多くのことを伝えてくれます。そんなところも、とても愛しく感じています。

人間とオカメインコ。おたがいに気持ちの読み取り技術が進んでくると、感情がより伝わりやすくなります。してほしいこと、してほしくないこと、いっしょにやりたいこと――。20世紀の末から、家の中で毎日伝えあいながら暮らしてきました。

重ねて主張しますが、オカメインコは人間と特別な関係を築くことができる、優れた資質を備えた鳥です。

そんなオカメインコについて、生理や心理をふくめたより深い情報が伝わって、彼らの暮らしがよりよいものになるようにという願いが本書には込められています。

医療の面でも掘り下げた情報が提供できるように、横浜小鳥の病院院長の海老沢和荘先生から何度もお話を伺い、11章は監修もしていただきました。本当にありがとうございました。

人と暮らすオカメインコが幸福でありますように。それが本書の最たる願いです。

細川博昭

参考文献

小嶋篤史『コンパニオンバードの病気百科』誠文堂新光社、2010年

フランク・B・ギル著／山階鳥類研究所訳『鳥類学』新樹社、2009年

磯崎哲也『ザ・オカメインコ』誠文堂新光社、2002年

細川博昭『インコの食事と健康がわかる本』誠文堂新光社、2012年

川上和人、真鍋真監修『骨と筋肉大図鑑 3 鳥類』学研、2012年

上田恵介監修、柚木修著『小学館の図鑑NEO［新版］鳥』小学館、2015年

富田幸光監修・執筆『小学館の図鑑NEO［新版］恐竜』小学館、2014年

セオドア・ゼノフォン・バーバー著／笠原敏雄訳『もの思う鳥たち 鳥類の知られざる人間性』日本教文社、2008年

ティム・バークヘッド著／沼尻由紀子訳『鳥たちの驚異的な感覚世界』河出書房新社、2013年

アイリーン・ペッパーバーグ著／渡辺茂ほか訳『アレックス・スタディ』共立出版、2003年

William.O.Reece著／鈴木勝士監修『明解 哺乳類と鳥類の生理学（第四版）』学窓社、2011年

Andrew U.Luescher著／入交眞巳、笹野聡美監訳『インコとオウムの行動学』文永堂出版、2014年

小林快次『そして恐竜は鳥になった』誠文堂新光社、2013年

藤田和生『動物たちのゆたかな心』京都大学学術出版社、2007年

細川博昭『鳥の脳力を探る』ソフトバンク・クリエイティブ、2008年

日本比較生理生化学会編『見える光、見えない光』共立出版、2009年

日本比較生理生化学会編『動物は何を考えているのか?』共立出版、2009年

岩堀修明『図解・感覚器の進化』講談社ブルーバックス、2011年

『日本鳥類目録 改訂第7版』日本鳥学会、2012年

特集「音声コミュニケーション——その進化と神経機構」、『生物の科学 遺伝』裳華房、2005年11月号

特集「毛や羽の色の遺伝子構造」、『生物の科学 遺伝』NTS、2008年11月号

取材協力：海老沢和荘・横浜小鳥の病院院長

このほか、多くの書籍、論文、報道資料（webを含む）を参考にしています。

細川博昭（ほそかわひろあき）
作家。サイエンス・ライター。鳥を中心に、歴史と科学の両面から人間と動物の関係をルポルタージュするほか、先端の科学・技術を紹介する記事も執筆。おもな著作に、『鳥と人、交わりの文化誌』『鳥を識る』（春秋社）、『インコの心理がわかる本』『うちの鳥の老いじたく』『長生きする鳥の育てかた』『くらべてわかる文鳥の心、インコの気持ち』（誠文堂新光社）、『マンガでわかるインコの気持ち』（SBクリエイティブ）、『インコのひみつ』（イースト新書Q）などがある。日本鳥学会、ヒトと動物の関係学会、生き物文化誌学会ほか所属。
Twitter : @aru1997maki

イラスト：ものゆう
鳥好きイラストレーター、漫画家。おもな著作に『ほぼとり。』（宝島社）、『ことりサラリーマン鳥川さん』（イースト・プレス）など。

Staff

撮影	横山君絵（カバーほか） 宮本亜沙奈 岡本勇太
写真提供	大橋和宏
編集協力・イラスト	支倉槇人事務所
デザイン	内藤富美子（北路社）
編集	荻生　彩（グラフィック社）

オカメインコとともに

2022年5月25日　初版第1刷発行

著　者	細川博昭
発行者	長瀬　聡
発行所	株式会社グラフィック社 〒102-0073 東京都千代田区九段北1－14－17 TEL 03-3263-4318（代表）　FAX03-3263-5297 振替00130-6-114345 http://www.graphicsha.co.jp/
印刷・製本	シナノ印刷株式会社

ISBN 978-4-7661-3555-8　C0076

索引

A

あ

か

た

撮影協力　Special Thanks

ココ

ピピ

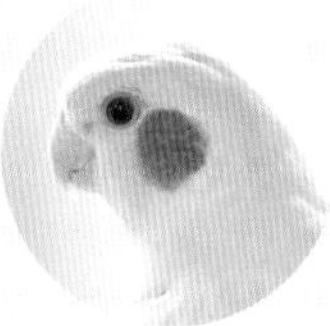
瓜之介

ツナ

あお

アロエ

ういろう

はなぶさ堂　http://hanabusado.sakura.ne.jp/

写真提供（飼育用品）

- 株式会社　三晃商会　http://www.sanko-wild.com/
- 豊栄金属工業株式会社　https://hoei-cage.co.jp/
- 株式会社マルカン　https://www.mkgr.jp/marukan/

写真提供（オカメインコのみなさん）

山崎あゆみ
佐藤綾子
山田ゆかり
五十川京子
米山愛
森岡若菜
執行知恵子
若井美智子
椛島真衣
加澄 涼
荒井奏海
田中聡子
坂井亮一
菅瀬晶子
林麻依子
オカメインコ仮面
佐々木規予
津田真弓
鳥越　唯
佐藤眞紀子
高石あかね